高职高专“十三五”规划教材

现代制造技术

XIANDAI ZHIZAO JISHU

第二版

牛同训　主编

刘温聚　陈洪玉　牛　敏　王恩海　副主编

孔凡杰　主审

U0231315

化学工业出版社

·北京·

本书从现代制造技术的基本概念入手，主要阐述了现代制造技术的体系构成、工艺方法、管理理念、发展趋势等知识。本书大量教学实例来自于生产实践和研究成果，既有较强的理论性，又具有鲜明的实用性。主要内容包括：绪论、现代制造工艺技术、特种加工技术、自动化制造系统、现代生产与管理模式、面向可持续发展的绿色制造、现代制造技术与新型制造业的发展趋势等，并提供应用案例及配套的电子教案等辅助教学资源。

本书可作为高职高专院校机械类、近机类专业教材，也可供相关专业教师、工程技术人员和科研人员参考。

图书在版编目（CIP）数据

现代制造技术/牛同训主编. —2 版. —北京：化学工业出版社，2018.1（2023.1 重印）

高职高专“十三五”规划教材

ISBN 978-7-122-31167-2

Ⅰ. ①现… Ⅱ. ①牛… Ⅲ. ①机械制造工艺-高等职业教育-教材 Ⅳ. ①TH16

中国版本图书馆 CIP 数据核字（2017）第 302637 号

责任编辑：王听讲　　装帧设计：张　辉

责任校对：边　涛

出版发行：化学工业出版社（北京市东城区青年湖南街 13 号　邮政编码 100011）

印　　装：天津盛通数码科技有限公司

787mm×1092mm　1/16　印张 14¾　字数 360 千字　2023 年 1 月北京第 2 版第 3 次印刷

购书咨询：010-64518888　　售后服务：010-64518899

网　　址：http：//www.cip.com.cn

凡购买本书，如有缺损质量问题，本社销售中心负责调换。

定　　价：35.00 元

版权所有　违者必究

前　言

制造业作为一个国家国民经济的支柱产业，是国家创造力、竞争力和综合国力的重要体现，也是一个国家实现可持续发展的动力源泉。现代制造技术以传统机械制造技术为基础，并伴随计算机、信息处理、自动化、材料、能源、环保、管理、人工智能等技术的进步而不断发展变化，其内容和体系在新科技、新理念的不断涌现过程中得以更新、充实和发展。

当前，再工业化浪潮席卷全球，2012 年，美国国家科学技术委员会发布了《国家先进制造战略规划》；2013 年，德国提出了“工业 4.0”。面对国际先进制造形势的挑战，我国也于 2015 年提出制定“互联网＋”行动计划，推动移动互联网、云计算、大数据、物联网等与现代制造业结合；2015 年 5 月，国务院正式印发了《中国制造 2025》。在新的国际国内环境下，我国政府立足于国际产业变革大势，做出了全面提升中国制造业发展质量和水平的重大战略部署，目的是通过 10 年的努力，使中国迈入制造强国行列。《现代制造技术》（第二版）正是在这一背景下编写完成的。

在本书编写过程中，编者考虑到高职学生的特点，没有刻意追求理论的广度和深度，而是努力做到突出现代制造技术的职业要求和可持续发展的理念。在内容取舍上，本书不但编入了超高速、超精密加工等比较成熟的工艺方法，而且编入了近年来逐步发展起来的一些新技术、新方法，诸如纳米制造技术、磨料喷射加工技术、干切削技术等，从而体现实用性与前瞻性的结合。本书收入了许多实物照片、大量的图表和应用案例，叙述力求做到深入浅出、通俗易懂，在每一章的后面都附有习题与思考题，以满足高职院校机械类和近机类专业学生的学习要求。

本书主要论述了现代制造技术的体系构成、工艺方法、管理理念、发展趋势等知识。全书共分为 7 章，具体内容概述如下。

第 1 章概括介绍了现代制造技术的内涵、构成、发展现状，以及课程的主要内容和学习方法。

第 2 章介绍了现代制造工艺技术，主要包括超高速切削技术、高效磨削技术、精密和超精密加工技术、微细加工技术和快速制造技术。

第 3 章介绍了特种加工技术，包括其产生、发展、分类，电加工技术、电化学加工技术、激光加工技术和能量流加工技术等。

第 4 章主要介绍了柔性制造系统、计算机集成制造系统和智能制造系统的内涵、构成、分类以及应用。

第 5 章介绍了现代生产和管理的主要模式，包括成组技术、计算机辅助工艺过程设计、精益生产、敏捷制造、并行工程和虚拟制造。

第 6 章重点介绍了绿色制造的内涵、体系组成，绿色设计，清洁生产和再资源化技术等。

第 7 章对现代制造技术的发展趋势、“互联网＋制造业”带来的新变化进行了分析和预测。

本书由牛同训担任主编，刘温聚、陈洪玉、牛敏、王恩海担任副主编；参加编写的人员还有陈卫、王秀梅。编者具体分工是：牛同训编写第 1、2 章并负责统稿，陈洪玉编写第 3 章，牛敏编写第 4 章，刘温聚编写第 5 章，王恩海编写第 6 章，陈卫、王秀梅编写第 7 章。全书由山东工业职业学院孔凡杰教授主审。

我们将为使用本书的教师免费提供电子教案，需要者可以到化学工业出版社教学资源网站 http：//www. cipedu. com. cn 免费下载使用。

在本书的编写过程中，得到了东南大学机械工程学院汤文成教授和山东工业职业学院解先敏教授的关心和支持，在此一并表示感谢。

由于现代制造技术是一门新兴的、多学科交叉融合的先进技术，目前尚未形成完整的理论体系，许多问题仍处在发展和探索当中，加之编者水平有限，书中疏漏之处在所难免，恳请读者指正。

编 者

2018 年 1 月

目　录

第1章 绪 论

制造业是利用制造过程，将制造资源转换成可供人们使用或利用的工业品和生活消费品的行业，是一个国家国民经济的支柱产业，是国家创造力、竞争力和综合国力的重要体现。它不仅为现代工业社会提供物质基础，为信息和知识社会提供先进装备和知识平台，而且还是国家安全的基础。据西方工业国家统计，机械制造业创造了60%的社会财富，国民经济收入的45%以上是由制造业直接完成的。

20世纪70年代，美国不重视制造业，把制造业称为“夕阳工业”，结果导致了20世纪80年代的经济衰退。与此相反，日本在20世纪70～80年代非常重视制业，尤其重视汽车和微电子产品的制造，结果日本的汽车和家用电器占领了全世界的市场，特别是大举进入了美国市场。1998年爆发的东南亚经济危机，从另一个侧面反映了这样一个事实，那就是一个国家如果把经济的基础放在股票、旅游、金融、房地产、服务业上，而无自己的制造业，这个国家的经济就容易产生泡沫，一有风吹草动就会产生经济危机。

自18世纪初期工业革命以来，机械制造业经历了一个十分漫长的发展过程，但最近30年来，随着微电子技术和计算机技术的发展，机械制造业又重新焕发了青春活力。考察制造技术的发展历程，主要经历了以下几个阶段：单件手工制作阶段、批量生产阶段、刚性自动化生产阶段、柔性自动化生产阶段及集成化制造等阶段，目前正向虚拟制造和智能制造的方向发展。20世纪末期，制造业开始经历一场新的技术变革，其特点是：产品生命周期缩短、用户需求多样化、大市场和大竞争、环保意识增强和可持续发展等。在上述背景下，美、日等西方发达国家相继提出了“现代制造技术”（Modern Manufacturing Technology，MMT）或称为“先进制造技术”（Advanced Manufacturing Technology，AMT）的新概念。

1.1 现代制造技术的内涵

1.1.1 现代制造技术的定义

现代制造技术是传统制造技术、信息技术、计算机技术，以及自动化技术与管理科学等多学科先进技术的综合，并应用于制造工程上所形成的一个学科体系。目前，对现代制造技术还没有一个明确的、一致公认的定义。一般认为：现代制造技术是指制造业不断吸收机械工程技术、电子信息技术（包括微电子、光电子、计算机软硬件、现代通信技术）、自动化技术生产设备、材料、能源及现代管理等方面的成果，并将其综合应用于产品设计、制造、检测、管理和售后服务，以及对报废产品的回收处理这样一个制造全过程；实现优质、高效、低耗、清洁和灵活生产，提高对动态、多变市场的适应能力和竞争能力，并取得理想的技术经济效果的制造技术的总称。可以说，“信息技术＋传统制造技术的发展＋现代管理技术＝现代制造技术”。

1.1.2　现代制造技术的内涵及其组成技术

现代制造技术是制造业为了提高竞争力以适应时代要求，对制造技术不断优化及推陈出新而形成的高新技术群。在不同的国家，或者不同的发展阶段，现代制造技术的内容及组成并不相同。美国机械科学研究院（AMST）提出了一个由多层次技术群构成的体系（图 1-1）。该体系强调现代制造技术从基础制造技术、新型制造单元技术到现代制造集成技术的发展过程。

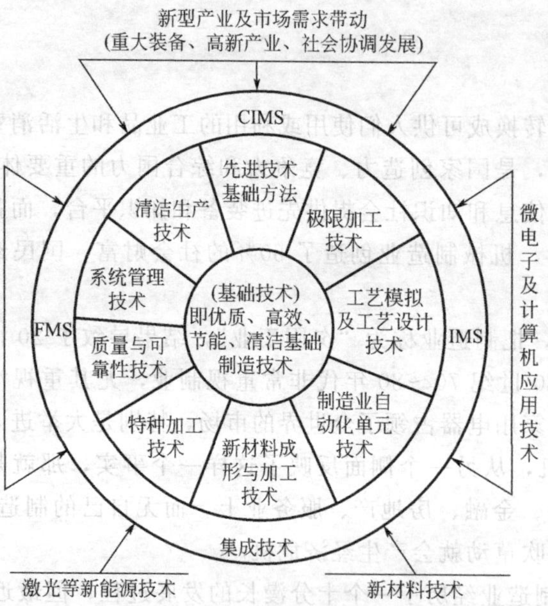

图 1-1　先进制造技术的内涵、层次及其技术构成

1. 基础技术

过去生产中大量采用的经济适用的工艺技术，包括铸造、锻造、焊接、热处理、表面保护、机械加工等传统方法，随着技术的进步，经过优化而形成了优质、高效、节能、少（无）污染的基础制造技术，构成了现代制造技术的核心和第一层次。这些基础技术包括精密下料、精密成形、精密加工、精密测量、毛坯强韧化、少（无）氧化热处理、气体保护焊及埋弧焊、功能性防护涂层等。

2. 新型制造单元技术

在市场需求及新兴产业的带动下，制造技术与电子、信息、新材料、新能源、环境科学、系统工程、现代管理等高新技术结合而形成了崭新的制造单元技术。如制造业自动化单元技术、极限加工技术、质量与可靠性技术、系统管理技术、现代设计基础与方法、清洁生产技术、新材料成形与加工技术、激光与高密度能源加工技术、工艺模拟及设计优化技术等，构成了现代制造技术的第二层次。

3. 现代制造集成技术

它是应用信息、计算机和系统管理技术对上述两个层次技术进行局部或系统集成而形成的现代制造技术的高级阶段。如柔性制造系统（FMS）、计算机集成制造系统（CIMS）、智能制造系统（IMS）等。

以上三个层次都是现代制造技术的组成部分，但其中每一层次都不等于现代制造技术的全部。这种体系结构强调了现代制造技术从基础制造技术、新型制造单元技术到现代制造集成技术的发展过程。这个过程也正是现代制造技术在新型产业及市场需求的带动之下，在各种高新技术的推动下的发展过程。

1.2　现代制造技术的构成

1.2.1　现代制造技术的分类

现代制造技术主要沿着“大制造”或称“广义制造”的方向发展，通常可分为现代制造系统设计技术、现代制造工艺技术、制造自动化技术，以及现代制造系统与生产管理技术四个方面。

1. 现代制造系统设计技术

这类技术中包括现代设计理论与设计方法学、计算机辅助设计（CAD）、计算机辅助工程分析（CAE）、计算机辅助工艺规程设计（CAPP）、设计过程管理与设计数据库、面向“X”的设计（DFX）、可靠性设计、优化设计、反求工程、价值工程设计、并行工程（CE）、仿真设计、绿色设计等。

2. 现代制造工艺技术

这类技术中包括精密铸造、精密锻压、精密焊接、优质低耗热处理、精密切割、超精密加工、超高速加工、微米/纳米加工技术、复杂型面数控加工、特种加工工艺、快速原型制造、少（无）污染制造、报废产品的可拆卸重组技术、虚拟制造与装配技术等。

3. 制造自动化技术

这类技术中包括数控技术、现代工业机器人技术、柔性制造系统、计算机集成制造系统、检测自动化与信号识别及在线质量控制、过程设备工况监测与控制技术等。

4. 现代制造系统与生产管理技术

这类技术包括工程管理、质量管理、管理信息系统，以及现代制造模式（如精益生产、计算机集成制造、敏捷制造、智能制造）、集成化的管理技术、企业组织结构与虚拟公司等生产组织方法。

1.2.2 现代制造技术的体系结构

现代制造技术作为一门多学科交叉的新兴技术，所涉及的内容很广泛。1994 年，美国联邦科学、工程和技术协调委员会将现代制造技术体系分为三个技术群：主体技术群、支撑技术群以及制造基础设施环境（图 1-2）。这三大技术群组成了一个有机的系统，从而更好地发挥其整体功能效益。

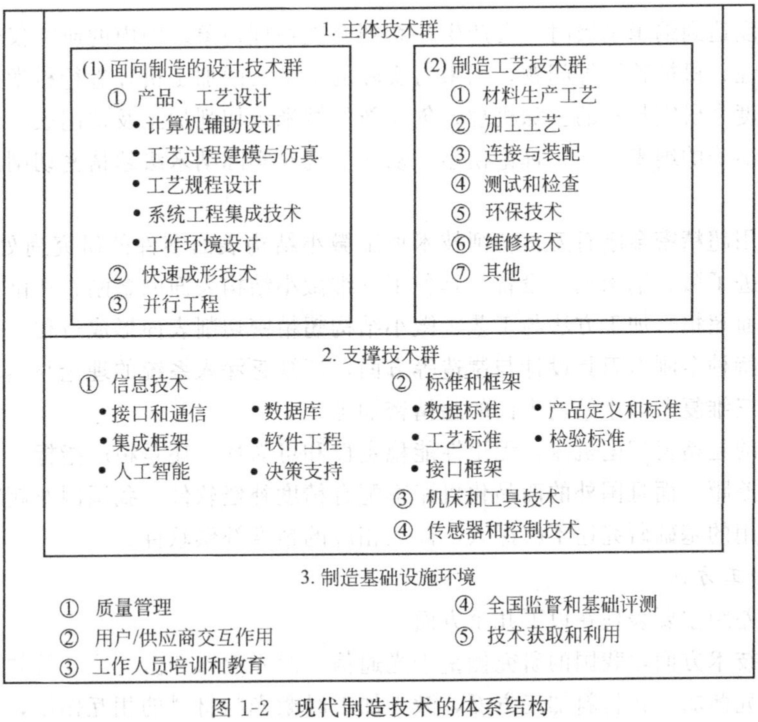

图 1-2 现代制造技术的体系结构

1.3 我国现代制造技术发展现状

经过近70年的发展，中国已经名列世界制造大国之列，产生了一些具有自主知识产权的制造技术及其产品；有的产品已经成为国际名牌，畅销海外；一些制造企业也开始走出国门，成为跨国企业。但我们必须清醒地认识到，目前我国制造业仍然存在着自主创新能力薄弱、能源资源消耗高、污染排放严重、区域产业结构趋同、服务增值率低、高水平人才短缺等一系列亟待解决的问题。

我国制造业的产品总体上以低端产品为主，高端产品大都依赖进口，自主创新的高端产品极少。出口产品中只有大约10%拥有自主品牌和知识产权。在大型民用飞机、大型石化设备、计算机核心零部件、超大规模集成电路芯片及其制造装备、高级轿车及其关键生产设备、纺织机械、高水平高精密科学仪器、高档数控机床的核心技术等方面，仍然受制于人。

更为严重的是，我国企业的制造过程能耗大、污染排放严重。创造1美元的GDP，我国的能耗相当于德国的5倍、日本的4倍、美国的2倍。我国仅以占世界5%的经济总量，却消耗了全球石油的8%、原煤和钢材的30%、水泥的40%。在可持续制造方面，我国制造业及其科学技术正面临着重大机遇和严峻挑战。具体表现在以下几个方面。

1. *超高速加工方面*

我国超高速加工技术的研究和应用仍处于低级阶段，还没有形成完整、系统的研究体系和方法。国内磨削砂轮的线速度一般在45～60m/s，尚未超过80m/s。实验室中超高速磨削速度虽已达到了300m/s，但离产业化还很远。在钛合金、硬金属（如淬火钢、硬质合金、冷硬铸铁、合金铸铁）等难加工材料的超高速切削/磨削工艺方面所进行的研究不多。超高速切削/磨削技术和其机床装备，与国际先进水平相比，还有较大差距。

2. *超精密加工方面*

当加工尺度达到纳米量级时，会产生一系列介观物理现象。国内的研究仅仅局限在加工表面的几何特性、机械特性等问题，仍未对实际的纳米切削加工机理进行科学解释；还需要从微观力学角度来研究材料的去除机理，创立新的纳米级切削加工及切削表面形成机理的理论体系，建立准确的纳米级加工理论模型，从而实现对实际纳米级超精密切削加工技术的理论指导。

我国对利用超精密金刚石刀具切削技术加工微小结构表面零件的研究尚处于起步阶段。虽然从国外引进了微、纳米加工设备，具备了三维微小结构表面的金刚石切削加工条件，但在微小结构表面超精密加工方法与工艺、微小结构超精密切削表面形成过程的动态分析、微小结构加工用特种金刚石刀具设计与制造等方面，还缺乏深入系统的理论与实验研究；还不能实现高精度三维复杂微小结构表面的超精密加工。

国内研发的超精密切削机床，无论性能稳定性和可靠性，还是精度指标，与国外产品相比，还有较大差距；而且国外的商品化机床都配有精度补偿软件。我国因对超精密加工工艺研究和有关应用的基础研究还不够深入，尚无相应的精度补偿软件。

3. *特种加工方面*

与国外的差距主要表现在以下几个方面。

激光加工技术方面，我国的研究侧重于光通信、激光武器和激光聚变等领域，激光加工的基础理论研究薄弱。在材料加工方面，激光加工时激光与材料的相互作用，不仅包括激光的快速加热和冷却，激光冲击波作用等引起的材料组织结构和性能的改变、应力应变，而且还包括激光作用过程中所发生的一系列物理和化学现象，如材料对激光的反射、透射和吸收、激光辐照加热、熔化、汽化、离化和分解刻蚀，以及材料和环境气体的变化对激光束的传输、聚焦和吸收的反作用等，都需要深入系统地研究。

聚焦离子束微、纳加工技术方面，缺少开创性和系统性的研究。聚焦粒子束装备到目前为止仍无自主生产的商用设备。

电加工技术方面，我国在近些年得到普遍关注的干式放电加工技术、微细电火花和微细电化学加工技术领域创新成果少；电加工的高端机床主要被国外公司垄断。

超声波加工技术方面，当前超声换能器发展方向是大功率、低压驱动、高频、薄膜化、微型化、集成化。我国在超声关键部件的研发、设计和生产能力等方面与发达国家的差距仍然较大。

4. 微纳加工方面

微纳加工和封装工艺目前处于基础研究阶段，缺乏原创性纳米尺度效应研究成果、微系统建模与仿真的理论、跨微纳尺度的耦合仿真和微纳测量理论和方法；硬脆材料、各向异性材料、多相材料的微加工和微成形过程仿真与工艺研究缺乏创新性。微纳米加工、封装及测量的高水平装备和仪器基础落后，依赖进口。

5. 自动化技术方面

工业发达国家普遍采用数控机床、加工中心及柔性制造单元、柔性制造系统、计算机集成制造系统等，已经实现了柔性自动化、知识智能化、集成化。我国目前尚处在单机自动化、刚性自动化阶段，柔性制造单元和系统仅在少数企业中使用。

6. 现代生产管理方面

当前，工业发达国家广泛采用计算机管理，重视组织和管理体制、生产模式的更新，推出了准时生产（JIT）、敏捷制造（AM）、精益生产（LP）、并行工程（CE）等新的管理思想和技术，而我国只有少数大型企业局部采用了计算机辅助管理，多数中、小型企业仍处于经验管理阶段。

7. 创新能力方面

我国在经费投入强度、技术水平、技术引进、生产能力等体现企业核心竞争力和持续发展能力方面，远低于工业发达国家。航天、轨道交通设备、炼油技术等以自主创新为主，但水平与国外仍有较大差距。通信、家电、发电设备、船舶、军用飞机、载重汽车及钢铁制造等在引进国外新技术之后，经过国内企业自主开发，创新能力有明显提高。轿车、大型乙烯成套设备、计算机系统软件等处于引进技术、消化吸收阶段，尚未掌握系统设计与核心技术。大型飞机、半导体和集成电路制造专用设备、光纤制造设备、大型科学仪器及大型医疗设备大都购买国外产品。

8. 完整的体系方面

目前，我国绝大多数企业技术开发能力薄弱，尚未成为技术创新的主体，还缺乏一支精干、相对稳定的力量从事产业共性技术的研究与开发。科技中介服务体系尚不健全，没有充分发挥作用。我国的装备制造业亟待通过加强产学研合作来加强科研力量，并制订相应的法律法规，完善配套扶持政策，建立、健全激励我国装备制造业发展的支撑体系。

1.4 本课程的主要内容和学习方法

1. 学习本课程的目的及意义

当前，世界各国都已认识到了现代制造技术是将科技成果转化为现实生产力、提高综合国力的关键技术，都在认真研究、开发和利用现代制造技术来发展和改造传统制造业。美国在初步扭转了20世纪60～70年代的产业政策失误所造成的制造业停滞不前和市场竞争失利的局面后，又进一步出台了促进制造业发展的两项计划，即“现代制造技术计划”和“制造技术中心计划”。日本十分重视现代制造技术的引进和运用，并将其转变为庞大的生产力。近年来日本大学和工业研究院、所也十分重视生产技术和自动化技术的研究、开发和规划。半个世纪以来，日本在数控机床、机器人、精密加工、精密机械和微电子工业领域取得了世界领先的进展；在机电一体化领域也比较先进。

我国虽然从“六五”开始就启动了制造技术，主要是机械制造技术的国家部委与地方级重点攻关研究开发项目，但受体制所限，这方面的规划、研究开发主要是按行业分块进行的。同一时期各制造企业也通过技术引进和自行开发提高了制造技术水平，但总体讲，我国制造技术水平与工业化国家相比还存在着阶段性差距。企业目前开发现代先进制造技术的能力薄弱，人力与资金投入都不足。在这种情况下，如果我国的制造业不进行创新，那么就制造不出国家急需而国际上发达国家对我们实行禁运的关键高技术产品，因而也就增强不了我国的国力。同时也就降低了对世界市场的竞争能力。

因此，学习本课程的目的及意义，就在于使学生能在总体上了解现代制造技术的基本内容，以及在提高国民经济发展水平方面的巨大潜力，从而去影响和推动相关人员共同奋斗，不断地推广先进的制造技术，并在实践中勇于总结、提高和创新，从而不断地提高我国的机械制造技术水平，以增强国力和世界市场的竞争能力。

2. 本课程的主要内容

现代制造技术起源于传统制造技术，不断吸收机械、电子、材料、能源、信息及现代管理技术成果，综合应用于产品设计、制造、检测、控制、服务等生产制造全过程，涉及内容广泛、学科跨度大。因此本课程内容不可能做到全面覆盖，只能是结合实际情况，突出重点、精选内容。重点讲述现代制造技术的基本概念和现场应用，以便学生对现代制造技术有一个全面的认识。

本课程的主要内容包括：现代制造工艺技术（超高速切削、现代磨削、精密和超精密加工、微纳加工以及快速制造技术）；特种加工技术（电火花加工、激光加工、电解加工和电解磨削等）；制造自动化技术（柔性制造系统FMS、计算机集成制造系统CIMS）；现代生产管理技术与模式（成组技术、计算机辅助工艺设计、敏捷制造、并行工程、虚拟制造）；面向可持续发展的绿色制造技术；以及现代制造技术的发展趋势等。

3. 本课程的特点及学习方法

现代制造技术是一门综合性、交叉性的前沿学科和技术，涉及制造业的生产、经营管理、产品设计、市场等方方面面，学生在较短的学时中不可能做到全面掌握，而只能去把握重点。这里的重点就是每个单项技术基本功能及其实现的基本原理和手段，以及它在柔性综合自动化方面起什么作用和可以解决什么问题，并要求联系生产实际进行调查研究（指重视认识实习和生产实习），分析影响生产发展的主要制约因素，从而运用所学到的先进制造技术知识，有计划、有步骤地去应用，以提高实际生产的效益。

实践性、综合性、应用性强大是本课程的一大特点，学习中要重视理论联系实际。现代制造技术实习可以很好地帮助学习本课程，有利于将理论知识转化为实际技术应用能力。

习题与思考题

1. 什么是现代制造技术？
2. 现代制造技术可分为哪几个方面？
3. 说明现代制造技术的体系结构。
4. 简要说明我国现代制造技术的现状。
5. 结合实际，谈谈如何学好现代制造技术这门课程。

第 2 章　现代制造工艺技术

现代制造工艺技术是机械制造工艺不断变化和发展后所形成的制造工艺技术；包括常规工艺经优化后形成的新工艺，以及不断出现和发展的新型加工方法。不管自动化程度如何提高，现代制造工艺技术都具有自动控制系统无法取代的作用，因而是现代制造技术的核心和基础。现代制造工艺技术的主要体系由现代成形加工技术、现代表面工程技术及现代制造加工技术等技术构成。

当前，现代制造工艺技术的发展方向是：①加工精度和速度不断提高；②新材料和重大技术装备的出现促进制造工艺变革；③优质清洁表面工程技术获得进一步发展；④精密成形技术取得较大进展。从总体发展趋势看，优质、高效、低耗、灵捷、洁净是机械制造业永恒的追求目标，也是现代制造工艺技术的发展目标。

本章主要介绍现代制造加工技术和快速制造技术。

2.1　超高速切削技术

2.1.1　超高速切削技术的内涵

超高速切削的理论是由德国人 Carl Salmon 博士于 1931 年 4 月率先提出来的，图 2-1 所示的 Carl Salmon 曲线表明，当切削速度超过某一阈值后，切削条件会得到很大改善，但受实验条件所限，当时未能付诸实施。近几年来，随着高强度、高熔点刀具材料（如陶瓷、立方氮化硼和金刚石薄膜作为涂层）的广泛应用，使刀具能够使用的切削速度提高了 10～100 倍，因而超高速切削成为现实，超高速切削加工技术也逐步发展起来。

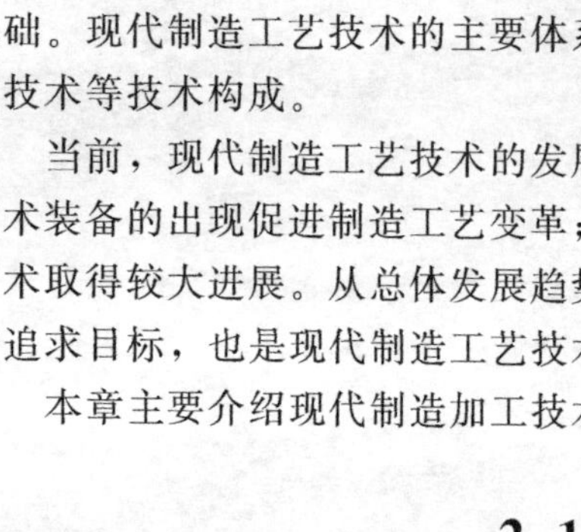

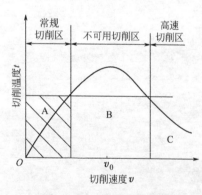

图 2-1　Carl Salmon 曲线

实践证明，当切削速度提高 10 倍、进给速度提高 20 倍，远远超越传统的切削“禁区”（图 2-1 中的不可切削区）后，切削机理发生了根本的变化。其显著标志是使被加工塑性金属材料在切除过程中的剪切滑移速度达到或超过某一阈值，开始趋向最佳切除条件，因而被加工材料切除所消耗的能量、切削力、工件表面温度、刀具磨具磨损、加工表面质量等均明显优于传统切削速度下的指标，加工效率大大高于传统切削速度下的加工效率。其结果是单位功率的金属切除率提高了 30%～40%，切削力降低了 30%，刀具的使用寿命提高了 70%，留于工件的切削热量大幅度降低，切削振动几乎消失。切削加工发生了本质性的飞跃，一系列在常规切削加工中备受困扰的问题得到了解决。可以说，超高速切削技术是 21 世纪切削加工领域的重大技术课题之一，是切削加工领域新的里程碑，应用前景十分广阔。

目前世界各国对超高速切削技术还没有统一的定义。一般认为超高速切削技术是指采用超硬材料刀具、磨具和能可靠地实现高速运动的高精度、高自动化、高柔性的制造设备，以极大地提高切削速度（比常规高10倍左右）来达到提高材料切除率、加工精度和加工质量的一种集高效、优质和低耗于一身的现代制造工艺技术。

实际上，超高速切削中的“超高速”是一个相对概念，不能简单地用某一具体切削速度或主轴转速数值来定义。加工方法、工件材料和刀具材料不同，超高速切削时应用的切削速度也各不相同。德国Darmstadt工业大学通过研究，给出了常用材料的超高速切削加工的速度范围，见表2-1。

表2-1 常用材料的超高速切削加工的速度范围

加工材料	加工速度范围/(m/min)	加工材料	加工速度范围/(m/min)
铝合金	2000～7500	超耐热镍基合金	80～500
铜合金	900～5000	钛合金	150～1000
钢	600～3000	纤维增强塑料	2000～9000
铸铁	800～3000		

对应不同的加工工艺方法，超高速切削的切削速度范围分别为：车削，700～7000m/min；铣削，300～6000m/min；钻削，200～1100m/min；磨削，高于150m/s。

2.1.2 超高速切削技术的特点

在切削速度方面，超高速切削比常规切削的切削速度几乎高出了一个数量级；在切削原理上，突破了对传统切削的认识。由于切削机理的改变，使超高速切削表现出了以下几个主要特点。

1. 加工效率高

超高速切削加工约为传统切削加工切削速度的10倍，进给速度随切削速度的提高也可相应提高5～10倍。这样，单位时间材料切除率可提高3～6倍，因而零件加工时间通常可缩减到原来的1/3。从而提高了加工效率和设备利用率，缩短生产周期。

2. 切削力小

与传统切削加工相比，超高速切削加工的切削力至少可降低30%。这对于加工那些刚度较差的零件（如细长轴、薄壁件）来说，可减少加工变形、提高零件的加工精度。同时，采用超高速切削后，单位功率材料切除率可提高40%以上，有利于延长刀具使用寿命。统计表明，超高速切削刀具寿命可提高约70%。

3. 热变形小

超高速切削加工过程极为迅速，95%以上的切削热被切屑迅速带走而来不及传给零件；因而零件不会由于温升导致弯翘或膨胀变形。因此超高速切削特别适合于加工那些容易发生热变形的零件。

4. 加工精度高、表面质量好

由于超高速切削加工的切削力和切削热降低，使刀具和零件的变形减小，零件表面的残余应力下降，从而容易保证工件的尺寸精度。同时，由于切屑被飞快地切离零件，可以使零件达到较好的表面质量。

5. 加工过程稳定

由于高速旋转刀具切削加工时的激振频率已经远远高出了工艺系统的固有频率，不会造成工艺系统振动，因而超高速切削加工过程平稳，有利于提高加工精度和表面质量。

6. 能加工各种难加工材料

例如在航空和动力部门大量采用镍基合金和钛合金。由于这类材料强度大、硬度高、耐冲击、加工中容易硬化、切削温度高、刀具磨损严重，在普通加工中都采用很低的切削速度。现在采用超高速切削，其切削速度为常规切削速度的 10 倍左右，不仅大幅度提高生产率，而且可有效地减少刀具磨损。

7. 降低加工成本

超高速切削时，单位时间的金属切除率高、能耗低、工件加工时间短，从而有效地提高了能源和设备利用率，降低了生产成本。

2.1.3　超高速切削技术的应用

20 世纪 80 年代以来，航空工业和模具工业的快速发展，大大推动了超高速切削技术的发展。据统计，美国和日本有大约 30%的公司已经使用了超高速加工技术；在德国，这一比率已经超过了 40%。超高速切削技术是未来切削加工的发展方向，目前已经广泛应用于航空、航天、汽车、模具、机床等行业中的车、铣、镗、钻、拉、铰、攻螺纹等加工方法，几乎可以加工所有采用常规切削方法能加工的和很难加工的材料，产生了显著的经济效益，并不断向其他应用领域拓展。

1. 汽车工业领域

汽车工业是超高速切削加工技术的一个重要应用领域。为提高生产率，过去汽车、摩托车发动机的箱体、气缸盖等复杂零件多用刚性的组合机床流水线来加工。其缺点是缺乏柔性，不能适应技术的快速变化，这就产生了“高效率”和“高柔性”之间的矛盾。目前国外汽车工业以及国内的上海大众、上海通用汽车公司，对于技术变化较快的汽车零件，如气缸盖的气门数目及参数经常变化，为提高柔性，一律采用高速加工中心来加工。采用高速数控加工中心和其他高速数控机床组成的高速柔性生产线，既能满足产品不断更新换代的要求（高柔性），又有接近于组合机床刚性自动线的生产率（高效率），较好地解决了这一矛盾。

又如 Ford 汽车公司和 Ingersoll 机床公司合作，历经多年努力，研制出了 HVM800 型卧式加工中心，采用了高速电主轴和直线电机，使主轴最高转速达到了 20000r/min，工作台最大进给速度提高到 76.2m/min。用这种高速加工中心组成的柔性生产线加工汽车发动机零件，其生产率与组合机床自动线相当，但建线投入减少了 40%，生产准备时间也少得多。主要的工作就是编制软件，而不是大量制造夹具。

另外，汽车发动机零件也常用镍基高温合金（Inconel 718）和钛合金（Ti-6Al-4V）来制造。这些材料用常规工艺方法加工非常困难，过去只能采用极低的切削速度。现在采用高速加工，就可大幅度提高生产率、减小刀具磨损、提高零件的表面质量。

2. 模具工业领域

以前，对于淬硬模具的传统加工方法主要局限在各种电加工工艺方法之内，但其加工效率很低。现在可以实现淬火硬度达到 60HRC（某些情况下可达 70HRC）的淬硬模具的切削加工，表面粗糙度数值可达 $Ra0.6$ 以下。而且，采用高速硬切削新工艺后，模具的加工时间仅为电加工的 25%左右，加工费用可节省 50%以上，技术经济效果显著。

用高速铣削代替电加工是加快模具开发速度、提高模具制造质量的一条崭新的途径。用高速铣削加工模具，不仅可用高转速、大进给，而且粗、精加工一次完成，极大地提高了模具的生产率。表 2-2 为某型模具采用电火花放电加工与高速铣削加工的效果对比。

表 2-2 某型模具电火花放电加工和高速铣削加工的效果对比

加工方式	总工序数	总加工时间/h	型槽加工/h	加工精度/mm	表面粗糙度 Ra /μm
传统放电加工	22	256	179	±0.2～±0.5	1.6
高速铣削加工	17	120	44	±0.10	0.4

通常情况下，模具的切削加工不仅包括粗加工、半精加工和精加工，还包括手工抛光。其中手工抛光占模具制造周期的 1/3，而且劳动强度大、质量不稳定。充分发挥超高速切削技术的优势，以极高的切削速度和进给速度，较小的走刀次数和背吃刀量进行切削加工，可以获得良好的加工精度和表面质量，减少模具手工抛光工作量的 60%～100%，能够大幅度缩短模具开发周期。

3. 航空、航天工业领域

超高速切削首先用在航空、航天工业轻合金的加工。为了减轻重量，很多零部件都采用了铝合金、铝钛合金或纤维增强塑料等轻质材料。这些材料采用常规方法切削加工时，切削速度和生产率很低。采用高速切削后，切削速度达到了 100～1000m/min，不仅大幅度提高生产率，还能有效减少刀具磨损，提高工件表面的加工质量。因此，飞机制造业是最早采用高速铣削的行业。

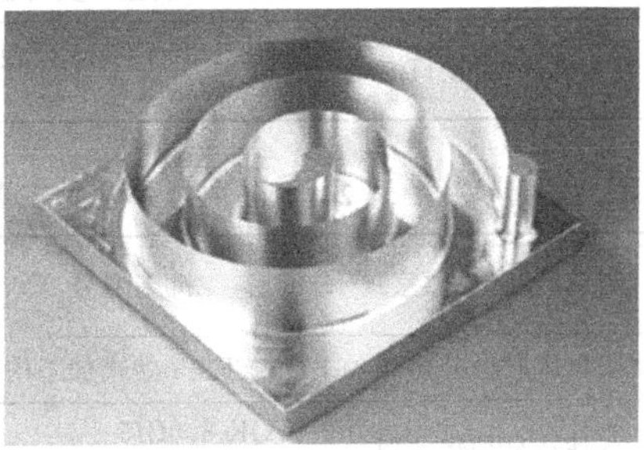

图 2-2 铝制螺旋片

另外，飞机上的很多零件都采用“整体制造法”，即在整体上“掏空”加工以形成多筋、薄壁的复杂构件，材料切除率可达 85%，采用常规加工方法几乎不可能完成。图 2-2 所示的铝制螺旋片，壁厚最薄处只有 0.05mm，壁高 20mm，采用常规的加工方法不可能完成。美国在采用超高速切削技术后，铝合金的切削速度已达 1500～5500m/min，最高可达 7500m/min；材料切除率高达 100～180cm^3/min，是常规加工的数倍以上，在保证加工质量的前提下，还可大大缩短切削工时。

2.1.4 超高速切削加工的关键技术

超高速切削加工是一项复杂的系统工程，能否顺利实现有赖于机床、刀具等一系列关键技术。

1. 超高速切削机床

国外超高速切削机床技术发展很快，国内通过引进并消化吸收和国际合作，高速加工机床和加工中心技术也得到了快速发展，在性能参数上大大缩短了与发达国家之间的差距。表 2-3 所示为超高速切削机床的基本要求。表 2-4 列举了国内、外几种具有代表性的高速机床或加工中心型号及其主要技术参数。

切削机床的超高速化是实现超高速切削的首要条件。其与超高速切削技术密切相关的技术主要包括以下几个方面。

(1) 超高速主轴单元

为了获得良好的快速响应（良好的加速度、减速度）和高转速，必须最大限度地减小旋转部件的转动惯量。采取的措施是去掉电动机和执行机构间的一切中间传动环节，使机床主轴的机械结构大为简化；同时电机和机床主轴合二为一，构成了所谓的“电主轴单元”。在高速主轴部件上采用了高速精密轴承，主要有陶瓷轴承、磁悬浮轴承和空气轴承等；超高速加工机床电主轴采用了大功率、宽调速交流变频电动机直接驱动；在结构设计上保证主轴单元具有良好的动刚度、抗振性、热特性和良好的动平衡性能；配有高效冷却与润滑系统；采用了先进的控制技术。

表 2-3 对超高速切削机床的要求

机床结构	要 求	功能描述
主轴组件结构	高速主轴，采用电动机和主轴一体化结构——电主轴单元，满足大功率、高刚度要求	可以获得很高的加、减速度，从而实现快速启、停和高速运转
进给驱动部件	电动机和进给驱动系统一体化结构——直线电动机单元	获得高的加、减速度，以实现快速定位和高速移动
主轴轴承	陶瓷轴承、非接触式液体动、静压轴承及磁浮、气浮轴承等	高刚度、高承载能力和高寿命；还具有高的转速特征值
数控及伺服系统	高速、高精、多 CPU 结构：如 32 位或 64 位 CPU 结构、RISC 结构等	高速数据处理和快速反应决策
冷却和润滑系统	高效、高压冷却及润滑装置。如采用高压喷射装置、主轴专门的内冷和润滑装置等	实现高效冷却和润滑，防止机床过热和过度磨损
床体结构	高强度、高刚度、高抗振性和高的阻尼特性——整体结构床身，大理石床身等	具有高刚度，优良的吸振和隔热特性，优良的静、动态特性
安全机构	设置安全装置和实时监控系统	监控和防护切屑飞溅和刀具意外崩刃或断裂
“刀—机—工”接口	采用 HSK 和 KM 新型刀柄结构和高刚度夹具，动平衡精度要求高	保证高转速下刀具和工件装夹可靠、传递转矩大、刚度好、重复定位精度高等

表 2-4 国内、外几种主要超高速切削机床或加工中心型号和技术参数

制造厂商(或国家)	机床型号	主轴最高转速/(r/min)	最大进给速度/(m/min)	工作台快移速度/(m/min)
沈阳机床股份公司	DIGIT165 立式加工中心	40000/30000	30	30
广东佳铁自动化公司	JTGK-800B15 高速数控铣床	30000	14	16
北京机床研究所	u1000-3v/5v 立式加工中心	15000/20000	10/10/36 (*X*/*Y*/*Z*)	48
大连机床集团公司	HDS500 卧式加工中心	18000	60	70/70/75 (*X*/*Y*/*Z*)
Kitamura(日本)	SPARKCUT6000 加工中心	150000	60	60
Nigita(日本新潟铁工)	USK10 数控铣床	100000	15	22
Cincinnati(美国)	HyperMach 加工中心	60000	60	100
DMG 公司(德国)	DMG70/100Vhi-dyn	18000/30000/42000	50	50
FidiaS. p. A(意大利)	K165/211/411 系列高速铣削中心	40000	24	24
MIKRON(瑞士)	HSM400/600/800 系列高速铣床	30000/36000/42000/60000	40	40
ForestLine(法国)	MINUMAC 系列高速铣床	30000/40000	20	20

(2) 快速进给系统

超高速机床不但要求主轴有很高的转速和功率，同时也要求机床工作台有与之相适应的进给速度和运动加速度。也就是说，要求进给系统能瞬时达到高速、瞬时停止，还要具有很高的定位精度。其采用的主要技术措施是大幅度减轻移动部件重量，以及采用新开发的多头螺纹行星滚珠丝杠，或采用直线电机，省去了中间传动件。

(3) 支承及辅助单元制造技术

实践证明，超高速机床运转时，铸铁材料已不适合作为支承基础，必须改用人造花岗岩来制作机床基础支承件。这种材料是用大小不等的石英岩颗粒作填料，用热固性树脂做黏结剂，在模型中浇铸后通过聚合反应成型，并采用预埋金属构件的方法，形成导轨和连接面；材料的阻尼特性为铸铁的7～10倍，密度却只有铸铁的1/3。

超高速切削对机床夹具的要求是高刚度、高精度动平衡、轻量化、高效自动化和柔性化。

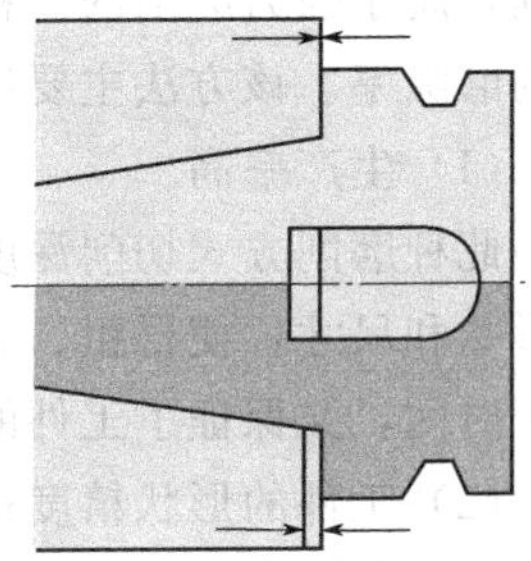

图 2-3 BIG-PLUS 刀柄系统

2. 超高速切削对刀具材料和刀柄的要求

超高速切削加工除了要求刀具材料具备普通刀具材料的那些基本性能之外，还要求具备以下性能：①可靠性；②高耐热性和抗热冲击性；③良好的高温力学性能；④能适应难加工材料和新型加工材料的需要。

目前适合于超高速切削加工的刀具材料，主要有涂层刀具、金属陶瓷刀具、立方氮化硼刀具和聚晶金刚石刀具等几种。

另外，超高速切削对刀柄也有很高要求。目前超高速加工机床上普遍采用是日本的BIG-PLUS刀柄系统（图2-3）和德国的HSK刀柄系统（图2-4）。

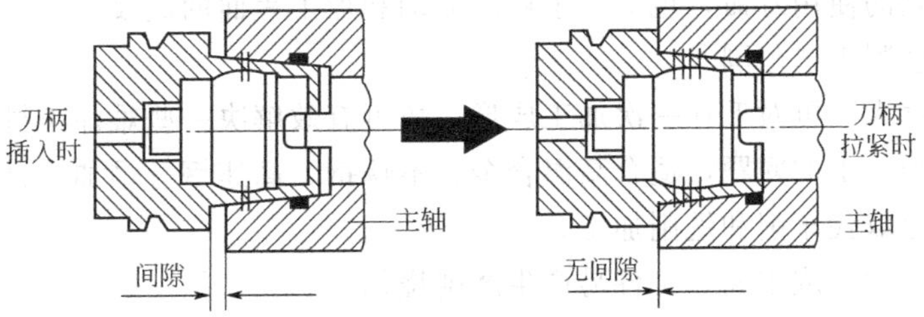

图 2-4 HSK 刀柄系统

2.2 高效磨削技术

20世纪80年代以来，磨削加工的生产率有了很大提高。由于“磨削材料磨除率＝磨屑平均断面积×磨屑平均长度×单位时间内作用磨粒数”，因此增大公式右边的任何一项都可提高磨削效率。当前在高效磨削技术领域内，高速重负荷荒磨、缓进给大切深磨削、高速与超高速磨削和砂带磨削等取得了引人注目的发展。

1. 高速重负荷荒磨

高速重负荷荒磨或称修磨，是以快速切除工件加工余量为目的的磨削加工方式，近年来在国外取得了较大进展。其砂轮线速度普遍达到了80m/s，有的高达120m/s；磨削法向力通常达到了10000～12000N，有的高达30000N；磨削功率一般为100～150kW，有的高达300kW；材料去除率可达150kg/h。高速重负荷荒磨对磨削表面质量、加工精度和表面粗糙度等要求不高，故主要用于钢坯的修磨，磨除钢坯的表面缺陷层（夹渣、结疤、气泡、裂纹和脱碳层），以保证钢材成品的最终质量和成材率。此外，还可用于清理大型铸、锻件的飞边、毛刺、浇冒口、残蒂等，以及金属材料的切断等。

高速重负荷荒磨的主要特点是：①采用定负荷自由磨削方式磨除一定厚度的缺陷层金属，背吃刀量和进给量均不确定；②在磨削过程中不修整砂轮，为确保砂轮既有自锐能力，消耗又不致过大，应选择合适砂轮；③多采用干磨削方式，工件表面易烧伤。

2. 缓进给大切深磨削

缓进给大切深磨削，是以较大的切削深度（a_p>10mm）和很小的纵向进给速度（v_w=3～300mm/min，普通磨削的 v_w=200～2500mm/min）来磨削工件，故也称深磨削或蠕动磨削，属于强力磨削的一种。这种磨削方式通过增大切削深度来增加磨屑长度，从而获得很高的磨除率。该方法主要用于沟槽、成形和外圆磨削。其主要特点如下。

(1) 生产率高

此种磨削方式切削深度大，往往可在铸、锻毛坯上通过一次或数次直接磨出所要求的工件形状和尺寸，使得粗、精加工两工序合二为一，既充分发挥了机床和砂轮的潜力，缩短了加工时间，又保证了工件的质量，因而大大提高了生产率。

(2) 工件的形状精度稳定

由于单颗磨粒的切削厚度小，每颗磨粒受力也小，故能在较长时间内保持砂轮轮廓形状，因而工件形状精度较稳定。

(3) 减小了砂轮的冲击损伤

由于工件是大切深、缓进给，这样就大大减轻了砂轮与工件边缘的冲撞次数和冲撞程度，从而延长砂轮的使用寿命，也减小了机床振动和加工表面的波纹。

(4) 扩大了磨削工艺范围

由于切削深度大，可对毛坯一次加工成形，故可有效解决一些难加工材料（如燃气轮机叶片）的成形表面加工的问题，适合高温合金、不锈钢、高速钢等难加工材料型面或沟槽的磨削等，可以部分取代车削和铣削加工。

(5) 磨床功率大、成本高，工件易产生磨削烧伤

由于接触面积大，参加切削的磨粒数多，总磨削力大，因此需要增大磨床的功率，使磨床的成本增加；砂轮与工件接触面积大，磨削液难以进入磨削区，工件表面容易烧伤。

3. 高速与超高速磨削

普通磨削时，砂轮的线速度通常为 30～35m/s。当砂轮的线速度为 45～50m/s 时，则被称为高速磨削 HSG（High Speed Grinding）。砂轮线速度为 150～180m/s 时，则被称为超高速磨削。后者是近年迅猛发展的一项先进制造技术。高速与超高速磨削时的砂轮线速度提高后，单位时间内作用的磨粒数大大增加，如果进给量与普通磨削时相同，则此时每颗磨粒的切削厚度变薄、负荷减轻。故高速磨削具有如下特点。

(1) 生产率高、砂轮寿命长

高速和超高速磨削的生产率比普通磨削提高了 30%～100%。这是因为高速和超高速磨削时，单位时间内作用的磨粒数大大增加，就会使材料的磨除率增加，即生产率提高。同时，由于每颗磨粒承受的负荷相对减轻，每颗磨粒的磨削时间就可相应延长，即可提高砂轮的使用寿命。

(2) 磨削精度高、表面粗糙度低

由于切削厚度薄，法向（径向）磨削力 F_p 也相应减小，从而有利于刚度较差工件磨削精度的提高。每颗磨粒切削厚度薄，磨粒在工件表面上留下的磨削划痕浅，又加上磨削速度

高，由塑性变形引起的表面隆起的高度也小，故可降低表面粗糙度。

(3) 减轻磨削表面烧伤和裂纹

高速磨削时，工件速度也需相应提高，这样就缩短了砂轮与工件的接触时间，减少了传入工件的磨削热，从而减少或避免磨削烧伤和裂纹的产生。

同高速磨削一样，超高速磨削可以大幅度提高磨削生产率、延长砂轮使用寿命或减小磨削表面粗糙度，并可对硬脆材料实现延性域磨削。对高塑性及其他难磨削材料进行磨削也有良好的表现。例如，在超高速外圆磨床上可以将毛坯直接磨成曲轴，每分钟可磨除金属高达2kg。

4. 高效深切磨削（HEDG）

HEDG（High Efficient Deep Grinding）工艺是20世纪80年代初期，由德国的居林公司研制开发的，是高速磨削和缓进给磨削的进一步发展，被认为是现代磨削技术的高峰。HEDG在切深0.1～0.3mm、工件速度 v_w=0.5～10m/min、砂轮速度 v_s=80～200m/s的条件下进行磨削。其工艺特征是砂轮高速度，工件进给快速及大的磨削深度，既能达到高的金属切除率，又能获得高质量的加工表面。

HEDG是缓进给磨削和超高速磨削的结合，磨削力高，砂轮回转速度高，必须具备以下条件。

① 砂轮应具有良好的耐磨性，优良的动平衡性能和抗裂性能。

② 磨床应具有高动态精度，抗振性和热稳定性好。

③ HEDG砂轮主轴转速在15000r/min以上，所传递的磨削功率为几十千瓦。故主轴应具有较高的回转精度和刚度。

④ 超高速磨削时，气流阻碍磨削液进入磨削区，故应采取恰当的磨削液供给方法。常用的磨削液供给方法有：高压喷射法、砂轮内冷却法、空气挡板辅助截断气流法等。

用高效深切磨削工艺加工出的工件，其表面粗糙度可与普通磨削相当，而其材料磨除率比普通磨削高100～1000倍。因此，在许多场合，可以替代铣削、拉削、车削等切削加工方法。

5. 宽砂轮与多砂轮磨削

(1) 宽砂轮磨削

宽砂轮磨削也是一种高效磨削方法，它靠增大磨削宽度来提高磨削效率。一般外圆磨削砂轮的宽度仅50mm左右，而宽砂轮外圆磨削砂轮的宽度可达300mm，平面磨削砂轮宽度达到400mm，无芯磨削砂轮宽度达800～1000mm。宽砂轮磨削工件精度可达IT6，表面粗糙度 Ra 为0.63μm。宽砂轮磨削的特点和适用范围是：

① 由于磨削宽度大，所以磨削力、磨削功率大，磨削时产生的热量也多。

② 砂轮经修整后，可磨成形面，能保证零件成形精度，同时因采用切入磨削形式，比纵向往复磨削效率高。

③ 因砂轮宽度大，主轴悬臂伸长较长。

④ 为保证工件的形位精度，要求砂轮硬度不仅在圆周方向均匀，而且在轴向均匀性也要好。否则因砂轮磨损不均匀，影响零件的精度和表面质量。

宽砂轮磨削适用于大批量工件的加工，在生产线和自动线上采用宽砂轮磨削可减少磨床的数量和占地面积。

(2) 多砂轮磨削

多砂轮磨削是在一台磨床上安装了多片砂轮，可同时加工零件的几个表面。多砂轮磨削的砂轮片数可多达8片以上，砂轮组合宽度达900～1000mm。在生产线上，采用多砂轮磨床可减少磨床数量和占地面积。多砂轮磨削主要用在外圆和平面磨床上，内圆磨床也可采用同轴多片砂轮磨同心孔。

6. 恒压力磨削

恒压力磨削是切入磨削的一种类型，在磨削过程中无论其他因素（如磨削余量、硬度、砂轮磨钝程度等）如何变化，砂轮与工件之间始终保持预选的压力不变，因此称恒压力磨削，也称为控制力磨削。恒压力磨削，避免了超负荷切削，工艺系统弹性变形小，有利于获得正确的几何形状与低的表面粗糙度值。

7. 砂带磨削

砂带磨削作为一种高效磨削方式，自20世纪60年代以来得到了迅速发展。据统计，发达国家约有1/2的磨削加工已被砂带磨削所取代。砂带成形磨削的应用较广泛，如导弹头外形、喷气发动机叶片的复杂型面的精密加工等。砂带磨削的主要特点如下。

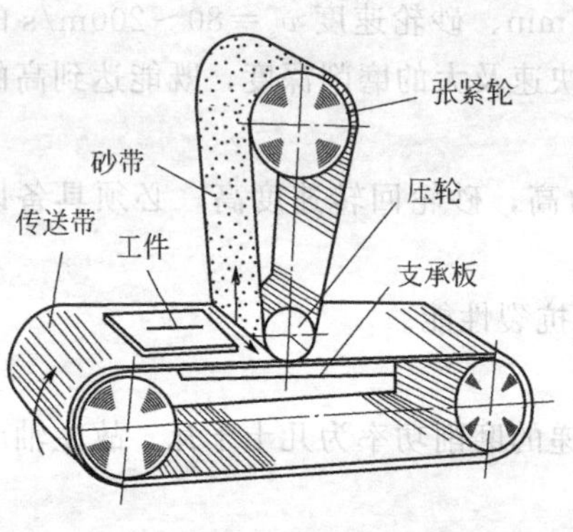

图 2-5　砂带磨削设备示意图

(1) 设备简单

砂带安装在压轮和张紧轮上（图 2-5），并实现回转主运动；工件由传送带送至支承板上方的接触区域完成进给运动。工件通过砂带磨削区后就完成了磨削加工。

(2) 可磨削复杂型面

由于砂带具有柔曲性，改变成形导向板的外形，使之与工件表面相适应，就可磨削出所需的工件成形表面。

(3) 生产率高

如切除相同的金属材料，砂带磨削时间仅为砂轮磨削的1/11～1/5。砂带磨削生产率是普通砂轮磨削的5倍，通常比铣削高10倍；故又有“快削法”之称。

(4) 加工精度高

由于摩擦生热少，磨粒散热时间间隔长，可以有效减少工件变形、烧伤，故加工精度一般可达到普通砂轮磨削的加工精度。又由于砂带与工件是柔性接触，具有较好的跑合和抛光作用，磨削得到的工件表面粗糙度 Ra 可达0.63～0.16μm，加工精度较高。

(5) 设备简单、操作方便

砂带磨削设备结构简单，制造成本低、接触轮极少磨损，可使砂带保持恒速；传动链短，机床功率利用率可达85%以上；操作方便、安全可靠。

砂带磨削可以加工外圆、内圆、平面、曲面等工件表面；可以磨削普通金属材料和不锈钢、钛合金等难加工材料，也可磨削木材、塑料、石料、混凝土、橡胶，以及各种较高硬度的非金属材料，如单晶硅体和宝石等；还可用来打磨铸件的浇冒口、残蒂、结渣、飞边、大件及桥梁的焊缝，以及对大型容器壳体、箱体的大面积除锈、除残漆等。

2.3　精密和超精密加工技术

2.3.1　精密和超精密加工方法及其分类

零件加工的精密程度是随着科学技术的进步而不断向前推进的。精密和超精密加工代表了加工精度发展的不同阶段，因此，其划分是相对的。目前所说的精密加工是指加工精度达到1～0.1μm，表面粗糙度 Ra 在0.1～0.01μm的加工工艺。而超精加工则是指加工尺寸精度高于0.1μm，表面粗糙度 Ra 小于0.025μm的精密加工方法。伴随现代工业的发展，精密和超精密加工在机械、电子、轻工、国防等领域占据着越来越重要的地位。无数事实表明：精密、超精密加工是现代制造技术的发展前沿，是一个国家实力和能力的象征。

根据加工方法的机理和特点不同，精密加工和超精密加工方法可分为以下几大类。

1. 机械超精密加工技术

包括金刚石刀具超精密切削、金刚石微粉砂轮超精密磨削、精密研磨和抛光等一些传统加工方法（表2-5）。

表2-5 传统（机械）精密和超精密加工方法及加工精度

分类	加工方法		加工工具	加工精度/μm	表面粗糙度 Ra/μm	加工材料	应用举例
刀具加工	切削	精密、超精密车削	天然单晶金刚石、人造聚晶金刚石、立方氮化硼、陶瓷、硬质合金刀具	1～0.1	0.05～0.008	金刚石刀具：有色金属及其合金等软材料；其他材料刀具：各种材料	球、磁盘、反射镜
		精密、超精密铣削					多面棱体
		精密、超精密镗削					活塞销孔
		微孔钻削	硬质合金、高速钢钻头	20～10	0.2	低碳钢、铜、铝、石墨、塑料	印制电路板、石墨模具、喷嘴
磨料加工	磨削	精密、超精密砂轮磨削	氧化铝、碳化硅、立方氮化硼、金刚石等磨料砂轮	5～0.5	0.05～0.008	黑色金属、硬脆材料、非金属材料	外圆、孔、平面
		精密、超精密砂带磨削	氧化铝、碳化硅、立方氮化硼、金刚石等磨料砂带				平面、外圆磁盘、磁头
	研磨	精密、超精密研磨	铸铁、硬木、塑料等研具；氧化铝、碳化硅、金刚石等磨料	1～0.1	0.025～0.008	黑色金属、硬脆材料、非金属材料	外圆、孔、平面
		油石研磨	氧化铝油石、玛瑙油石，电铸金刚石油石				平面
		磁性研磨	磁性磨料	10～1	0.01	黑色金属	外圆、去毛刺
		滚动研磨	固结磨料、游离磨料、化学或电解作用液体			黑色金属等	型腔
	抛光	精密、超精密抛光	抛光器；氧化铝、氧化铬等磨料	1～0.1	0.025～0.008	黑色金属、铝合金	外圆、孔、平面
		弹性发射加工	聚氨酯球抛光器；高压抛光液	0.1～0.001	0.025～0.008	黑色金属、非金属材料	平面、型面
		液体动力抛光	带有楔槽工作表面的抛光器；抛光液	0.1～0.01	0.025～0.008	黑色金属、非金属材料、有色金属	平面、圆柱面
		水合抛光	聚氨酯抛光器；抛光液	1～0.1	0.01	黑色金属、非金属材料	平面
		磁流体抛光	非磁性磨料；磁流体	1～0.1	0.01	黑色金属、非金属材料、有色金属	平面
		挤压抛光	黏弹性物质；磨料	5	0.01	黑色金属等	型面、型腔去毛、倒棱
		喷射加工	磨料；液体	5	0.01～0.02	黑色金属等	孔、型腔

续表

分类	加工方法		加工工具	加工精度/μm	表面粗糙度 $Ra/\mu m$	加工材料	应用举例
磨料加工	抛光	砂带研抛	砂带；接触轮	1～0.1	0.01～0.008	黑色金属、非金属材料、有色金属	外圆、孔、平面、型面
		超精研抛	研具（脱脂木材、细毛毡）；磨料；纯水	1～0.1	0.01～0.008	黑色金属、非金属材料、	平面
	超精加工	精密超精加工	磨条；磨削液	1～0.1	0.025～0.01	黑色金属等	外圆
	珩磨	精密珩磨	磨条；磨削液	1～0.1	0.025～0.01	黑色金属等	孔

2. 非机械超精密加工技术

包括精密电火花加工、精密电解加工、精密超声加工、电子束加工、离子束加工、激光束加工等一些非传统加工方法；也称为特种精密加工方法。

3. 复合超精密加工方法

包括传统加工方法的复合、特种加工方法的复合，以及传统加工方法和特种加工方法的复合（例如机械化学抛光、精密电解磨削、精密超声珩磨等）。

2.3.2　金刚石刀具超精密切削加工

金刚石刀具超精密切削始于 20 世纪 60 年代，最初用来加工各种镜面零件，如射电望远镜的球面天线等。目前，采用金刚石刀具超精密切削非铁金属材料和一些非金属材料，取得了良好的效果，因此应用越来越广泛。在非铁金属材料加工方面主要有铝、铜、锡、铂、银、金及其合金等。在非金属材料方面主要有聚丙烯、聚碳酸酯、聚苯乙烯和一些结晶体，如锗、硅、硫化锌等。

1. 金刚石刀具超精密切削的应用

表 2-6 所示为用金刚石刀具超精密切削的零件实例。

表 2-6　金刚石刀具超精密切削的零件实例

零件名称	零件形状	用途	零件名称	零件形状	用途
圆筒	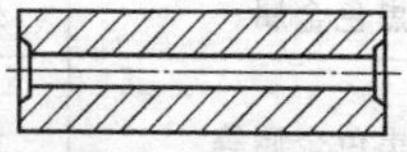	复印机	凹球面镜	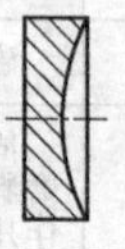	光学仪器、激光共振器
内面镜	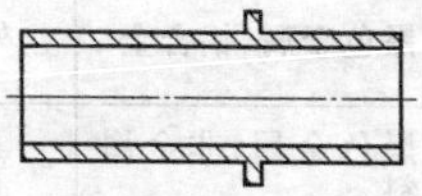	波导管	凸球面镜		光学仪器、激光共振器
盘	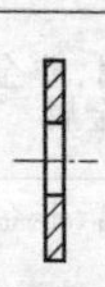	磁盘、录像盘	多面镜	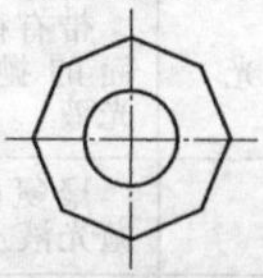	扫描器
平面镜		光学仪器	波纹镜	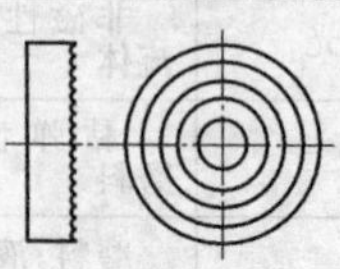	投影机、聚光机

续表

零件名称	零件形状	用途	零件名称	零件形状	用途
抛物面镜	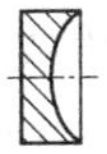	光学仪器、聚光机	内三棱镜	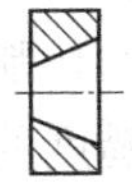	激光加工机
偏轴抛物面镜	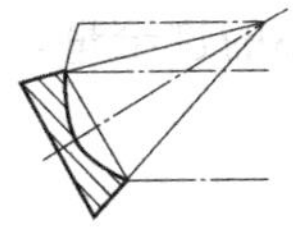	光学仪器、激光核融合	复合棱镜	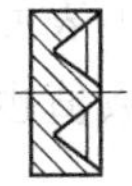	激光加工机计测器
椭圆镜	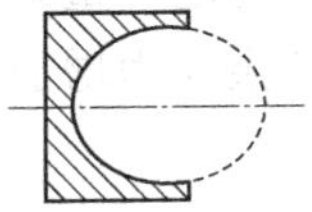	聚光镜	高斯棱镜	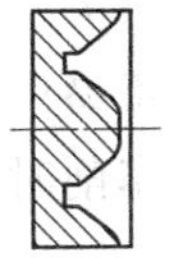	光学仪器
外三棱镜	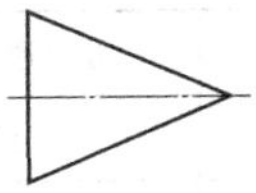	激光加工机	圆弧棱镜	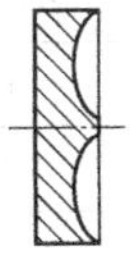	光学仪器

2. 超精密车削用金刚石刀具

天然单晶金刚石是超精密切削的最佳刀具材料，主要是由于它具有一系列优异的性能，能够满足超精密切削对刀具材料的要求。金刚石刀具一般不采用主切削刃和副切削刃相交为一点的尖锐刀尖，因为这样的刀尖容易崩刃和磨损，而且还会在加工表面上留下加工痕迹，使表面粗糙度增大。金刚石刀具的主切削刃和副切削刃之间采用过渡刃，对加工表面起修光作用。可以把刀刃设计成圆弧形或带直线修光刃的折线形，以减少切削残留面积对表面粗糙度的影响。图 2-6 所示为一种通用带直线修光刃的金刚石精车刀的几何角度。

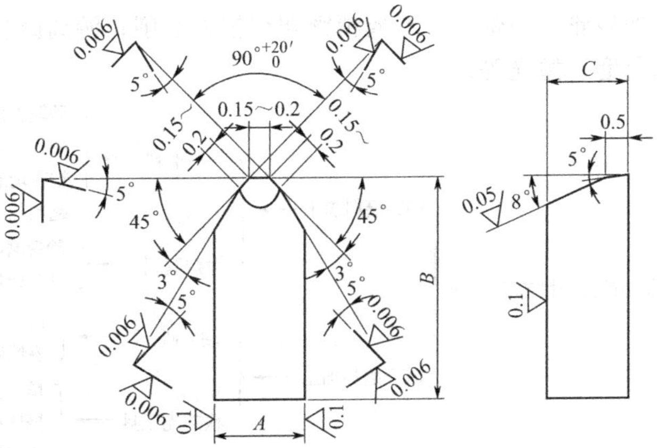

图 2-6 通用金刚石精车刀的几何角度

由于金刚石硬度极高、加工困难，且要求有极锋锐的刃口，因此制造金刚石刀具的技术难度很大，特别是金刚石的研磨加工。国外大多采用将金刚石刀具送回原制造厂重磨的方法，也有将金刚石钎焊在硬质合金片上，再用螺钉夹固在刀杆上的不重磨金刚石刀具。

3. 金刚石刀具超精密切削切削参数的选择

(1) 切削速度

切削速度的大小会影响到积屑瘤的形成和高度，进而影响加工工件的表面粗糙度，故应适当选择超精密切削时的切削速度。如果使用切削液，则积屑瘤不易生成，因此在所选的切削速度范围内对表面粗糙度的影响很小。

(2) 进给量

进给量直接影响加工表面粗糙度，因此超精密切削时采用很小的进给量，同时刀具多带有修光刃，但进给量的数值也不宜小于刀具刃口的钝圆半径。

(3) 背吃刀量

背吃刀量大，切削力大，切削变形大，表面层残留变形大，但背吃刀量太小时，因刀具存在切削刃钝圆半径而不易产生切屑，切削力反而增加，使表面残余应力增加。

金刚石刀具超精密车削时的切削用量可参考表 2-7。

表 2-7 金刚石刀具超精密车削时的切削用量

加工材料	背吃刀量 a_p/mm	进给量 f/(mm/r)	切削速度 v/(m/min)
铜、铝等有色金属材料	0.002～0.005	0.01～0.04	150～4000
非金属材料	0.1～0.5	0.05～0.2	30～1500

2.3.3 精密和超精密磨削加工

精密和超精密磨削加工是利用细粒度磨粒和微粉对工件进行磨削，以得到高加工精度和低表面粗糙度的一种工艺方法。对于铜、铝及其合金等软金属，采用金刚石刀具超精密车削加工是十分有效的；而对于黑色金属、硬脆材料等，用精密和超精密磨料加工是当前最主要的精密加工手段。

精密和超精密磨削加工分为固结磨料加工和游离磨料加工两大类（图 2-7）。固结磨料加工是指采用烧结、粘接、涂覆等办法，将磨粒或微粉与结合剂均匀地结合，并固结成一定形状和强度的磨具，如砂轮、砂带等，形成精密和超精密磨削；游离磨料加工是指磨料在加工时呈游离状态，如研磨、抛光等。

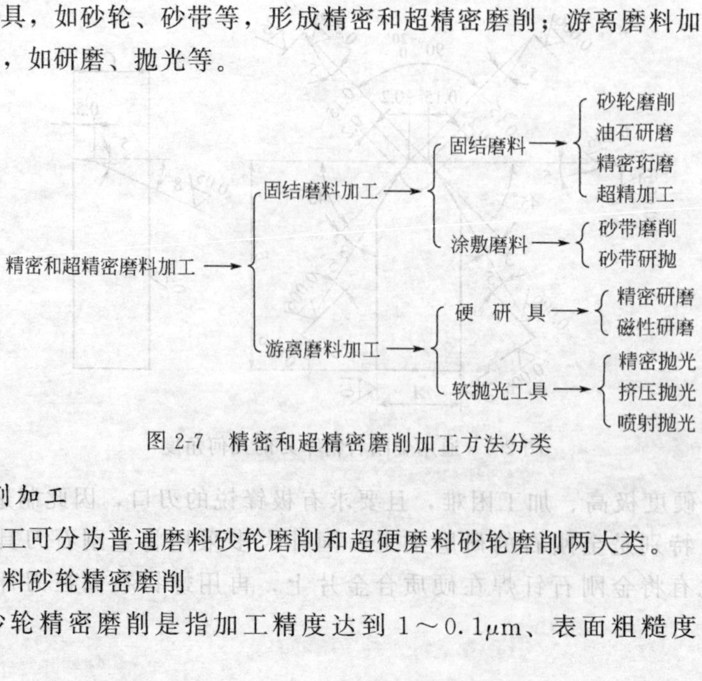

图 2-7 精密和超精密磨削加工方法分类

1. 精密磨削加工

精密磨削加工可分为普通磨料砂轮磨削和超硬磨料砂轮磨削两大类。

(1) 普通磨料砂轮精密磨削

普通磨料砂轮精密磨削是指加工精度达到 1～0.1μm、表面粗糙度 Ra 达到 0.2～

0.025μm 的磨削方法，又称为低粗糙度磨削。多用于机床主轴、轴承、液压滑阀、滚动导轨、量规等的精密加工。其主要影响因素如下。

① 砂轮选择。砂轮选择主要考虑磨粒材料、粒度、结合剂、织织和硬度等。应选择细粒度的砂轮，经过精细修整后，有很好的微刃性和等高性，不仅有微切削作用，而且与工件加工表面的滑擦、抛光作用比较明显；砂轮的使用寿命长，磨削质量好，但磨粒间的容屑空间较小，容易堵塞。对此提出了微粒度磨料的“粗化”措施，即先将微粒度磨料与结合剂混合烧结成细粒度磨粒，再将这些细粒度磨粒与结合剂混合而烧结成砂轮。从而解决了容屑空间小的矛盾，再经过微细修整，则可得到既有很好的微刃性和等高性，又有足够容屑空间的砂轮。

② 砂轮修整。修整时，一般可分为初修、精修和光修。初修时修整用量可大些，逐次减小；精修用量应小些；光修为无修整深度修整，主要是为了去除砂轮表面个别突出的微刃，使砂轮表面更加平整。普通磨料砂轮精密磨削时的砂轮修整用量可参考表 2-8。

表 2-8 普通磨料砂轮精密磨削时的砂轮修整用量

修整参数	数值	修整参数	数值
砂轮线速度/(m/s)	12～20	修整次数/单行程	2～3
修整速度/(mm/min)	10～15	光修次数/单行程	1
修整深度/μm	2.5～5		

③ 磨床选择。精密磨削通常应在精密磨床上进行，需满足以下要求：机床几何精度和刚度高；由于普通砂轮精密磨削时砂轮的修整速度要求低至 10～15mm/min，机床工作台必须能低速进给、平稳、无爬行和冲击；从机床结构上和安装上采取一些减振和隔振措施，以提高其抗振性。

④ 磨削用量。主要包括砂轮速度、工件速度、纵向进给量、磨削深度、走刀次数和无火花磨削次数等的选择，可参考表 2-9。

表 2-9 普通砂轮精密磨削时的参考磨削用量

磨削用量	数值	磨削用量		数值
砂轮线速度/(m/s)	32	走刀次数/单行程		1～3
工件线速度/(m/min)	6～12	无火花磨削次数/单行程	粗粒度砂轮	5～6
工件纵向进给量/(mm/min)	50～100		细粒度砂轮	5～15
背吃刀量(磨削深度)/μm	0.6～2.5	磨削余量/μm		2～5

（2）超硬磨料砂轮精密磨削

超硬磨料砂轮磨削硬脆材料是一种有效的超硬磨料精密加工方法。其特点和应用范围如下。

① 可用来加工各种高硬度、高脆性金属材料和非金属材料，例如陶瓷、玻璃、半导体材料、宝石、石材、硬质合金、耐热合金钢，以及铜、铝等非铁金属及其合金等。

② 磨削能力强、耐磨性好、使用寿命长、易于控制尺寸及实现加工自动化。

③ 磨削力小，磨削温度低，无烧伤、裂纹和组织变化，表面质量好。用金刚石砂轮磨削硬质合金时，其磨削力只有绿碳化硅砂轮磨削时的 1/5～1/4。

④ 由于超硬磨料有锋利的刃口，耐磨性高，有较高的材料切除率和磨削比，因此磨削

效率高。

⑤ 超硬磨料砂轮修整难度大。

⑥ 虽然金刚石砂轮和立方氮化硼砂轮价格比较昂贵，但由于其使用寿命长、加工效率高、工时少，因此综合成本不高。

金刚石砂轮磨具有较强的磨削能力和较高的磨削效率，适合于加工非金属硬脆材料、硬质合金、非铁金属及其合金，但金刚石容易与铁族元素产生化学反应和亲和作用，故不适于加工钢铁类金属材料。立方氮化硼虽硬度不及金刚石，但比金刚石有较好的热稳定性和较强的化学惰性，又不易与铁族元素产生化学反应和亲和作用，适于加工硬而韧、高温硬度高、热传导率低的钢铁材料，例如耐热合金钢、钛合金、模具钢等，有较高的耐磨性。

2. 超精密磨削加工

超精密磨削的加工精度达到或高于 0.1μm，表面粗糙度 Ra 低于 0.025μm，是一种亚微米级、纳米级的砂轮磨削方法。超精密磨削加工也分为固结磨料加工和游离磨料加工两大类。

超精密磨削主要用于磨削钢铁及其合金，例如耐热钢、钛合金、不锈钢等合金钢，特别是经过淬火处理的淬硬钢，也可用于磨削铜、铝及其合金等非铁金属。同时它还是高精度非金属硬脆难加工材料（例如陶瓷、玻璃、石英、半导体、石材等）的主要加工方法。

超精密磨削的发展远比超精密切削要缓慢。当前，发展得比较快、应用比较成熟的首推金刚石微粉砂轮超精密磨削。

（1）金刚石微粉砂轮

金刚石微粉砂轮一般采用粒度为 F240～F1000 的金刚石微粉作为磨料，采用树脂、陶瓷、金属（铜、纤维铸铁等）为结合剂烧结而成，也可采用电铸法和气相沉积法制作。结合剂不同，砂轮刚度也不同。金属结合剂砂轮刚度大，对保证形状精度有利，但修整困难，不易加工出低表面粗糙度，对磨床的精度和刚度要求十分苛刻。树脂结合剂砂轮的柔性好，易于磨出低粗糙度的表面。因此，提出了树脂-金属复合结合剂金刚石微粉砂轮，砂轮的表层为树脂结合剂结构，而里层为金属结合剂结构，从而得到整体支撑刚度好、表层有柔性的金刚石砂轮，能够磨削出精度高且表面粗糙度低的加工表面。

金刚石微粉砂轮超精密磨削具有以下特点。

① 它是一种固结磨料的微量去除加工方法，与研磨、抛光等精密加工方法相比较，加工效率高。

② 磨料是微粉级的，粒度很细，在超精密磨床上磨削可以同时获得极低的表面粗糙度和很高的几何尺寸和形状精度，是一种比较理想的超精密加工方法。

③ 磨料粒度很细，容屑空间很小，砂轮容易堵塞，需要进行在线修整，才能保证磨削的正常进行和加工质量。

④ 需要在超精密磨床上进行，设备价格昂贵，磨削成本高。

（2）超精密磨床

超精密磨床在结构上具有以下特点：在主轴系统中，其支承已由动压向动静压和静压发展，由液体静压向空气静压发展。图 2-8 为典型液体静压轴承主轴结构原理图。另外，主轴系统已向主轴单元和主轴功能部件发展。导轨大多采用平面型空气静压导轨（图 2-9），有的采用精密研磨配制的镶钢滑动导轨，以求达到很高的精度和运动的平稳性。整个机床采用热对称结构、密封结构、淋浴结构，以保证热稳定性。磨床主要零件材料多采用稳定性好的天然石材和人造石材，例如床身、立柱、工作台、主轴等采用天然或人造花岗岩、陶瓷等材料制造。这些结构特点保证了机床的高精度、高刚度和高稳定性。为了提高加工的形状精度，还需要使用微量进给装置。根据精密进给装置的要求，比较成熟的有双T形弹簧变微进给装置（图 2-10）和电致伸缩式微量进给机构。

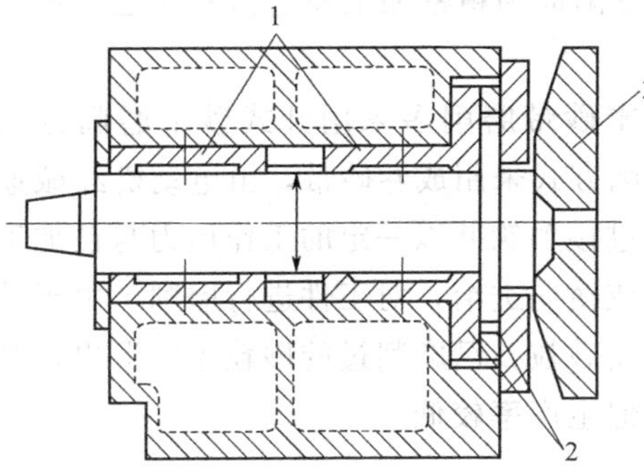

图 2-8　典型液体静压轴承主轴结构原理图

1—径向轴承；2—止推轴承；3—真空吸盘

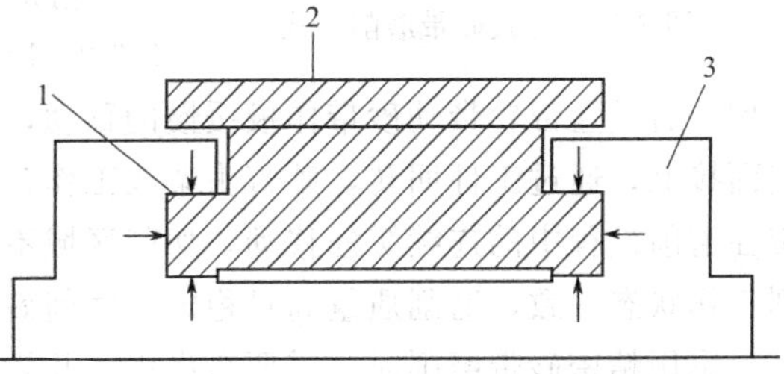

图 2-9　平面型空气静压导轨（日立精工）

1—静压导轨；2—移动工作台；3—底座

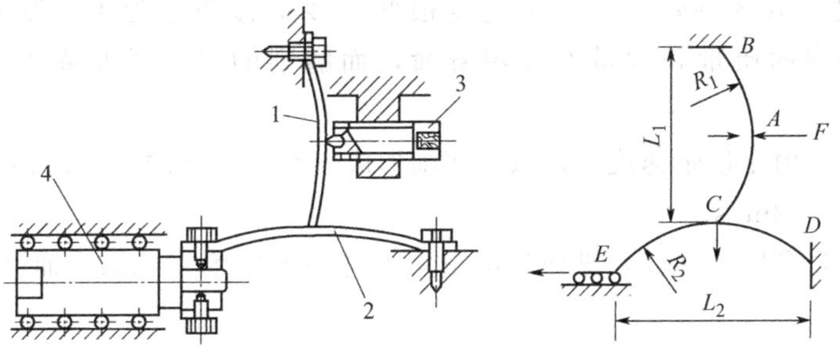

图 2-10　双 T 形弹簧变形微进给装置原理

1，2—T 形弹簧；3—驱动螺钉；4—微位移刀夹

目前国内、外各种超精密磨床的加工精度和表面粗糙度能够达到的水平为：

① 尺寸精度：0.24～0.50μm；

② 圆度：0.25～1μm；

③ 圆柱度：0.25/2500～1/50000；

④ 表面粗糙度 Ra：0.006～0.01μm。

（3）超精密磨削工艺

超精密磨削的工艺参数应根据具体情况做工艺试验来确定，也可参考以下数值来选取：

① 砂轮线速度：18～60m/s；

② 工件线速度：4～10m/min；

③ 工作台纵向进给速度：50～100mm/min；

④ 磨削深度：0.5～1μm；

⑤ 磨削横向进给次数：2～4；

⑥ 无火花磨削次数：3～5；

⑦ 磨削余量：2～5μm。

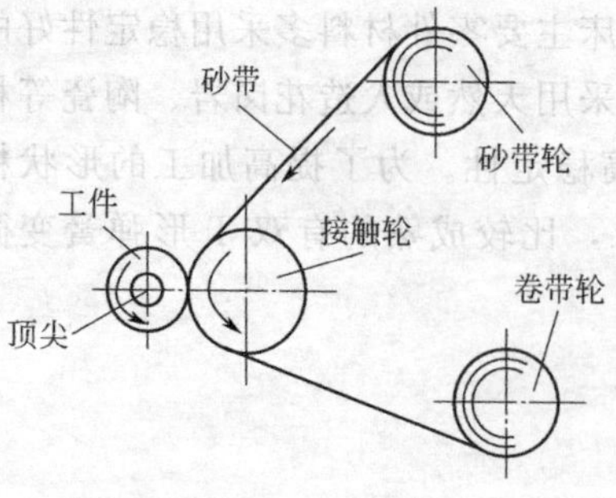

图 2-11 开式砂带磨削方式

3. 精密砂带磨削

砂带磨削具有弹性、冷态、高效、精密、经济等特点，可加工各种金属、非铁金属和非金属材料。随着砂带基底材料的发展、磨粒与基底粘接强度的提高，以及精密砂带磨削、抛光等工艺的出现，砂带磨削的应用范围大为扩展，已逐渐成为精密加工和超精密加工的重要手段。

精密和超精密砂带磨削多采用开式砂带磨削方式（图 2-11）。该磨削方式采用成卷砂带，由电动机经减速机构、通过卷带轮带动砂带作极缓慢的移动，砂带绕过接触轮并以一定的工作压力与被加工表面接触，通过工件回转，砂带头架或工作台作纵向或横向进给，对工件进行磨削。由于砂带在磨削过程中的连续缓慢移动，切削区域不断出现新砂粒，已磨削过的砂粒不断退出，磨削工作状态一致，磨削质量高且稳定，磨削效果好，但生产率较低。

采用精密砂带磨削时，需要考虑以下几类因素。

(1) 磨削用量

主要有砂带速度、工件速度、纵向进给量、磨削深度和接触压力的选择。

① 砂带速度。开式砂带磨的砂带速度很低，砂带移动是为了不断有新砂粒进入切削区，控制磨削表面质量和砂带的使用寿命，而磨削的主运动是靠工件的转动或移动来实现的。

② 工件速度。由于砂带速度非常低，切削形成主要靠工件的转动或移动，按磨削要求，工件速度可取 10～12m/s。

③ 纵向进给量和磨削深度。纵向进给量可参考砂轮磨削来选取，而磨削深度应比砂轮磨削时要小些。

粗磨时，纵向进给量为 0.17～3.00mm/r，磨削深度为 0.05～0.10mm。

精磨时，纵向进给量为 0.40～2.00mm/r，磨削深度为 0.01～0.05mm。

④ 接触压力。这是砂带磨削所特有的加工参数，直接影响磨削效率和砂带使用寿命。可根据工件材料、磨粒材料和粒度、磨削余量和表面粗糙度要求来选择，一般选取 50～300N，但其大小有时很难控制。

(2) 砂带和接触轮的选择

应根据被加工材料、加工精度和表面粗糙度要求来选择。其中包括磨料种类、粒度、基底材料、接触轮外缘材料、形状及其硬度等。砂带选择和接触轮选择之间有一定的配合关系要求。

(3) 砂带磨削的冷却和润滑

砂带磨削可分为干磨和湿磨两种。湿磨时，磨削液的选择应考虑加工表面粗糙度，被加工材料、砂带黏结剂的种类和基底材料等。例如有些黏结剂为有机物，易受化学溶剂的影响，有些基底材料不防水。干磨时，当粒度大于 F150 时，可采用干磨剂，有效防止砂带堵塞，提高加工表面质量。

4. 精密和超精密研磨

(1) 油石研磨

油石研磨的加工运动与普通研磨方法相同，可以加工平面、外圆等。油石研磨采用各种不同结构的油石，常用的有：①氨基甲酸酯油石，是利用低发泡氨基甲酸（乙）酯和磨料混合制成的油石，这种油石制作方便、成本低廉；②金刚石电铸油石，是利用电铸技术使金刚石颗粒的切刃位于同一切削平面上，使磨粒具有等高性，平整而又均匀，从而可以研磨出极低表面粗糙度的表面；③超硬磨料粉末冶金油石，将金刚石和立方氮化硼等微粉与铸铁粉混合起来，用粉末冶金方法烧结成块。烧结块为双层结构，只在表层 1.5mm 厚度含有磨粒。将双层结构的烧结块用环氧树脂胶粘接在铸铁板上，即成油石。这种油石研磨精度高、表面质量好、效率高。

（2）磁性研磨

如图 2-12 所示。工件放在两磁极之间，工件与极间放入磁性磨粒，在直流磁场的作用下，磁性磨粒沿磁力线方向整齐排列，如同刷子一样对被加工表面施加压力，并保持加工间隙，因此又称为磁性磨粒刷。研磨时，工件一面旋转，一面作轴向振动，使磁性磨料与被加工表面之间产生相对运动，在被加工表面上形成均匀网状纹路，提高了工件的精度和表面质量。

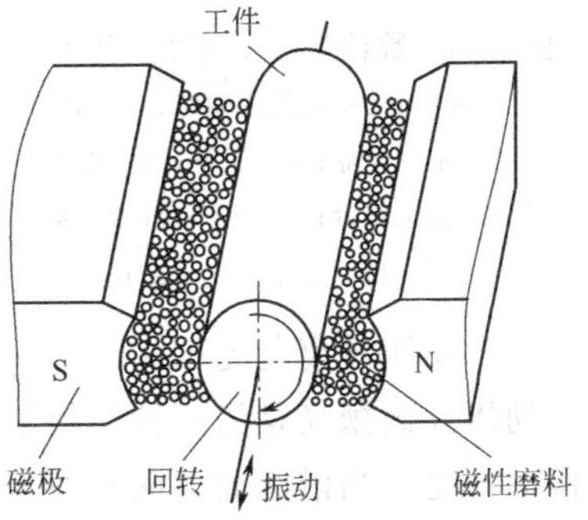

图 2-12 磁性研磨示意图

磁性研磨具有以下特点和用途。

① 研磨压力的大小随磁场中磁通密度及磁性磨料填充量的增大而增大，可以调节。

② 既可研磨磁性材料零件，又可研磨非磁性材料零件；可研磨金属材料，例如钢、铁、不锈钢、铜、铝等；也可研磨非金属材料，如陶瓷、硅片等。

③ 加工精度可达 1μm，表面粗糙度 Ra 可达 0.01μm，对于钛合金有较好的研磨效果。

④ 可加工工件的外圆、内孔等和去毛刺。由于加工间隙有 1～4mm，磁性磨粒在未加磁场前是柔性的，因此还可以研磨成形表面。

5. 精密和超精密抛光

（1）软质磨粒抛光

其特点是可以用较软的磨粒，甚至比工件材料还要软的磨粒（如氧化硅、氧化铬等）来抛光，在加工时不会产生机械损伤，大大减少了一般抛光中所产生的微裂纹、磨粒嵌入、洼坑、麻点、附着物、污染等缺陷，能获得极好的表面质量。典型的软质磨粒机械抛光方法是弹性发射加工（Elastic Emission Machining，EEM），其原理是利用水流加速微细磨粒，以尽可能小的入射角冲击工件表面，在接触点处产生瞬时高温高压而发生固相反应，造成工件表层原子晶格的空位及工件原子和磨粒原子互相扩散，形成与工件表层其他原子结合力较弱的杂质点缺陷。当这些缺陷再次受到磨粒撞击时，杂质点原子与相邻的几个原子被一并移去，同时工件表层凸出的原子也因受到很大的剪切力作用而被切除。数控弹性发射加工装置的原理如图 2-13 所示。

（2）浮动抛光

浮动抛光是一种平面度极高的非接触超精密抛光方法，浮动抛光装置如图 2-14 所示。高回转精度的抛光机采用高平面度平面并带有同心圆或螺旋沟槽的锡抛光盘，抛光液覆盖在整个抛光盘表面上，抛光盘及工件高速回转时，在两者之间的抛光液呈动压流体状态，并形成一层液膜，从而使工件在浮起状态下进行抛光。

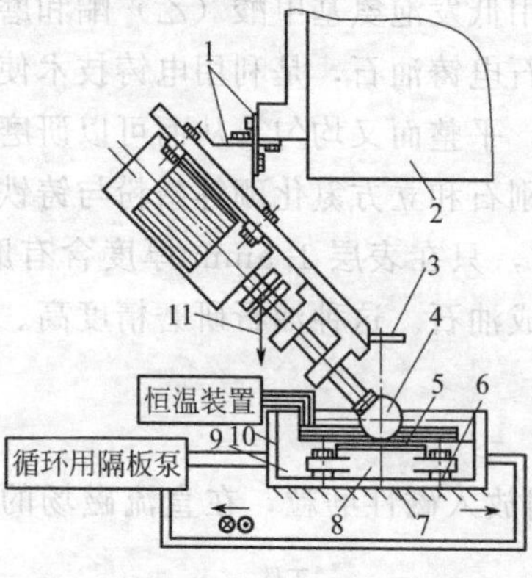

图 2-13　数控弹性发射加工装置的原理

1—十字弹簧；2—数控主轴箱；3—载荷支撑杆；4—聚氨酯球；5—工件；6—橡胶垫；7—数控工作台；8—工作台；9—悬浮液；10—容器；11—重心

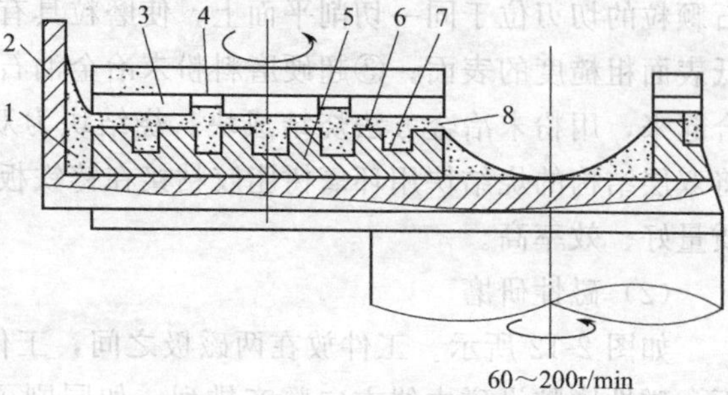

图 2-14　浮动抛光装置原理示意图

1—抛光液；2—抛光液槽；3—工件；4—工件夹具；5—抛光盘；6—金刚石刀具的切削面；7—沟槽；8—液膜

（3）动压浮离抛光

动压浮离抛光是另一种非接触抛光方法。平面非接触动压浮离抛光装置如图 2-15 所示。工作原理是：当沿圆周方向制有若干个倾斜平面的圆盘在液体中转动时，通过液体楔产生液体动压，使保持环中的工件浮离圆盘表面，由浮动间隙中的粉末颗粒对工件进行抛光。加工过程中无摩擦热和工具磨损，标准平面不会变化，因此，可重复获得精密的工件表面。该方法主要用于半导体基片和各种功能陶瓷材料及光学玻璃的抛光，可同时进行多片加工。用这种方法加工 3in 直径硅片，可获得 0.3μm 的平面度和 Ra 为 1nm 的表面粗糙度。

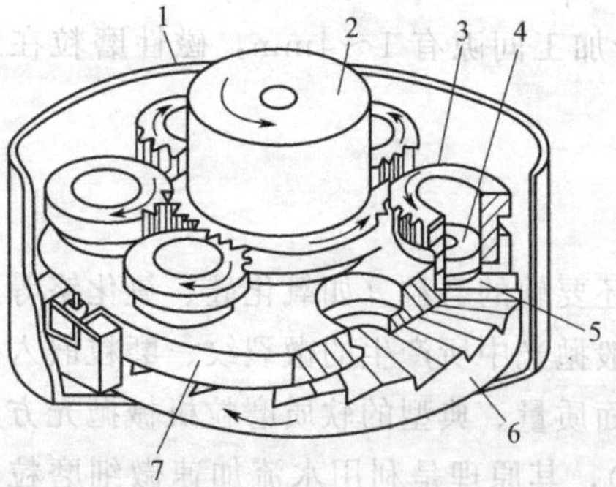

图 2-15　动压浮离抛光装置

1—抛光液容器；2—驱动齿轮；3—保持环；4—工件夹具；5—工件；6—抛光盘；7—载环盘

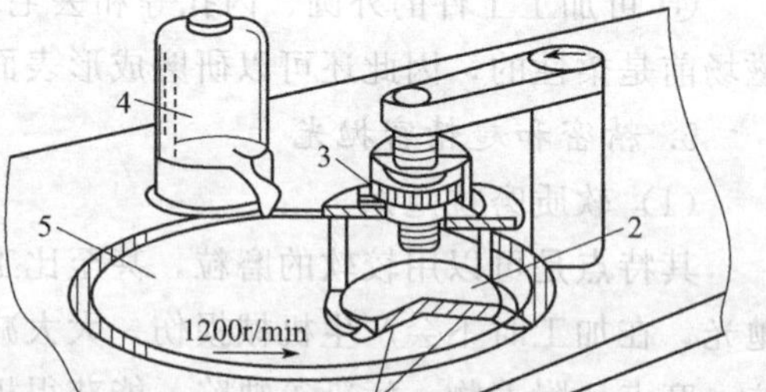

图 2-16　水面滑行化学抛光装置

1—GaAs 工件；2—水晶平板；3—调节螺母；4—腐蚀液；5—抛光盘

（4）非接触化学抛光

是一种普通的盘式化学抛光方法，通过供给抛光盘面化学抛光液，使其与被加工面作相对滑动，用抛光盘面来去除被加工件面上产生的化学反应生成物。这种抛光方法以化学腐蚀作用为主，机械作用为辅，所以又称为化学机械抛光。水面滑行抛光是一种工件与抛光盘互不接触，不使用磨料的新型非接触化学抛光方法。它借助于流体压力使工件基片从抛光盘面上浮起，利用具有腐蚀作用的液体作加工液完成抛光，其抛光装置如图 2-16 所示，将被加工的半导体基片吸附在作为工件夹具的直径为 100mm 的水晶光学平板的底面。水晶平板的边缘呈锥状，并通过带轮与抛光装置相连。基片高度可利用调节螺母进行调节，将腐蚀液注入抛光盘中心附近，当抛光盘以 1200r/min 的转速回转时，通过液体摩擦力，使水晶平板以 1800r/min 转速回转，同时动压力使水晶平板上浮，完成抛光盘对工件表面的非接触化学抛光。

2.4 微细加工技术

2.4.1 微细加工技术的概念和特点

1. 微细加工的概念

微细加工起源于半导体制造工艺，原来指加工尺度约在微米级范围的加工方式。在微机械研究领域中，它是微米级、亚微米级乃至纳米级微细加工的通称，即微米级微细加工、亚微米级微细加工和纳米级微细加工等。广义上的微细加工，包括精密加工和超精密加工的微小化。其方式十分丰富，几乎涉及各种现代特种加工、高能束加工等方式。

微细加工技术曾经广泛应用于大规模和超大规模集成电路的加工制作，正是借助于这些微细加工技术，使众多的微电子器件及相关技术和产业蓬勃兴起，并迎来了人类社会的信息革命。同时微细加工技术也逐渐被赋予更广泛的内容和更高的要求。目前微细加工技术在特种新型器件、电子零件和电子装置、机械零件和装置、表面分析、材料改性等方面也在发挥日益重要的作用。特别是在微机械研究与制作方面，微细加工技术已经成为必不可少的基本环节。

2. 微细加工技术的特点

(1) 多学科的制造系统工程

它涉及超微量加工和处理技术、高质量和新型的材料技术、高稳定性和高净化的加工环境、高精度的计量、测试技术，以及高可靠性的工况监测和质量控制技术等，已不再是一种孤立的加工方法和单纯的工艺过程。微细加工工艺方法遍及传统加工技术和非传统加工技术，涉及面广，体现了多学科的交叉融合。

(2) 平面工艺是其工艺基础

这是由于微细加工开始主要围绕集成电路的制造，平面工艺是其主要工艺方法。平面工艺是指制作半导体基片、电子元件、电子线路及其连线、封装等一整套制造工艺技术，现在已在此基础上发展了立体工艺技术。

3. 微细加工方法的分类

常用微细加工方法从机理上分为分离、结合、变形三大类（表 2-10）。

2.4.2 常用的微细加工工艺

1. 光刻加工技术

光刻是沉积与刻蚀的结合，主要用在集成电路制作中，得到高精度微细线条所构成的高密度微细复杂图形。光刻加工是光刻蚀加工的简称，它利用化学和物理方法，将没有光致抗蚀剂涂层的氧化膜去除，称之为刻蚀。

光刻加工可分为两个阶段：第一阶段为原版制作，生成工作原版或工作掩膜；第二阶段为光刻加工。

(1) 原版制作

表 2-10 常用微细加工方法

分类		加工方法	加工精度/μm	表面粗糙度 Ra/μm	可加工材料	应用范围
分离加工	切削加工	等离子切割			各种材料	熔断钼、钨等高熔点材料，合金钢、硬质合金
		微细切削	1～0.1	0.05～0.008	有色金属及其合金	球、磁盘，反射镜、多面棱体
		微细钻削	20～10	0.2	低碳钢、铜、铝	钟表底板、油泵喷嘴、化纤喷丝头、印制电路板
	磨粒加工	微细磨削	5～0.5	0.05～0.008	黑色金属、硬脆材料	集成电路基片的切割、外圆、平面磨削
		研磨	1～0.1	0.025～0.008	金属、半导体、玻璃	平面、孔、外圆加工、硅片基片
		抛光	1～0.1	0.025～0.008	金属、半导体、玻璃	平面、孔、外圆加工、硅片基片
		砂带研抛	1～0.1	0.1～0.008	金属、非金属	平面、外圆
		弹性发射加工	0.1～0.001	0.025～0.008	金属、非金属	硅片基片
		喷射加工	5	0.01～0.02	金属、玻璃、石英、橡胶	刻槽、切断、图案成形、破碎
	特种加工	电火花成形加工	50～1	2.5～0.02	导电金属、非金属	孔、沟槽、狭缝、方孔、型腔
		电火花线切割加工	20～3	2.5～0.16	导电金属	切断、切槽
		电解加工	100～3	1.25～0.06	金属、非金属	模具型腔、打孔、套孔、切槽、成形、去毛刺
		超声波加工	30～5	2.5～0.04	硬脆金属、非金属	刻模、落料、切片、打孔、刻槽
		微波加工	10	6.3～0.12	绝缘材料、半导体	在玻璃、石英、红宝石，陶瓷、金刚石等上打孔
		电子束加工	10～1	6.3～0.12	各种材料	打孔、切割、光刻
		离子束去除加工	0.01	0.01～0.006	各种材料	成形表面、刃磨、割蚀
		激光去除加工	10～1	6.3～0.12	各种材料	打孔、切断、划线
		光刻加工	0.1	2.5～0.2	金属、非金属、半导体	刻线、图案成形
	复合加工	电解磨削	20～1	0.08～0.01	各种材料	刃磨、成形、平面、内圆
		电解抛光	10～1	0.05～0.008	金属、半导体	平面、外圆孔、型面、细金属丝、槽
		化学抛光	0.01	0.01	金属、半导体	平面
结合加工	附着加工	蒸镀			金属	镀膜、半导体器件
		分子束镀膜			金属	镀膜、半导体器件
		分子束外延生长			金属	半导体器件
		离子束镶膜			金属、非金属	干式镀膜、半导体器件、刀具，工具、表壳
		电镀(电化学镀)			金属	电铸型、图案成形、印制电路板
		电铸			金属	喷丝板、栅网、网刃、钟表零件
		喷镀			金属、非金属	图案成形、表面改性
	注入加工	离子束注入			金属、非金属	半导体掺杂
		氧化、阳极氧化			金属	绝缘层
		扩散			金属、半导体	掺杂、渗碳、表面改性
		激光表面处理			金属	表面改性、表面热处理
	接合加工	电子束焊接			金属	难熔金属、化学性能活泼金属
		超声波焊接			金属	集成电路引线
		激光焊接			金属、非金属	钟表零件、电子零件
变形加工		压力加工			金属	板、丝的压延、精冲、拉拔、挤压；波导管、衍射光栅
		铸造(精铸、压铸)			金属、非金属	集成电路封装、引线

① 绘制原图。根据设计图样，在绘图机上用刻图刀在一种叫红膜的材料上刻成原图。红膜是在透明或半透明的聚酯薄膜表面上涂敷一层可剥离的红色醋酸乙烯树脂保护膜而制成。刻图刀将保护膜刻透后，剥去不需要的那些保护膜部分，从而形成红色图像，即为原图。

② 制作缩版、殖版。将原图用缩版机缩成规定的尺寸，即为缩版。当原图的放大倍数较大时，要进行多次重复缩小才能得到符合要求的缩版。在成批大量生产同一图像缩版时，可在分步重复照相机上将缩图重复照相，制成殖版。

③ 制作工作原版（工作掩膜）。缩版和殖版都可直接用于光刻加工，但一般都作为母版保存，以备后用，而将母版复印形成复制版，在光刻加工时使用，称为工作原版或工作掩膜。

（2）光刻加工

① 预处理。半导体基片经切片、抛光、外延生长和氧化后，在基片工作表面上形成氧化膜，光刻前先将工作表面进行脱脂、抛光、酸洗和水洗后备用。

② 涂胶。把光致抗蚀剂（又称光刻胶）均匀涂敷在氧化膜上的过程称为涂胶。常用的涂胶方法有旋转（离心）甩涂、浸渍、喷涂和印刷等。

③ 曝光。曝光可分为投影曝光和扫描曝光。光源发出的光束经工作原版（掩膜）在光致抗蚀剂涂层上成像，这是投影曝光，又称为复印。由光源发出的光束，经聚焦形成细小束斑，通过数控扫描在光致抗蚀剂涂层上绘制图像，称为扫描曝光，又称为写图。

④ 显影与烘片。曝光后的光致抗蚀剂，其分子结构产生化学变化，在特定的溶剂或水中的溶解度也不同，利用曝光区和非曝光区的这一差异，可在特定熔剂中把曝光图像呈现出来，形成窗口，这就是显影。有的光致抗蚀剂在显影干燥后，要进行200～250℃的高温处理，使它发生热聚合作用，以提高强度，称之为烘片。

⑤ 刻蚀。利用离子束溅射去除图像中没有光致抗蚀剂的氧化膜部分，以便进行选择扩散、真空镀膜等后续工序。

⑥ 剥膜与检查。用剥膜液去除光致抗蚀剂的处理称为剥膜。剥膜后洗净修整，进行外观、线条尺寸、间隔尺寸、断面形状、物理性能和电学特性等检查。

2. 光刻-电铸-模铸复合成形技术（LIGA）

LIGA来源于德文，是电铸成形和注塑的缩写。该工艺于20世纪80年代初期创立于德国的卡尔斯鲁厄原子核研究所，为制造微喷嘴而开发出来的。如今，LIGA工艺可制作最大高度为1000μm，高宽比大于200的立体微结构，加工精度可达200μm。可加工的材料有金属、陶瓷和玻璃等。

LIGA的加工特点如下。

① 波长短、分辨力高、穿透力强。

② 辐射线几乎完全平行，可进行大深焦的曝光，减少了几何畸变。

③ 辐射强度高，比普通X射线强度高两个数量级以上，便于利用灵敏度较低而稳定性较好的抗蚀剂（光刻胶）来实现单涂层工艺。

④ 发射带谱宽，可降低衍射的影响，有利于获得高分辨率，并可根据掩膜材料和抗蚀剂的特点选用最佳曝光波长。

⑤ 曝光时间短，生产率高。

⑥ 加工时间比较长、工艺过程复杂、价格昂贵，并要求层厚大、抗辐射能力强和稳定

性好的掩膜基底。

LIGA 工艺能实现高深宽比的立体结构，突破了平面工艺的局限。虽然光刻成本较高，但可在一次曝光下制作多种结构，应用面较广，对大量生产意义较大。图 2-17 所示为用 LIGA 工艺所加工的一些零件。

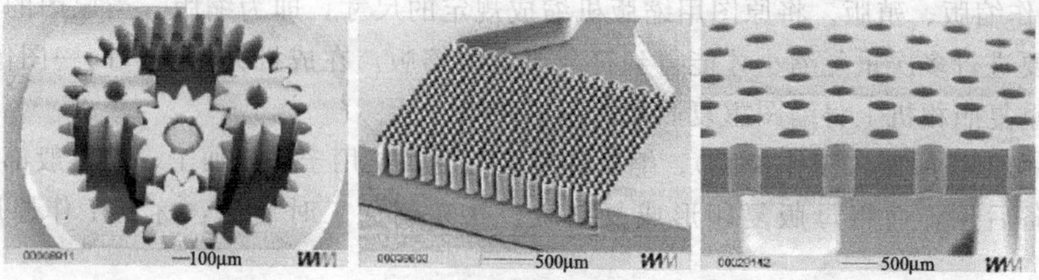

(a) 镍材料的微型齿轮　　(b) 微混合器　　(c) 微孔阵列

图 2-17 用 LIGA 工艺加工的一些零件

2.4.3 纳米加工技术

1. 纳米加工的概念与特点

纳米技术通常是指纳米级（0.1～100nm）的材料、产品设计、加工、检测、控制等一系列技术。主要包括纳米材料、纳米级精度制造技术、纳米级精度和表面质量检测、纳米级微传感器和控制技术、微型机电系统和纳米生物学等。纳米加工技术的特点有以下几条。

① 加工精度达到纳米级。纳米加工的范畴有超精密加工、超微细加工、扫描探针显微加工和纳米生物加工等。

② 从宏观走向微观。纳米技术不是简单的“精度提高”和“尺寸缩小”，而是从物理的宏观领域进入到微观领域。部分宏观的几何学、力学、热力学、电磁学等都不能正常描述纳米级的工程现象与规律，例如常用的欧几里得几何、牛顿力学等已不适用，而量子效应、物质的波动特性和微观涨落已不可忽略，可能成为主要因素。在分析纳米加工时要应用一些纳米力学、纳米摩擦学、纳米电子学的理论。

③ 综合系统技术。纳米技术包括材料、产品设计、加工、装配、检测等综合系统技术。在进行纳米加工时要考虑纳米材料的一般物理、力学和化学性能和特异性能，同时要考虑应有相应的检测方法。

④ 纳米级范畴。当前，纳米技术的范畴不完全是纳米，而是提出 0.1～100nm 微纳米范畴，其主要原因是纳米本身的范围太窄，当前的应用范围尚不够广泛。

2. 纳米加工方法

（1）传统加工的精密化

包括超精密加工和超精密特种加工等，例如超精密切削车削、超精密磨削、超精密研磨和超精密抛光等。

（2）传统加工的微细化

包括微细加工和超微细加工等。例如高能束加工（电子束、离子束、激光束加工）、光刻和 LIGA 等。

（3）扫描探针显微加工

包括扫描隧道显微加工和原子力显微加工等。例如原子搬迁移动、原子提取去除和放置增添、原子吸附和脱附、探针雕刻等。

（4）纳米生物加工

纳米生物加工是用微生物加工金属等材料，有去除、约束和生长三种形式。

① 生物去除成形加工。利用细菌生理特性对生物去除成形。例如用氧化亚铁硫杆菌进行生物加工纯铁、纯铜和铜镍合金，加工出微型齿轨。

② 生物约束成形加工。利用形状规则、结构强度较高、无危害性和利于人工培养的微生物，控制其生长过程，用化学镀实现其约束成形，可制备出具有一定几何形状的金属化微生物细胞，用于构造微结构，也可作为功能颗粒来制备功能材料。

③ 生物生长成形加工。有微生物细胞的生长成形和活性组织或物质生长成形。微生物细胞的生长成形，例如微生物细胞在分裂过程中可形成不同的微结构；活性组织生长成形，例如人工生物活性骨骼的生长。

3. 纳米级典型产品

（1）纳米级器件

纳米级器件是指原子开关、原子继电器、单电子晶体管和量子点等原子级器件和量子级器件，主要是电子器件。

（2）微型机械

微型机械的特征尺寸范围可以认为在 1nm～10mm，在这一尺度范围内按其特征尺寸，可分为 1～10mm 的小型机械、1μm～1mm 的微型机械和利用生物工程和分子组装可实现的 1nm～1μm 的纳米机械三个等级。

微型机械的范畴很广，可以分为微型零件、微型元器件、微型装置和系统以及微型产品等。

（3）微型机电系统（Micro Electro Mechanical Systems，MEMS）

微型机电系统是指集微型机构、微型传感器、微型执行器、信号处理、控制电路、接口、通信、电源等于一体的微型机电器件或综合体，它是美国的惯用词。日本仍习惯地称之为微型机械，欧洲称之为微型系统，现在大多称之为微型机电系统。

微型机电系统在生物医学、航空航天、国防、工业、农业、交通和信息等多个部门均有广泛的应用前景。

2.5 快速制造技术

2.5.1 快速制造的定义与特点

快速制造（或称快速成形、快速成形制造）是 20 世纪 80 年代后期发展起来的、基于离散－堆积成形原理的成形技术。快速制造不仅包括快速原型制造，而且包括快速工/模具制造、快速零件制造、快速生物模型制造、快速铸型制造等一切有别于去除成形（如切削加工等）和受迫成形（如铸、锻等）的、基于数字模型驱动的材料单元组装成形的成形科学和制造技术。

快速原型（Rapid Prototyping，RP）是最早出现并发展的一种快速制造技术。快速原型技术所完成的产品，基本不具有使用功能，而仅在产品设计评价时使用，但随着成形件的机械性能和精度的提高，使成形件逐渐具有设计思想评价和装配检验功能以外的功能。快速制造家族中出现了一批新成员，即快速零件（Rapid Parts）、快速工具（Rapid Tooling）、

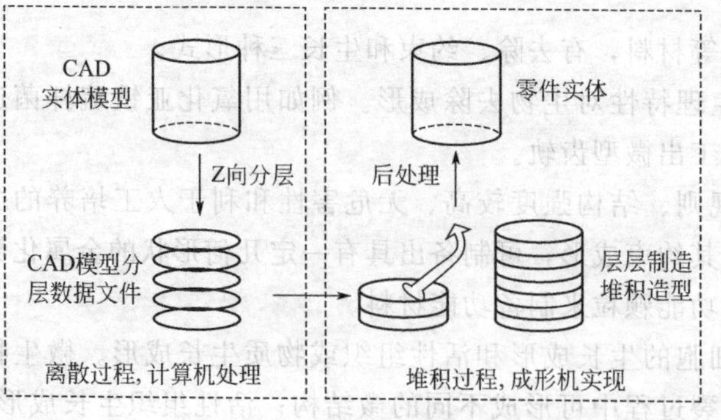

图 2-18　快速制造原理示意图

快速模具（Rapid Mold）、快速生物模型（Rapid Bio-Model）等。

1. 快速制造原理

快速制造的原理如图 2-18 所示。首先完成被加工件的计算机三维模型（数字模型、CAD 模型），然后根据技术要求，按照一定的规律将该模型离散为一系列有序的单元，通常在 Z 向将其按一定厚度进行离散（分层、切片）。把原 CAD 三维模型变成一系列的层片的有序叠加；再根据每个层片的轮廓信息，输入加工参数，自动生成数控代码；最后由成形机完成一系列层片制造，并实时、自动将它们连接起来，得到一个三维物理实体。这样就将一个复杂的三维加工转变成一系列二维层片的加工，因此大大降低了加工难度。由于成形过程是材料标准单元体的叠加，无需专用刀具和夹具，因而成形过程的难度与待成形物理实体形状的复杂程度无关。

2. 快速制造特点

快速制造具有如下特点。

（1）由数字模型直接驱动

数字模型数据通过接口软件转化为可以直接驱动快速制造设备的数控指令，快速制造设备根据数控指令完成原型或零件加工。由于快速制造以分层制造为基础，可以方便地进行路径规划，将 CAD 和 CAM 结合在一起，实现设计、制造一体化，这也是直接驱动的含义。

（2）快速制造设备通用性好

快速制造设备是无需专用夹具或工具的通用机器，对于不同的零件，不需要专用工装、模具或工具，只需建立 CAD 模型，调整和设置技术参数，即可制造出符合要求的零件。

（3）可以制造具有任意复杂形状的三维实体

快速制造技术，将复杂的三维实体离散成一系列层片加工和层片的叠加，从而大大简化了加工过程。由于是二维层面加工，因而不存在三维加工中刀具干涉的问题。因此理论上讲，可以制造包括复杂的中空结构在内的、具有任意复杂形状的零件。

（4）快速制造使用的材料具有多样性

快速制造技术具有极为广泛的材料可选性，其选材从高分子到金属材料、从有机到无机、从无生命到有生命（细胞），为快速制造技术的广泛应用提供了前提，可以用于航空、机械、家电、建筑、医疗等多个领域。此外，快速制造技术是边堆积边成形的，因此它有可能在成形的过程中改变成形材料的组分，从而制造出具有材料梯度的零件。

（5）成形过程中无人干预或较少干预。

2.5.2　快速制造工艺方法

自 1986 年第一台快速成形设备 SLA-1 出现至今，世界上已有大约二十多种不同的成形方法和技术，而且不断有新方法和新技术出现。这些工艺方法可以大致分为两种：基于高能束的快速制造技术和基于微滴喷射的快速制造技术。常用的快速制造技术有以下几种。

1. 光固化技术（SLA）

SLA是最早出现的一种RP技术，对于这一名称，国内有立体印制、光造型、立体光刻等多个译名。该技术采用激光束逐点扫描液态光敏树脂使之固化，是当前应用最广泛的一种高精度成形技术，以美国3D System公司的SLA系列成形机为代表产品。SLA的工作原理如图2-19所示。

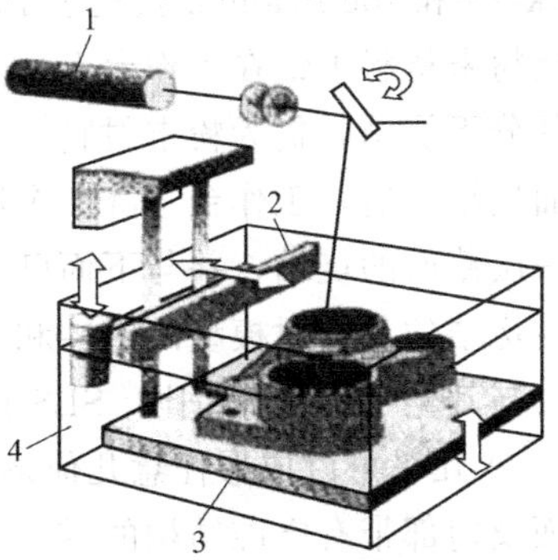

图2-19 光固化技术原理图
1—激光器；2—刮刀；
3—可升降工作台；4—液槽

光固化时，树脂槽中储存了一定量的光敏树脂，由液面控制系统使液体上表面保持在固定的高度；紫外激光束在振镜的控制下，按预定路径在树脂表面上扫描。扫描的速度和轨迹及激光的功率、通断等，均由计算机控制。激光扫描之处的光敏树脂，由液体转变为固态，从而形成具有一定形状和强度的层片；扫描固化完一层后，未被照射的地方仍是液态树脂，然后升降台带动加工平台下降一个层厚的距离。通过涂敷机构使已固化表面重新充满树脂，然后进行下一层固化。新固化的一层粘接在前一层上，如此重复直至固化完所有层片，这样层层叠加起来，即可获得所需形状的三维实体。

初步固化完成的零件从工作台取下后，可以将其置于阳光下，或者专门的容器中进行紫外光照射，使之完全固化。最后，对零件进行打磨或上漆，以提高其表面质量。

SLA的主要特点如下。

① 成形精度高。目前光固化技术中最小的光斑直径可以做到25μm，所以与其他快速制造技术相比，光固化技术成形细节的能力非常好。

② 成形速度快。目前商品化的光固化成形机最大扫描速度可达10m/s。以如此大的扫描速度进行扫描，在扫描过程中，扫描轨迹已呈现出一种面投影图案，使各点固化极其均匀和同步。

③ 扫描质量好。现代高精度的焦距补偿系统，可以实时地根据平面扫描光程差来调整焦距，保证在较大的成形扫描平面（600mm×600mm）内具有很高的聚焦质量，而且任何一点的光斑直径均限制在要求的范围内，较好地保证了扫描质量。

④ 成形件表面质量好。由于成形时加工工具与材料不接触，成形过程中不会破坏成形表面，或在上面残留多余材料。因此光固化技术成形的零件表面质量很高。另一方面，光固化成形可采用非常小的分层厚度，目前的最小层厚为2.5μm，成形零件的台阶效应很小，成形件表面质量非常高。

⑤ 成形过程中需添加支撑。由于光敏树脂在固化前为液态，所以成形过程中，对于零件的悬臂部分和最初的底面，都需要添加必要的支撑。由于支撑的存在，零件的下表面表面质量通常都低于没有支撑的上表面。

⑥ 成形成本高。固化设备的成本很高，成形材料——光敏树脂的价格也非常高，所以与熔融挤压成形、叠层实体制造等快速制造技术相比，光固化技术的成形成本要高一些。另外光敏树脂有一定毒性，不符合绿色制造的发展趋势。

2. 激光选区烧结技术（SLS）

激光选区烧结技术，又称选择性激光烧结，它是采用红外激光作为热源来烧结粉末材料，并以逐层堆积方式成形三维零件的一种快速制造技术。该技术由美国德州大学的Carl

Deckard 和 Joe Beaman 教授于 1986 年提出，其工作原理如图 2-20 所示。首先采用铺粉辊将一层粉末材料平铺在工作台上，然后用激光束在计算机控制下有选择地进行烧结（零件的空心部分不烧结，仍为粉末材料），被烧结的部分便固化在一起构成零件的实心部分。当一层截面烧结完后，工作台下降一个层的厚度，铺粉辊又在上面铺上一层均匀密实的粉末，进行新一层截面的烧结，并与下面已成形的部分实现粘接，直至完成整个模型。在成形过程中，未经烧结的粉末对模型的空腔和悬臂部分起着支撑作用，不需要另外的支撑。

与其他 RP 技术相比，SLS 技术具有如下特点。

① 几乎可以成形任意几何形状结构的零件。尤其适合生产形状复杂、壁薄、带有雕刻表面及内部带有空腔结构的零件。对含有悬臂结构、中空结构和槽中套槽结构的零件制造特别有效，而且成本较低。

② 无需支撑。SLS 技术中，当前层之前各层没有被烧结的粉末，起到了自然支撑当前层作用，所以省时省料，同时降低了对 CAD 的要求。

③ 成形材料范围广。任何受热粘接的粉末都可能被用作 SLS 的原材料。包括塑料、陶瓷、尼龙、石蜡、金属粉末及它们的复合粉。

④ 可快速获得金属零件。易熔消失模料可代替蜡模直接用于精密铸造，而不必制作模具和翻模，因而可通过精铸，快速获得结构铸件。

⑤ 未烧结的粉末可重复使用，材料浪费极少。

⑥ 应用面广。由于成形材料的多样化，使得 SLS 适合于多种应用领域，如原型设计验证、模具母模、精铸熔模、铸造型壳和型芯等。

3. 叠层实体造型技术（LOM 或 SSM）

叠层实体制造技术，又称分层实体制造，是 RP 领域中具有代表性的技术之一。LOM 系统由 CO_2 激光器及扫描机构、热压辊、升降台、供料轴、收料轴及控制计算机等组成（图 2-21）。

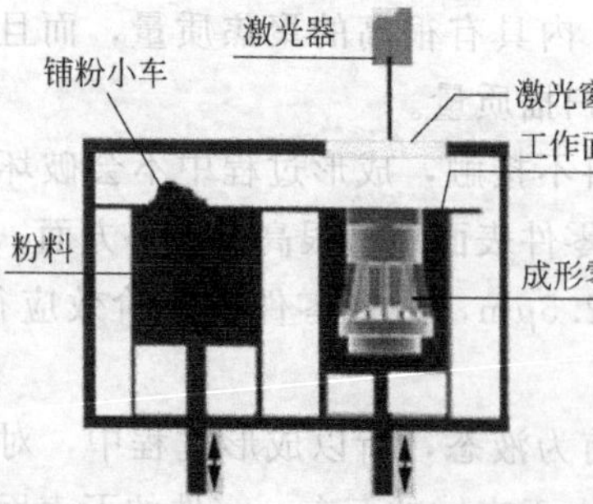

图 2-20　激光选区烧结技术

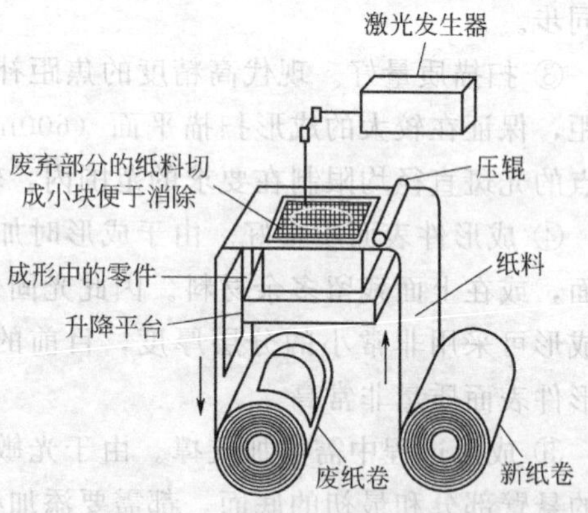

图 2-21　叠层实体造型技术

首先由原材料存储及送料机构在升降平台上铺上一层箔材（这里说的箔材是指涂有黏结剂覆层的纸、陶瓷箔、金属箔或其他材质层的箔材），然后用 CO_2 激光切割系统在计算机控制下切出本层轮廓，非零件部分全部切碎以便于去除。当本层完成后，升降台下移，然后由送料机构再铺上一层箔材，用滚子碾压并加热来固化黏结剂，使新铺上的一层牢固地黏结在已成形体上，再切割该层的轮廓。如此反复直到加工完毕。最后去除切碎部分以得到完整的零件。所以对分层实体制造来说，它的关键技术是控制激光的光强和切割速度，使它们达到最佳配合，以便保证良好的切口质量和切割深度。其主要技术特点如下。

① 零件交截面轮廓外的材料用打网格的办法使之成为小的方块，便于去除。

② 采用成卷的带料供材，用激光（如 CO_2 激光）进行切割。

③ 用行程开关控制加工平面，热压辊只对最上面的新层加热加压。

④ 先进行热压、粘接，再切割截面轮廓，以防止定位不准和错层的问题。

叠层实体制造技术主要以纸作为造型材料，采用卷料或单张纸供料。后者的供纸机构复杂，且由于预先裁好的尺寸不一定适合零件的尺寸，因此造成较大的材料浪费。卷料供料装置较简单，而且运行可靠，不会出现夹层的问题，对纸张的要求低。

4. 熔融沉积制造技术（FDM）

FDM 技术，是一种利用喷头熔融、挤出丝状成形材料，并在控制系统的控制下按一定扫描路径逐层堆积成形的一种快速成形技术（图 2-22）。成形过程中，成形材料加热熔融后，在恒定压力作用下连续地由喷嘴挤出，而喷嘴在扫描系统带动下进行二维扫描运动。当材料挤出和扫描运动同步进行时，由喷嘴挤出的材料丝堆积形成了材料路径，材料路径的受控积聚形成了零件的层片。堆积完一层后，成形平台下降一个层片的厚度，再进行下一层的堆积，直至零件完成。这个技术的特点如下。

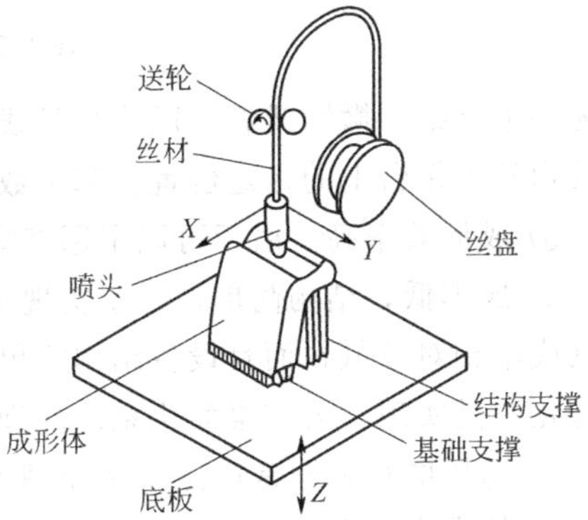

图 2-22　熔融沉积制造技术

① 成形材料广。目前已经成功应用于 FDM 技术的材料有：蜡、ABS、PC、ABS/PC 合金以及 PPSF 等。

② 成形零件性能优良。FDM 技术成形零件机械性能好；在尺寸稳定性、对湿度等环境的适应能力等方面，要远远超过 SLA、LOM 等其他快速成形技术成形的零件。

③ 成形精度较高。FDM 技术最高精度已达 0.12mm/100mm，使用标准零件测得的平均变形量控制到 0.37%。其变形控制精度，已接近或者超过激光立体光固化的一般水平。

④ 成形设备简单、成本低廉，可靠性高；容易制成桌面化和工业化快速成形系统。

⑤ 成形过程无环境污染。熔融沉积成形所用的材料，一般为无毒、无味的热塑性材料，因此对周围环境不会造成污染。设备运行时噪声很低，适合于办公应用。

5. 三维打印制造技术（3DP）

三维打印制造技术，采用喷射黏结剂黏结粉末的方法来完成成形过程（图 2-23）。其具体过程是：首先在底板上铺一层具有一定厚度的粉末；接着用微滴喷射装置，在已铺好的粉末表面根据零件的几何形状要求在指定区域喷射黏结剂，完成对粉末的黏结；然后工作平台下降一定的高度（一般和一层粉末厚度相等），铺粉装置在已成形粉末上铺设下一层粉末，喷射装置继续喷射微滴以实现黏结；如此周而复始，直到零件制造完成。没有被黏结的粉末，在成形过程中起到了支撑作用，使该技术可以制造悬臂结构和复杂内腔结构，而不需要再单独设计、添加支撑结构。造型完成后，清理掉未黏结的粉末，就可以得到需要的零件。在某些情况下，还需要类似于烧结的后处理工作。

3DP 技术的最大特点是采用了数字微滴喷射技术。数字微滴喷射是指在数字信号的控制下，采用一定的物理或者化学手段，使工作腔内流体材料的一部分在短时间内脱离母体，

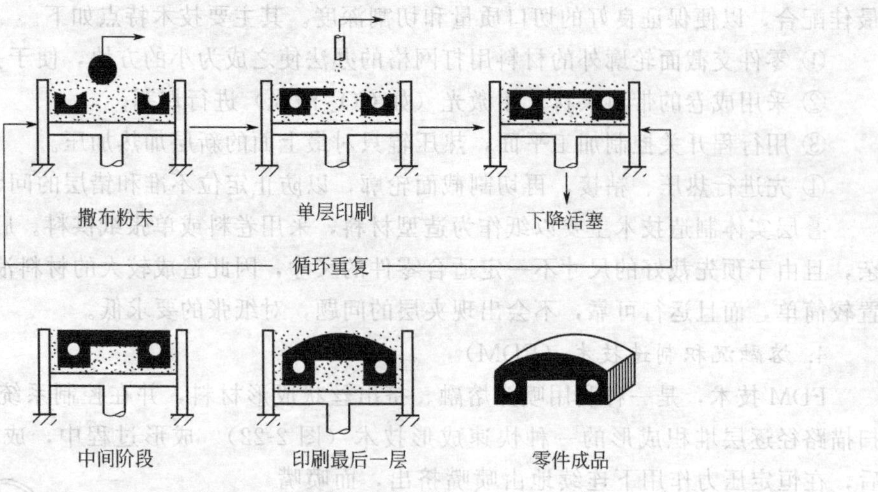

图 2-23 三维打印造型技术

成为一个（组）微滴或者一段连续丝线，以一定的响应率和速度从喷嘴流出，并以一定的形态沉积到工作台上的指定位置。基于数字微滴喷射技术的 3DP 技术，具有如下特点。

① 成形效率高。由于可以采用多喷头阵列，因此能够大大提高造型效率。

② 成本低，结构简单，易于实现小型化。微滴喷射技术无需用激光器等高成本设备，故其成本相对较低；而且设备结构简单，可以进一步结合微机械加工技术，使系统集成化、小型化，是实现办公室桌面化系统的理想选择。

③ 适用的材料非常广泛。从原理上讲，只要一种材料能够被制备成粉末，就可能应用到 3DP 技术中。在所有快速成形技术中，3DP 技术最早实现了陶瓷材料的快速成形。目前，其成形材料已经包括塑料、陶瓷和金属材料等。

6. 快速成形工艺的比较

几种典型快速成形工艺的比较见表 2-11。

表 2-11 几种典型快速成形工艺比较

工艺方法	原型精度	表面质量	复杂程度	零件大小	材料价格	材料利用率	常用材料	制造成本	生产效率	设备费用	市场占有率
SLA	较高	优	中等	中小件	较贵	接近 100%	热固性光敏树脂	较高	高	较贵	78%
LOM	较高	较差	简单或中等	中大件	较便宜	较差	纸、金属箔、塑料、薄膜等	低	高	较便宜	7.3%
SLS	较低	中等	复杂	中小件	较贵	接近 100%	石蜡、塑料、金属、陶瓷粉末等	较低	中等	较贵	6.0%
PDM	较低	较差	中等	中小件	较贵	接近 100%	石蜡、塑料、低熔点金属等	较低	较低	较便宜	6.1%

2.5.3 快速制造技术的应用

快速制造技术广泛应用于国民经济的诸多领域，目前已可应用于制造业、与美学有关的工程、医学、康复、考古等；还可应用到首饰、灯饰和三维地图的设计制作等方面，并且还在向新的应用领域发展。

1. 新产品开发方面

（1）外形设计

采用RP技术可以很快地做出产品原型，供设计人员和用户从各种标准和角度进行审查，使得外形设计及检验更直观、有效、快捷。

（2）设计质量检查

以模具制造为例，传统的方法是根据几何造型在数控机床上开模，设计上的任何不慎，反应到模具上就是不可挽回的损失。RP方法可在开模前真实而准确地制造出零件原型。设计上的各种细微问题和错误就能在模型上显示出来，大大减少了投资风险。

（3）零件功能检测

凡是涉及空气动力学或流体力学实验的各种流线型设计，均需做风洞试验。如飞行器、船舶、风扇、叶轮、高速车辆的设计等。采用RP原型，可精确地按照原设计将自由曲面模型迅速地制造出来进行测试。与数字模拟相互配合，可快速获得最佳的流线型曲面、扇叶曲面等自由曲面设计。

（4）装配干涉检查

原型可以用来做装配模拟，观察工件之间如何配合及其可能的相互干涉。

（5）手感检测

通过原型，人们能触摸和感受实体，这对照相机、手握电动工具等的持握部分设计极为重要，在人机工程应用方面具有广泛的意义。

（6）供货询价和用户评价

由于能及时提供产品模型给用户评价，大大提高了产品的竞争力。

（7）试验分析模型

RP技术还可以应用在计算分析与试验模型上。例如，对有限元分析的结果可以做出实物模型，从而帮助了解分析对象的应力和变形分布情况。

2. 快速模具制造

基于快速原型的快速模具是应用RP方法快速制作工具或模具的技术，一般称为快速工/模具技术（Rapid Tooling，RT）。快速模具技术给机械行业带来的主要效益包括：缩短制模时间、降低设计风险、改善产品质量、早期测试、减少模具的反复修模次数、降低经济损失和产品及时开发、提高产品市场占有率和利润。快速模具与传统金属加工制模的比较见表2-12。

表2-12　快速模具与传统金属加工制模的比较

项　目	快速模具	传统金属加工制造模具
制造时间和成本	不受零件复杂程度的影响	受零件复杂程度的影响
尺寸精度和表面质量	好的尺寸精度和表面质量	更好的尺寸精度和表面质量
驱动方式	直接CAD模型驱动制造	间接CAD模型驱动制造
模具尺寸	中、小尺寸模具	大尺寸模具
模具类型	软模具、中间模具和硬模具	金属模具

基于快速原型的模具制造技术，按模具使用寿命可分为软模具（Soft Tooling）、中等模具（Firm Tooling或Bridge Tooling）和硬模具（Hard Tooling）；按模具功能用途可分为注塑模、铸模、蜡模及石墨电极研磨母模；按制模材料可分为非金属模和金属模；根据不同制模技术可分为直接模具制造和间接模具制造。RPM制作的零件原型，与熔模铸造、陶瓷模法、喷涂法、研磨法、电铸法等翻制（转换）技术相结合来制造金属模具或金属零件，称为

间接模具制造。有些 RM 技术则可以直接制造铸型，浇注金属后就可以得到实际的模具或零件，称为直接模具制造。

3. 快速功能零件制造

快速原型制造的发展趋势之一就是快速功能零件制造。如美国一家公司采用 FDM Titan 设备和 PC 线材制造的皮带滑轮，代替生产线上破损的铝制皮带滑轮进行正常运行，解决了配件不能及时供应的问题。

4. 生物医学制造

生物医学是快速制造很重要的一个应用领域。除了应用于医疗器械的设计开发方面，快速制造已经运用于器官（如骨骼、心脏等）、种植体（如人工关节等）的原型制作。

快速制造系统利用从数字影像技术获取的数据建造实体器官模型。这些模型向那些想不通过开刀就可观看病人骨结构的研究人员、种植体设计师和外科医生提供了帮助。很多专科如颅外科、骨外科、神经外科、口腔外科、整形外科及头顶外科等，都开始应用快速制造技术，帮助外科医生进行教学、诊断、手术规划等工作。

2.6　应用案例

2.6.1　超高速切削技术应用案例

1. 某战斗机大型薄壁构件超高速加工

图 2-24 所示为某战斗机的一个大型薄壁构件 7075 铝合金零件（相当于 LC9），壁厚 0.33mm，底厚 0.381mm，外形 2388mm × 2235mm×82.6mm，毛坯净重达 1818kg，加工后零件质量 14.5kg。对这样一个大型、薄壁、加强肋复杂的铝合金零件，进行高精度、高效率加工是切削加工技术中的一个难题。采用传统方法制作这个构件需由 500 多个零件组装而成，这个组合构件的生产周期是 3 个月。现在用一块整体毛坯，通过高速加工来制造这个零件，主轴转速 18000r/min，进给速度 2.4～2.7m/min，刀具直径 18～20mm，最大切深 200mm，可大幅度提高生产率，切削效率为传统切削的 2.5～2.8 倍，大型零件的铣削加工仅要 100～300h，并可节省经费，降低制造成本。

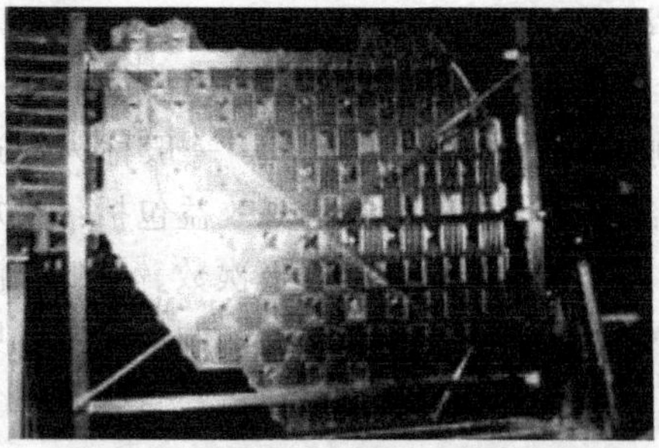

图 2-24　某型号战斗机上采用的铝合金零件

2. 复杂、难加工材料零件的超高速加工

(1) 石墨电极加工［图 2-25(a)］

在模具的型腔制造中，由于采用电火花放电加工，因而石墨电极应用广泛。但石墨很脆，必须采用高速切削才能较好地进行成形加工，且高速铣削的电极无需人工抛光，粗加工和精加工电极之间的几近完美的一致性会提高放电加工的效率。同时，由于高速铣削可以加工薄壁，因而可以加工带肋的整体电极，这就消除了传统铣削中多次装夹所产生的累积误差，相应地节省了时间并提高了质量。

(2) 汽轮机叶片加工［图 2-25(b)］

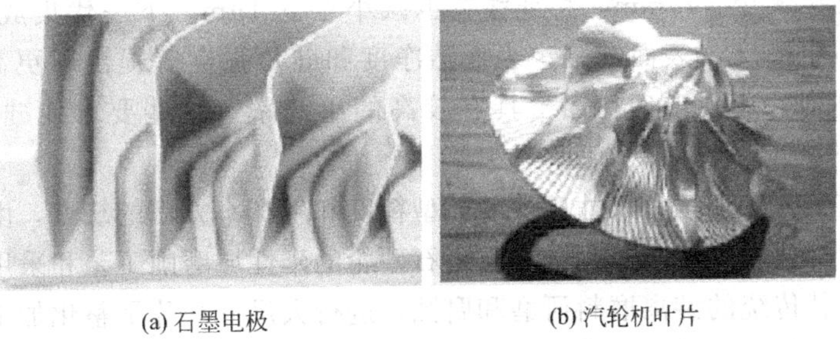

图 2-25 复杂、难加工材料的超高速加工工件

叶片是汽轮机的核心部件之一，汽轮机效率的高低，很大程度上取决于叶片型面的设计和制造水平。叶片在工作中承受着高温、高压、极大的离心力以及蒸汽的交变应力，因此叶片的材料都较为特殊。如材料中含 Ni、V、N 等成分，硬度在 360HBS 以上，屈服强度 $\delta_{0.02}$超过 800MPa，加工性较差；同时叶片汽道部分（通流部分）是一个光滑的空间曲面，精度要求高、加工难度大。采用传统的仿形铣床和普通的三坐标或四坐标铣床都不能满足加工工艺要求。用普通数控铣床加工，一方面受叶片结构的限制，刀具与工件容易产生干涉；另一方面加工效率低，而且又是近似加工，加工质量不能满足要求，手工修整量较大。加工过程中需多次装夹，使用多台机床和专用工装才能完成相应的加工。使用超高速加工以后，比四坐标机床加工节省 12～15 道工序，比常规叶片加工方法节省了 25 道工序。

2.6.2 超精密加工技术应用案例

硅片是集成电路 IC 芯片的主要材料，IC 业的发展离不开晶体完整、高纯度、高精度、高表面质量的硅晶片，全球 90%以上的 IC 都要采用硅片。硅片的加工尺寸将影响 IC 芯片的制造成本和出片率；硅片的表面平整度、粗糙度和表面完整性是影响集成电路刻蚀线宽和 IC 芯片性能的重要因素，因此实现大尺寸硅片的高精度、高质量和高效率的工业化生产是目前 IC 行业关注的焦点。

硅片制造的传统工艺流程为：拉单晶、磨外圆、切割、倒角、研磨、腐蚀、清洗、抛光（图 2-26），但在实际生产中该工艺难以保证硅片的高精度面型，加工效率低，控制难度很大，不易实现自动化，而且腐蚀和清洗还存在污染环境问题。

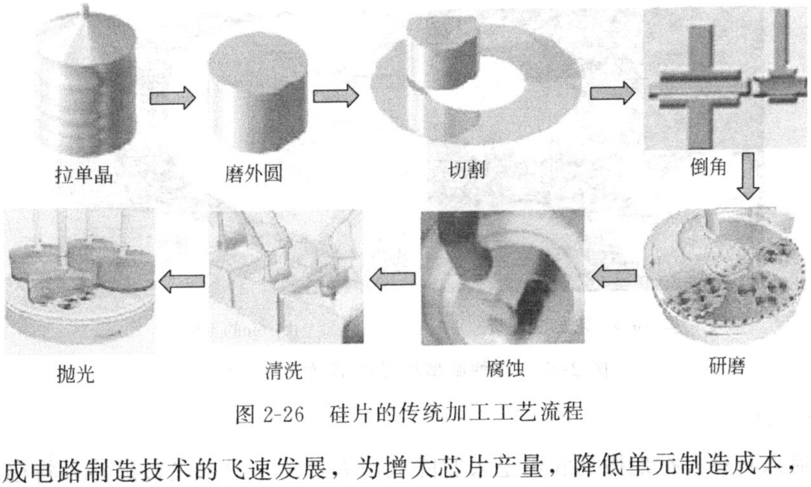

图 2-26 硅片的传统加工工艺流程

随着集成电路制造技术的飞速发展，为增大芯片产量，降低单元制造成本，要求硅片的直径不断增大。同时，为了提高集成电路的集成度，要求硅片的刻线宽度越来越细。2005

年，硅片直径已扩大至 300mm，特征线宽也减小至 0.1μm。下一代集成电路制造对硅片加工精度、表面粗糙度、表面缺陷、表面洁净度和硅片强度等提出了更高的要求。此外，硅片需求量的剧增，还要求硅片加工具有较高的生产率。这些要求使硅片的加工面临新的挑战。

为克服传统工艺在加工大尺寸硅片的面型精度和生产率方面的缺点，由内圆锯片切割技术向多丝线锯切割技术发展，采用微粉金刚石砂轮的延性域磨削工艺和采用微粉金刚石磨盘的磨抛工艺来代替传统的游离磨料研磨和腐蚀，进行大尺寸硅片平整化加工，可以获得很高的加工精度和加工效率，能够大大减小表面损伤层深度。

2.6.3 微细加工技术应用案例

1. 工业领域

在工业领域，微型机械系统可大显身手。维修用的微型机械产品可以在狭窄空间和恶劣环境下进行诊断和修复工作，如在管路检修和飞机内部检修等场合使用。日本名古屋大学研制成一种微型管道机器人，可用于细小管道的检测。这种机器人可以用管道外面的电磁线圈驱动，而无需电缆供电。日本筑波大学、名古屋大学、东京大学、早稻田大学和富士通研究所已经积累了多年的研究经验，其目标是研制一种精度为微米或亚微米的微型机器人，用于集成芯片的生产、精密装配或细胞解剖。还有一种用于电路检测与维修的微型机器人，将成群地沿电缆爬行，一旦发现断头，则将后退立起，俯身越过断头，以前腿搭在断头的那一边，“舍身”将电路接通。

大量的微型机械系统又可以发挥集群优势，去清除大机器上的锈蚀，检查和维修高压容器、船舶的焊缝。如将微型机器人用于船底的污物清除，将它们送到人手或其他设备难以到达的地方，或者是设备的缝隙，或者天际的人造卫星、空间站、空间望远镜，去检测故障、发现问题。2004 年，中国将一颗由清华大学研制的纳米卫星 NS-1 送入太空，其质量小于 25kg。通过应用基于 MEMS 技术的微细零件，NS-1 在综合设计、制造以及 MEMS 器件的集成等实验中都取得了成功。

在公共福利服务领域，可以利用大量微型机械系统，在地震、火灾、水灾等灾害现场进行救援和护理，或者从包括危险医疗废弃物在内的垃圾废弃物中回收资源及辨别处理。图 2-27 所示为几种微型机械的显微放大照片。

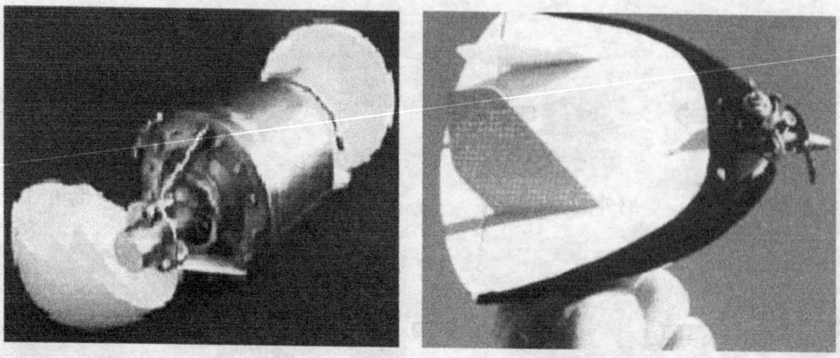

(a) 微型涡轮发动机　　(b) 6in的飞机

图 2-27　几种微型机械的显微放大照片

2. 农业领域

微型机器人将被大批地撒到农田里去驱除或消灭害虫。微型飞行机器人将巡回于广袤田野的上空，以遥感技术监测地面的墒情。一旦发现干旱，就降落在灌溉系统的阀门上，通过传感器触动阀门启闭机构，开启阀门，进行灌溉。

3. 医疗保健

微型机器人最牵动人心的应用前景是在医疗保健方面。1998 年美国国家自然科学基金会的预测报告指出了微型机械在生物医疗中的应用前景。例如治疗癌症，把传感器和调配药剂量的“药剂师”集于一身，制成微型“智能药丸”，通过口服或皮下注射进入人体，“智能药丸”可探测和清除人体内的癌细胞。此外微型机器人将像“潜艇”一样在人体的血管中游弋，帮人们去除血管内壁上多余的脂肪，打通堵塞血液流通的“血栓”，清除淤塞或梗阻；可以用于发现并杀死癌细胞；还可用于接通神经，修复人体的功能。微型机器人还可在眼珠上进行微米级的眼科手术，甚至当眼球运动时也不致妨碍手术的进行。可见微型机械系统在医疗方面的应用潜力巨大。

4. 军事领域

微型机器人在军事、国防方面也会产生巨大的作用。设想“漂流机器人”大量漂浮在海面，一旦监听到水下敌方潜艇的噪声，立即喷出有色染料，而这一片有色的海水被人造卫星侦察到，马上通知深水导弹去打击敌方潜艇。美国麻省理工学院人工智能实验室正在研制一种“蚊子机器人”，用于窃听和搜集情报。目前制造出的微型飞机，其机翼展宽只有 7.4cm，是一种微型的飞行机器人，可用于军事侦察。微型陀螺仪和微型惯性测量平台的应用将显著地减轻导弹或运载工具本身的重量，延长其射程，并提高其命中率。微型质谱仪可在化学战环境中用于识别气体。微型机电系统还可大量地布置在我方飞机的蒙皮、舰艇和车辆的外表，能够自动对询问信号做出答复，使我方导弹能分清敌我。

2.6.4 快速制造技术应用案例

快速制造技术的应用领域非常广泛。图 2-28 所示为部分快速制造产品。

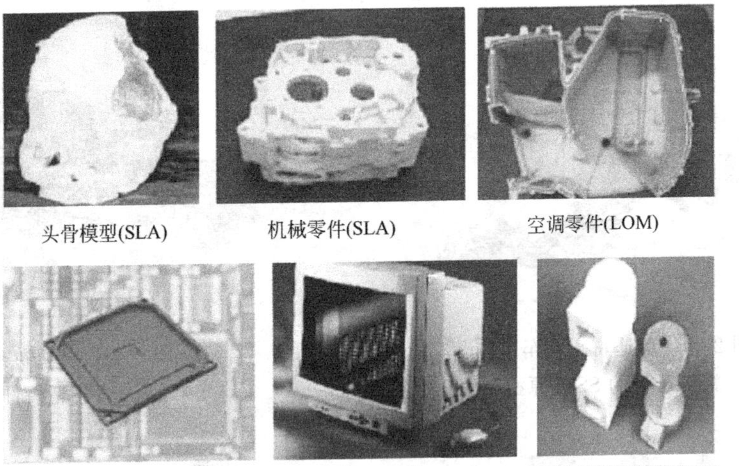

图 2-28 部分快速制造产品图片

1. SLA 应用案例

在产品开发过程中，难以采用传统加工工艺的许多曲面形状复杂的零部件，都可以采用 SLA 方法建立。目前，SLA 在汽车行业、航空领域、医学领域都有广泛的应用。如某型号飞机操纵手柄，传统上从设计思想到实物，时间需要 30 天，花费 10 万元，而西安交通大学通过采用光固化成形技术，仅需 23h 可制造原型，2 天可制造硅橡胶模，3 天内能生产出该飞机的操纵手柄，仅花费 3 万元。

此外，在赛车领域，为了实现更低的风阻和尽善尽美的流线外形，以及快速制作来赢得时间，目前普遍采用快速成形技术，因为从 CAD 设计到 SLA 模型仅用不到一天的时间，由 SLA 模型到最终的金属制件或注塑件仅用不到一周的时间，大大提高了开发速度。

2. 汽车刹车钳体和支架精铸母模的激光快速成形加工（SSM）工艺

（1）背景

汽车工业中很多形状复杂的零部件均由精铸直接制得，如何高精度、高效率、低成本地制造这些精铸件的母模，是汽车制造业中的一个重要问题。采用传统的木模工手工制作，对于曲面形状复杂的母模，效率低、精度差，难以满足生产需要；采用数控加工中心制作，则成本太高。因此，北京殷华激光快速成形及模具技术有限公司与江苏常州华能精细铸造厂合作，采用快速成形技术中的分层实体制造工艺——SSM（Solid Slicing Manufacturing）制造汽车复杂零部件精铸用母模，精铸部分由华能精细铸造厂完成。

（2）工艺过程

首先根据汽车刹车钳体和支架精铸母模的二维图纸，采用 Pro/E 三维实体建模软件，建立其三维实体模型，然后再采用北京殷华激光快速成形及模具技术有限公司开发的 Lark'98系统对 CAD 模型进行数据处理和工艺规划，最后采用 SSM 工艺制得汽车刹车钳体和支架精铸母模。

（3）设备及工艺参数

汽车刹车钳体和支架精铸母模的 RP 原型采用 M-RPMS-Ⅱ型多功能快速成形机制作，轮廓扫描速度为 300mm/s，网格直线速度为 500mm/s，CO_2 激光器功率为 35W，随速度而有所变化，采用 YHCP-1004 涂覆纸，热压温度为 90℃，纸和胶层的总厚度为 0.1mm。其 SSM 原型和精铸件分别如图 2-29～图 2-32 所示。

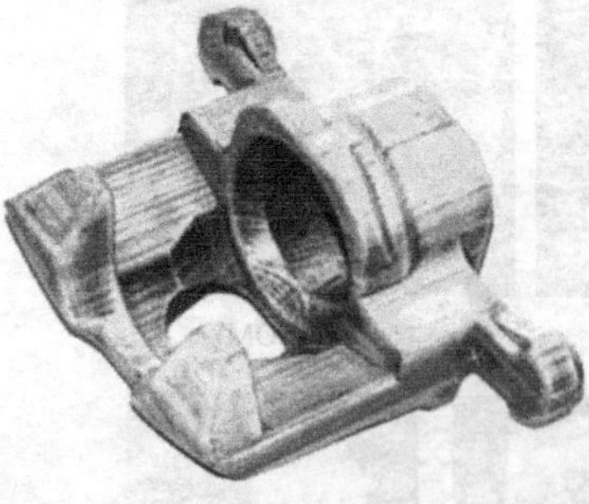

图 2-29 奥迪轿车刹车钳体精铸母模的 SSM 原型

图 2-30 奥迪轿车刹车钳体精铸件

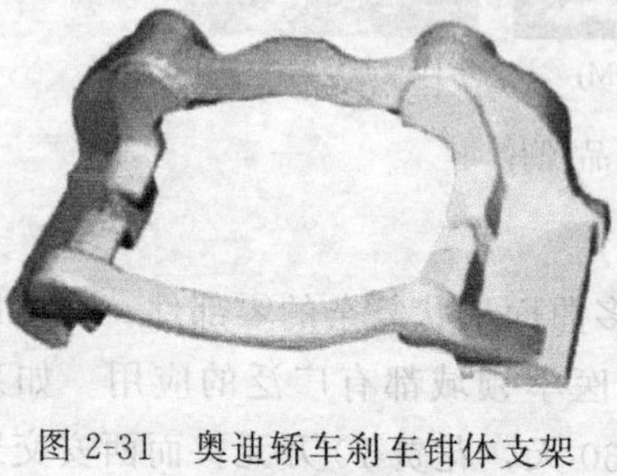

图 2-31 奥迪轿车刹车钳体支架精铸母模的 SSM 原型

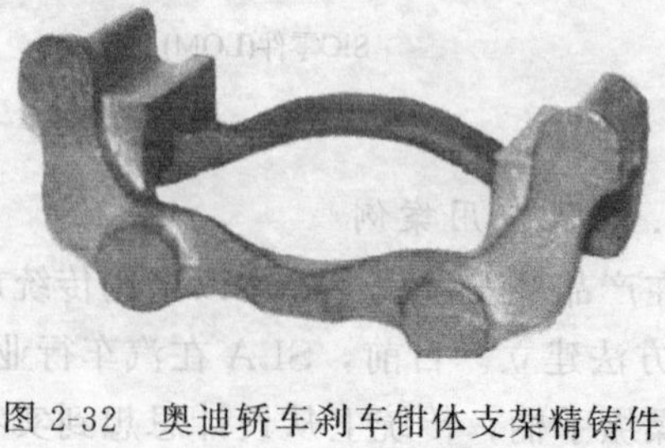

图 2-32 奥迪轿车刹车钳体支架精铸件

3. FDM 应用案例

美国福特汽车公司常年需要部件的衬板。在部件从一个工厂到另一个工厂的运输过程中，衬板用于支撑、缓冲和防护。衬板的前表面根据部件的几何形状而改变。由于汽车改型，福特公司一年间要采用一系列不同衬板。一般情况下，每种衬板的改型需花费上千万美元和 12 周时间制作必需的模具。新衬板的注塑石蜡模被公司选作快速生产的部件，两个部件的石蜡模采用熔融沉积造型生成。石蜡模制作时需要小心地检验石蜡模的尺寸，测出模具收缩趋向，周期仅 3 天。接着从石蜡模翻砂制造钢模，花费一周时间。车削模具外表面，划上修改线和水平线以便机械加工。该模具在其后部设计成中空区，中空区填入化学粘接瓷，以减少用钢量。模具的制作仅用了 5 周时间，费用仅为原来费用的一半，而且用该模具至少可生产 30000 万套衬板。

习题与思考题

1. 超高速切削技术与常规加工技术相比，有哪些优越性？
2. 超高速切削加工与超高速磨削加工可用于哪些领域？
3. 试列举三种以上高效磨削方法，并说明其各有何特点。
4. 普通加工、精密加工和超精密加工是如何划分的？
5. 微细加工与精密加工以及传统的机械加工有何不同？
6. 试分析 RPM 工作原理和作业过程，列举三种典型的 RPM 工艺方法。

第3章 特种加工技术

特种加工是用非常规的切削加工手段，主要是电、磁、声、光、热等物理及化学能量直接施加于被加工工件的加工部位，达到材料去除、变形以及改变性能等目的的加工技术。

3.1 概 述

3.1.1 特种加工的产生和发展

1. 特种加工技术产生背景

传统的机械加工已有很久的历史。从石器时代、铜器时代、铁器时代到现代的高分子塑料时代；从手工制作、机器制作到现代的智能控制自动化制作，它对人类生产和物质文明起到了极大的作用。但是由于现代科学技术的迅猛发展，机械工业、电子工业、航空航天工业、化学工业等，尤其是国防工业部门，要求尖端科学技术产品向高精度、高速度、大功率、小型化方向发展，以及在高温、高压、重载荷或腐蚀环境下长期可靠地工作。为了适应这些要求，各种新结构、新材料和复杂形状的精密零件大量出现，其结构和形状越来越复杂，材料的性能越来越强韧，对精度要求越来越高，对加工表面粗糙度和完整性要求越来越严格，使现代机械制造面临着一系列严峻的任务，主要包括以下几个方面。

① 解决各种难切削材料的加工问题。如硬质合金、钛合金、耐热钢、不锈钢、淬火钢、金刚石、石英，以及锗、硅等各种高硬度、高强度、高韧性、高脆性的金属及非金属材料的加工。

② 解决各种特殊复杂型面的加工问题。如喷气涡轮机叶片、整体涡轮、发动机机壳、锻压模等的立体成形表面，各种冲模、冷拔模等特殊断面的型孔，炮管内膛线、喷油嘴、喷丝头上的小孔、窄缝等的加工。

③ 解决各种超精密、光整零件的加工问题。如对表面质量和精度要求很高的航天航空陀螺仪、精密光学透镜、激光核聚变用的曲面镜、高灵敏度的红外传感器等零件的精细表面加工，形状和尺寸精度要求在 0.1μm 以上，表面粗糙度 Ra 要求在 0.01μm 以下。

④ 特殊零件的加工问题。如大规模集成电路、光盘基片、复印机和打印机的感光鼓、微型机械和机器人零件、细长轴、薄壁零件、弹性元件等低刚度零件的加工。

要解决上述一系列的问题，仅仅依靠传统的切削加工方法很难实现，有些甚至无法实现。在生产的迫切需求下，人们通过各种渠道，借助于多种能量形式，不断研究和探索新的加工方法。特种加工技术就是在这种环境和条件下产生和发展起来的。

目前，精密加工与特种加工已经成为了现代制造领域不可缺少的重要方面。在难切削材料、复杂型面、精细零件、低刚度零件、模具加工、快速原形制造，以及大规模集成电路制造等领域发挥着越来越重要的作用。

2. 特种加工技术的产生

20世纪40年代，前苏联科学家拉扎连柯夫妇研究开关触点遭受火花放电腐蚀损坏的现象和原因时，发现电火花的瞬时高温可使局部的金属熔化、汽化而被腐蚀掉，开创和发明了电火花加工技术。后来，由于各种先进技术的不断应用，产生了多种有别于传统机械加工的新方法。这些新方法从广义上定义为特种加工（Non-Traditional Machining，NTM），也被称为非传统加工技术。其加工原理是将电、热、光、声、化学等能量或其组合施加到工件被加工的部位上，从而实现材料的去除。

3. 特种加工技术的发展

目前，国际上对特种加工技术的研究主要集中在以下几个方面。

(1) 微细化

目前，国际上对微细电火花加工、微细超声波加工、微细激光加工、微细电化学加工等的研究正方兴未艾，特种微细加工技术有望成为三维实体微细加工的主流技术。

(2) 特种加工的应用领域正在拓宽

例如，非导电材料的电火花加工，电火花、激光、电子束表面改性等。

(3) 广泛采用自动化技术

充分利用计算机技术对特种加工设备的控制系统、电源系统进行优化，建立综合参数自适应控制装置、数据库等，进而建立特种加工的CAD/CAM和FMS系统，这是当前特种加工技术的主要发展趋势。用简单工具电极加工复杂的三维曲面是电解加工和电火花加工的发展方向。目前已实现用四轴联动线切割机床切出扭曲变截面的叶片。随着设备自动化程度的提高，特种加工柔性制造系统已成为各工业国家追求的目标。

我国的特种加工技术起步较早。20世纪50年代中期我国工厂已设计研制出电火花穿孔机床、电火花表面强化机；20世纪60年代初，中国科学院电工研究所研制成功我国第一台靠模仿形电火花线切割机床；20世纪60年代末上海电表厂张维良工程师在阳极-机械切割的基础上发明了我国独创的快走丝线切割机床，上海复旦大学研制出电火花线切割数控系统；20世纪50年代末电解加工也开始在原兵器工业部采用，用来加工炮管内膛线等，以后逐步用于航空工业中加工喷气式发动机叶片和汽车拖拉机行业中型腔模具等。

但是，由于我国原有的工业基础薄弱，特种加工设备和整体技术水平与国际先进水平有不少差距，每年还需从国外进口300台以上高档电加工机床，有待努力赶超。

3.1.2 特种加工的分类

特种加工的分类还没有明确的规定，通常按能量来源和作用形式，以及加工原理可分为表3-1所示的类型。

表3-1 常用特种加工方法的分类

加工方法		主要能量形式	作用形式	符号
电火花加工	电火花成形加工	电能、热能	熔化、汽化	DDM
	电火花线切割加工	电能、热能	熔化、汽化	WEDM
电化学加工	电解加工	电化学能	金属离子阳极溶解	ECM(ELM)
	电解磨削	电化学能、机械能	阳极溶解、磨削	EGM(ECG)
	电解研磨	电化学能、机械能	阳极溶解、研磨	ECH
	电镀	电化学能	金属离子阴极沉积	EFM
	涂镀	电化学能	金属离子阴极沉积	EPM

续表

加工方法		主要能量形式	作用形式	符号
高能束加工	激光束加工	光能、热能	熔化、汽化	LBM
	电子束加工	光能、热能	熔化、汽化	EBM
	离子束加工	电能、机械能	切蚀	IBM
	等离子弧加工	电能、热能	熔化、汽化	PAM
物料切蚀加工	超声加工	声能、机械能	切蚀	USM
	磨料流加工	机械能	切蚀	AFM
	流体喷射加工	机械能	切蚀	HDM
化学加工	化学铣削加工	化学能	腐蚀	CHM
	化学抛光	化学能	腐蚀	CHP
	光刻	光能、化学能	光化学腐蚀	PCM
复合加工	电化学电弧加工	电化学能	熔化、汽化腐蚀	ECAM
	电解电化学机械磨削	电能、热能	离子溶解、熔化、切割	MEEC

尽管特种加工优点突出，应用日益广泛，但是各种特种加工的能量来源、作用形式、工艺特点却不尽相同，其加工特点与应用范围自然也不一样，而且各自都存在一定的局限性。为了更好地应用和发挥各种特种加工的最佳功能及效果，必须依据工件材料、尺寸、形状、精度、生产率、经济性等情况作具体分析、区别对待，合理选择特种加工方法。表 3-2 对几种常见的特种加工方法进行了综合比较。

表 3-2　几种常见特种加工方法的综合比较

加工方法	可加工材料	工具损耗率（最低/平均）/%	材料去除率（平均/最高）/(mm³/min)	可达到尺寸精度（平均/最高）/mm	可达到表面粗糙度 *Ra*（平均/最高）/μm	主要适用范围
电火花成形加工	任何导电金属材料，如硬质合金、耐热钢、不锈钢、淬火钢、钛合金等	0.1/10	30/3000	0.03/0.003	10/0.04	从数微米的孔、槽到数米的超大型模具、工件等，如各种类型的孔，各种类型的模具
电火花线切割加工		较小（可补偿）	20/200 (mm²/min)	0.02/0.002	5/0.32	切割各种二维及三维直纹面组成的模具及零件
电解加工		不损耗	100/1000	0.1/0.01	1.25/0.16	从微小零件到超大型工件、模具的加工，如型孔、型腔、抛光、去毛刺等
电解磨削		1/50	1/100	0.02/0.001	1.25/0.04	硬质合金钢等难加工材料的磨削，如硬质合金刀具、量具等
超声波加工	任何脆性材料	0.1/10	1/50	0.03/0.005	0.63/0.16	加工脆硬材料，如玻璃、石英、宝石、金刚石、硅等，可加工型孔、型腔、小孔等
激光加工	任何材料	不损耗（三种加工没有成形用的工具）	瞬时去除率很高，受功率限制，平均去除率不高	0.01/0.001	10/1.25	精密加工小孔、窄缝、及精密成形切割、蚀刻，如金刚石拉丝模、钟表宝石轴承等
电子束加工						在各种难加工材料上打微小孔、切缝、蚀刻、焊接等，常用于制造大中规模集成电路微电子器件
离子束加工			很低	/0.01μm	/0.01	对零件表面进行超精密、超微量加工、抛光、蚀刻、掺杂、镀覆等
水射流切割	钢铁、石材	无损耗	>300	0.2/0.1	20/5	下料、成形切割、剪裁

3.1.3 特种加工的工艺特点与应用

1. 特种加工的特点

特种加工不同于传统切削加工的主要特点如下。

① 不是主要依靠机械能，而是主要用其他的能量（如电能、热能、光能、声能以及化学能等）去除工件材料。

② 工具的硬度可以低于被加工工件材料的硬度，有些情况下，例如在激光加工、电子束加工、离子束加工等加工过程中，根本不需要使用任何工具。

③ 在加工过程中，工具和工件之间不存在显著的机械切削力作用，工件不承受机械力，特别适合于精密加工低刚度零件。

④ 各种加工方法可以任意复合、扬长避短，形成新的工艺方法，更突出其优越性，便于扩大应用范围。如目前的电解电火花加工（ECDM）、电解电弧加工（ECAM）就是两种特种加工复合而形成的新加工方法。

2. 特种加工的应用

由于具有上述特点，就总体而言，特种加工技术可以加工任何硬度、强度、韧性、脆性的金属、非金属材料或复合材料，而且特别适合于加工复杂、微细表面和低刚度的零件。同时，有些方法还可以用于进行超精密加工、镜面加工、光整加工，以及纳米级（原子级）的加工。

目前，许多精密加工和超精密加工方法采用了激光加工、电子束加工、离子束加工等特种加工工艺，开辟了精密加工和超精密加工的新途径。一些高硬度、高脆性的难加工材料，例如淬火钢、硬质合金、陶瓷、石英、金刚石等，以及一些刚度差、加工中易变形的零件，例如薄壁零件、弹性零件等，在精密加工和超精密加工时，特种加工已经成为必要的手段，甚至是唯一的手段，形成了精密特种加工技术。

虽然传统加工方法目前仍占有很大的比例，是主要的加工手段，但我们也应该看到：由于特种加工的迅速兴起，不仅出现了许多新的加工机理，还出现了多种复合加工技术，就是将几种加工方法融合在一起，相辅相成，发挥各自的长处，具有很大的潜力。这些特种加工工艺方法在提高加工精度、表面质量和加工效率方面发挥着十分重要的作用，并且扩大了加工应用范围。

特种加工技术的广泛应用，已经引起了机械制造领域的许多变革。例如对材料的可加工性、工艺路线的安排、新产品的试制过程、产品零件结构设计、零件结构工艺性好坏的衡量标准等产生了一系列的影响。这些影响主要表现在以下几个方面。

(1) 改善了材料的可加工性

以前认为金刚石、硬质合金、淬火钢、石英、玻璃、陶瓷等是很难加工的。现在已经广泛采用金刚石、聚晶金刚石、聚晶立方氮化硼等材料来制造刀具、工具、拉丝模等，由于可以采用电火花、电解、激光等多种方法来加工，这些材料的可加工性不再与其硬度、强度、韧性、脆性等有直接的关系。对于电火花、线切割等加工技术而言，淬火钢反而比未淬火钢更容易加工。

(2) 改变了零件的典型工艺路线

在传统加工领域，除磨削加工以外，其他的切削加工、成形加工等都必须安排在淬火热处理工序之前，这是工艺人员不可违反的工艺准则。特种加工技术的出现，改变了这一成规。由于特种加工基本上不受工件材料硬度的影响，而且为了免除加工后再淬火引起工件变形，一般都是先淬火处理而后加工。最为典型的是：电火花线切割加工、电火花成形加工、电解加工等都必须先进行淬火处理后再加工。

特种加工的出现还对以往工序的“分散”和“集中”引起了影响。以加工齿轮、连杆等型腔锻模为例，由于特种加工过程中没有显著的机械作用力，机床、夹具、工具的强度、刚度不是主要矛盾，即使是较大的、复杂的加工表面，往往使用一个复杂工具、简单的运动轨迹，经过一次安装、一道工序就可以加工出来，工序比较集中。

(3) 大大缩短了新产品试制周期

采用特种加工技术可以直接加工出各种标准和非标准直齿轮，微型电动机定、转子硅钢片，各种变压器铁芯，各种特殊、复杂的二次曲面体零件。在试制新产品时，省去设计和制造相应的刀具、夹具、量具、模具以及二次工具，可以大大缩短新产品的试制周期。

(4) 对产品零件的结构设计带来了很大影响

例如为了减少应力集中，花键孔、轴以及枪炮膛线的齿根部分最好做成小圆角，但拉削加工时刀齿做成圆角对排屑不利，容易磨损，刀齿只能设计与制造成清棱、清角的齿根。而采用电解加工技术时，由于存在尖角变圆的现象，必须采用小圆角的齿根。各种复杂冲模，例如“山”形硅钢片冲模，以往由于难以制造，经常采用镶拼式结构，现在采用电火花、线切割加工技术后，即使是硬质合金的模具或刀具，也可以制成整体式结构。喷气发动机涡轮也由于电解加工技术的出现可以采用整体式结构。

(5) 对传统的结构工艺性好与坏的衡量标准产生重要影响

以往普遍认为方孔、小孔、弯孔、窄缝等是工艺性差的典型，是设计人员和工艺人员非常“忌讳”的，有的甚至是机械结构设计的“禁区”。特种加工的应用改变了这一现状。因为，对于电火花穿孔加工、电火花线切割加工来说，加工方孔和加工圆孔的难易程度是一样的；喷油嘴小孔，喷丝头小异形孔，涡轮叶片上大量的小冷却深孔、窄缝，静压轴承和静压导轨的内油囊型腔等，采用电火花加工技术以后都变难为易了；过去在淬火处理以前忘了钻定位销孔、铣槽等加工工序，淬火处理后这种工件就只能报废，现在则可以用电火花打孔、切槽等方法来补救；更进一步，有时为了避免淬火处理产生开裂、变形等缺陷，故意把钻孔、开槽等工艺安排在淬火处理之后，使工艺路线的安排更为灵活。

(6) 特种加工是微细加工和纳米加工的主要技术手段

近年来出现并快速发展的微细加工和纳米加工技术，主要是电子束、离子束、激光、电火花、电化学等电物理、电化学特种加工技术。

3.2 电火花加工

3.2.1 电火花加工的特点及应用

1. 电火花加工的基本原理

电火花加工又称为放电加工、电蚀加工等，是基于电火花腐蚀原理，在工具电极与工件电极相互靠近时，极间形成脉冲性火花放电，在电火花通道中产生瞬时高温，使金属局部熔化，甚至汽化，从而将金属蚀除下来。

早在 19 世纪初，人们就发现，插头或电气开关触点在闭合或断开时，会出现明亮的蓝白色的火花，因而烧损接触部位。人们在研究如何延长电气触头使用寿命过程中，认识了产生电腐蚀的原因，掌握了电腐蚀的规律。但电气触点电腐蚀后的形貌是随机的，没有确定的尺寸和公差。前苏联学者拉扎连柯夫妇在研究电腐蚀现象的基础上，首次将电腐蚀原理运用到了生产制造领域。要使电腐蚀原理用于尺寸加工，必须解决如下几个问题。

① 电极之间始终保持确定的距离（通常为 0.02～0.1mm）。因为，火花放电的产生是由于电极间的介质被击穿。在电压、介质状态等条件不变的情况下，击穿直接决定于极间距离。只有极间距离稳定，才能获得连续稳定的放电。

② 放电点的局部区域达到足够高的电流密度（一般为 $10^5 \sim 10^6 A/cm^3$），以确保被加工材料能在局部熔化、汽化，否则只能加热被加工材料。

③ 必须是脉冲性的放电（脉宽 0.1～1000μs，脉间不小于 10μs），以确保放电所产生的热量来不及传导扩散到被加工材料的其他部分而集中在局部，使局部的材料产生熔化、汽化而被蚀除。如果放电脉宽太大，超过了 1000μs，则放电产生的热量会向材料内部产生球形扩散，产生大范围的熔化、汽化。这种情况，只能进行切割和焊接，无法进行精密尺寸加工。如果脉间过小，介质在击穿电离状态来不及恢复绝缘状态，后续脉冲就会产生稳定电弧，烧伤电极，无法正常加工。

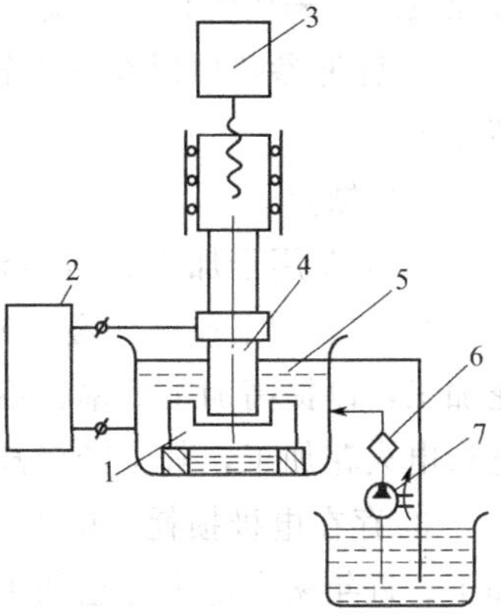

图 3-1 电火花加工系统示意图

1—工件；2—脉冲电源；3—自动进给调节装置；4—工具；5—工作液；6—过滤器；7—工作液泵

④ 及时排除电极间的电蚀产物，以确保电极间介电性能的稳定。否则，电蚀产物将充塞在电极间形成短路，无法正常加工。

解决上述问题的办法是：利用电火花加工系统（图 3-1），使用脉冲电源和放电间隙自动进给控制系统，在具有一定绝缘强度和一定黏度的液体介质中完成放电加工。图中工件 1 与工具 4 分别与脉冲电源 2 的两输出端相连接。自动进给调节装置 3 使工具和工件间经常保持一个很小的放电间隙，当脉冲电压加到两极之间，便在当时条件下相对某一间隙最小处或绝缘强度最低处击穿介质，在该局部产生火花放电，瞬时高温使工具和工件表面都蚀除掉一小部分金属，各自形成一个小凹坑，如图 3-2(a) 所示。脉冲放电结束后，经过一段间隔时间，使工作液恢复绝缘后，下一个脉冲电压又加到两极上，又会在当时极间距离相对最近或绝缘强度最弱处击穿放电，又电蚀出一个小凹坑。电火花加工系统以相当高的频率，连续不断地重复放电，工具电极不断地向工件进给，就可将工具的形状复制在工件上，加工出所需要的零件，整个加工表面将由无数个小凹坑组成［图 3-2(b)］。

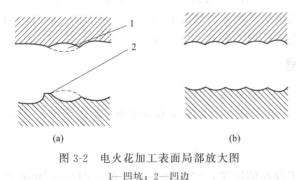

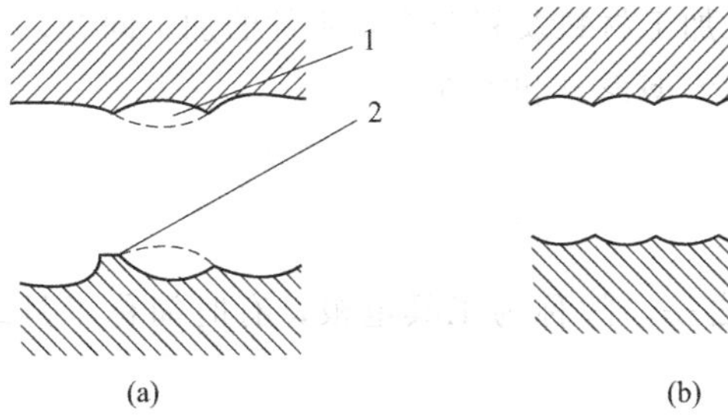

图 3-2 电火花加工表面局部放大图

1—凹坑；2—凹边

2. 电火花加工的特点

(1) 优点

① 可以加工任何硬、软、韧、脆、高熔点的导电材料。由于电火花加工是靠脉冲放电

的热能去除材料，材料的可加工性主要取决于材料导电性和热学特性，如熔点、沸点、比热容、导热系数等，而几乎与其力学性能（硬度、强度等）无关，改变了加工材料由刀具来决定的状况，可以实现用软的工具加工硬韧的工件，甚至可以加工像聚晶金刚石、立方氮化硼等超硬材料。目前电极材料多采用纯铜（俗称紫铜）、黄铜或石墨，因此工具电极较容易加工。

② 适于加工特殊及复杂形状的零件。由于加工中工具电极和工件不直接接触，没有机械加工时的切削力，因此适宜加工低刚度工件及用作微细加工；由于可以简单地将工具电极的形状复制到工件上，因此特别适用于复杂几何形状工件的加工，如复杂型腔模具加工等。数控技术的采用使得采用简单的电极加工复杂形状的零件也成为可能。

③ 脉冲参数可以在一个较大的范围内调节，可以在同一台机床上连续进行粗、半精及精加工。

（2）缺点

① 主要用于加工金属等导电材料，加工半导体和非导体材料需要具备一定的条件。

② 一般加工速度较慢。通常先安排切削加工去除大部分的加工余量，然后再进行电火花加工，以提高加工效率。不过，最近已有新的研究成果表明，采用特殊水基不燃性工作液进行电火花加工，其生产率甚至可不亚于切削加工。

③ 存在电极损耗。电火花加工中电极与工件相对静止，易损耗，故通常采用多个电极加工。近年来在电火花粗加工中可以实现相对损耗在1%以下的低损耗加工，而线切割加工中由于电极丝连续移动，使新的电极丝不断地补充和替换在电蚀加工区受到损耗的电极丝，避免了电极损耗对加工精度的影响。

④ 最小角部半径有限制。电火花加工中最小角部半径为加工间隙，线切割加工中最小角部半径为电极丝的半径加上加工间隙。

3. 电火花加工的应用

由于电火花加工具有许多传统的切削加工所无法比拟的优点，因此其应用领域日益扩大，目前已广泛应用于机械（特别是模具制造）、航天、航空、电子、电机电器、精密机械、仪器仪表、汽车拖拉机、轻工等行业，用以解决难加工材料及复杂形状零件的加工问题。加工范围小至几微米的小轴、孔、缝，大到几米的超大型模具和零件。

3.2.2　电火花加工的常用术语与符号

1. 工具电极

电火花加工用的工具是电火花放电时的电极之一，故称为工具电极，有时简称工具或电极。

2. 放电间隙

放电间隙是电火花放电时工具电极和工件间的距离，它的大小一般在 0.01～0.5mm 之间，粗加工时间隙较大，精加工时则较小。

3. 脉冲宽度 t_i（μs）

脉冲宽度简称脉宽（日、美等国常用 t_{on}、τ_{on} 等符号表示），是加到电极和工件上放电间隙两端的电压脉冲的持续时间，如图 3-3 所示。为了防止电弧烧伤，电火花加工只能用断断续续的脉冲电压波。一般来说，粗加工时可用较大的脉宽，精加工时只能用较小的脉宽。

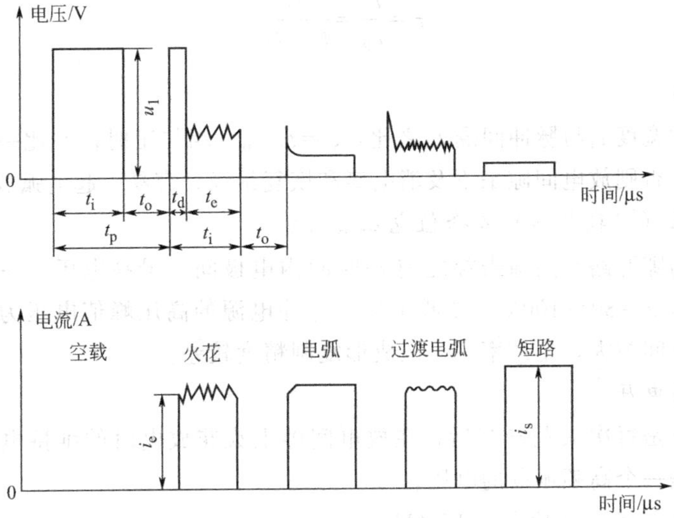

图 3-3 脉冲参数与脉冲电压、电流波形

4. 脉冲间隔 t_o（μs）

脉冲间隔简称脉间或间隔（日、美等国常用 t_{off}、τ_{off} 等符号表示），是两个电压脉冲之间的间隔时间。间隔时间过短，放电间隙来不及消电离和恢复绝缘，容易产生电弧放电，烧伤电极和工件；脉间过长，将降低加工生产率。加工面积、加工深度较大时，脉间也应稍大。

5. 放电时间（电流脉宽）t_e（μs）

放电时间是工作液介质击穿后放电间隙中流过放电电流的时间，即电流脉宽，它比电压脉宽稍小，二者相差一个击穿延时 t_d。t_i 和 t_e 对电火花加工的生产率、表面粗糙度和电极损耗有很大影响，但实际起作用的是电流脉宽 t_e。

6. 脉冲周期 t_p（μs）

从一个电压脉冲开始到下一个电压脉冲开始之间的时间称为脉冲周期，显然 $t_p = t_i + t_o$。

7. 脉冲频率 f_p（Hz）

脉冲频率是指单位时间内电源发出的脉冲个数。显然，它与脉冲周期 t_p 互为倒数，即

$$f_p = 1/t_p$$

8. 击穿延时 t_d（μs）

从间隙两端加上脉冲电压后，一般均要经过一小段延续时间 t_d，工作液介质才能被击穿放电，这一小段时间 t_d 称为击穿延时。击穿延时 t_d 与平均放电间隙的大小有关，工具欠进给时，平均放电间隙变大，平均击穿延时 t_d 就大；反之，工具过进给时，放电间隙变小，t_d 也就小。

9. 有效脉冲频率 f_e（Hz）

有效脉冲频率是单位时间内在放电间隙上发生有效放电的次数，又称工作脉冲频率。

10. 脉冲利用率 λ

脉冲利用率 λ 是有效脉冲频率 f_e 与脉冲频率 f_p 之比，又称频率比，即

$$\lambda = f_e / f_p$$

11. 脉宽系数 τ

脉宽系数是脉冲宽度 t_i 与脉冲周期 t_p 之比，其计算公式为

$$\tau=\frac{t_i}{t_p}=\frac{t_i}{t_i+t_o}$$

12. 占空比 ψ

占空比是脉冲宽度 t_i与脉冲间隔 t_o之比，$\psi=t_i/t_o$。粗加工时占空比一般较大，精加工时占空比应较小，否则放电间隙来不及消电离和恢复绝缘，容易引起电弧放电。

13. 开路电压（空载电压）或峰值电压 u（V）

开路电压是间隙开路和间隙击穿之前 t_d时间内电极间的最高电压。一般晶体管方波脉冲电源的峰值电压 u=80～100V，高低压复合脉冲电源的高压峰值电压为 175～300V。峰值电压高时，放电间隙大，生产率高，但成形复制精度较差。

14. 火花维持电压

火花维持电压是每次火花击穿后，在放电间隙上火花放电时的维持电压，一般在 25V 左右，但它实际是一个高频振荡的电压。

15. 加工电压或间隙平均电压 U（V）

加工电压或间隙平均电压是指加工时电压表上指示的放电间隙两端的平均电压，它是多个开路电压、火花放电维持电压、短路和脉冲间隔等电压的平均值。正常加工时，在 30～50V。

16. 加工电流

加工电流是加工时电流表上指示的流过放电间隙的平均电流。精加工时小，粗加工时大；间隙偏开路时小，间隙合理或偏短路时则大。

17. 短路电流

短路电流是放电间隙短路时电流表上指示的平均电流。它比正常加工时的平均电流要大 20％～40％。

18. 峰值电流

峰值电流是间隙火花放电时脉冲电流的最大值（瞬时），在日本、英国、美国常用 I_p表示。虽然峰值电流不易测量，但它是影响加工速度、表面质量等的重要参数。在设计制造脉冲电源时，每一功率放大管的峰值电流是预先计算好的，选择峰值电流的大小实际是选择几个功率管。

19. 短路峰值电流

短路峰值电流是间隙短路时脉冲电流的最大值，它比峰值电流要大 20％～40％，与短路电流 I_s相差一个脉宽系数的倍数，即

$$i_s\tau=I_s$$

3.2.3　电火花加工的类型

按工具电极的形状、工具电极和工件相对运动的方式和用途的不同，大致可分为电火花穿孔成形加工、电火花线切割加工、电火花磨削、电火花高速小孔加工、电火花展成加工（同步共扼回转加工）、电火花表面强化与刻字。前五类属电火花成形、尺寸加工，是用于改变零件形状或尺寸的加工方法；最后一类则属表面加工方法，用于改善或改变零件表面性质。其中以电火花穿孔成形加工和电火花线切割应用最为广泛。表 3-3 所示为电火花加工总的分类情况及各类加工方法的主要特点和用途。

表 3-3 电火花加工工艺方法、分类及主要特点、用途

类别	工艺方法	特点	用途	备注
Ⅰ	电火花穿孔成形加工	1. 工具和工件间主要只有一个相对的伺服进给运动 2. 工具为成形电极，与被加工表面有相同的截面和相反的形状	1. 型腔加工：加工各类型腔模及各种复杂的型腔零件 2. 穿孔加工：加工各种冲模、挤压模、粉末冶金模、各种异形孔及微孔等	约占电火花机床总数的30%，典型机床有D7125，D7140等电火花穿孔成形机床
Ⅱ	电火花线切割加工	1. 工具电极为顺电极丝轴线方向移动着的线状电极 2. 工具与工件在两个水平方向同时有相对伺服进给运动	1. 切割各种冲模和具有直纹面的零件 2. 下料、截割和窄缝加工	约占电火花机床总数60%，典型机床有DK7725，DK7740数控电火花线切割机床
Ⅲ	电火花内孔、外圆和成形磨削	1. 工具与工件有相对的旋转运动 2. 工具与工件间有径向和轴向的进给运动	1. 加工高精度、表面粗糙度小的小孔，如拉丝模、挤压模、微型轴承内环、钻套等 2. 加工外圆、小模数滚刀等	约占电火花机床总数的3%，典型机床有D6310电火花小孔内圆磨床等
Ⅳ	电火花同步共轭回转加工	1. 成形工具与工件均作旋转运动，但二者角速度相等或成整倍数，相对应接近的放电点可有切向相对运动速度 2. 工具相对工件可作纵、横向进给运动	以同步回转、展成回转、倍角速度回转等不同方式，加工各种复杂型面的零件，如高精度的异形齿轮，精密螺纹环规，高精度、高对称度、表面粗糙度小的内、外回转体表面等	约占电火花机床总数不足1%，典型机床有JN-2，JN-8内外螺纹加工机床
Ⅴ	电火花高速小孔加工	1. 采用细管(>ϕ0.3mm)电极，管内冲入高压水基工作液 2. 细管电极旋转 3. 穿孔速度较高(60mm/min)	1. 线切割穿丝预孔 2. 深径比很大的小孔，如喷嘴等	约占电火花机床2%，典型机床有D703A电火花高速小孔加工机床
Ⅵ	电火花表面强化、刻字	1. 工具在工件表面上振动 2. 工具相对工件移动	1. 模具刃口，刀、量具刃口表面强化和镀覆 2. 电火花刻字、打印记	约占电火花机床总数的2%～3%，典型设备有D9105电火花强化器等

3.2.4 电火花加工的基本规律

1. 影响材料放电腐蚀的主要因素

电火花加工过程中，材料被放电腐蚀的规律十分复杂。研究影响材料放电腐蚀的因素，对于应用电火花加工方法，提高加工的生产率，降低工具电极的损耗是极为重要的。这些因素主要有以下几个方面。

(1) 极性效应

在电火花加工过程中，即使是相同材料（例如钢加工钢），正、负电极的电蚀量也是不同的。这种单纯由于正、负极性不同而彼此电蚀量不一样的现象叫做极性效应。如果两电极材料不同，则极性效应更加复杂。我国通常把工件接脉冲电源的正极（工具电极接负极）时，称“正极性”加工；反之，则称“负极性”加工，又称“反极性”加工。在电火花加工中极性效应越显著越好，这样，可以把电蚀量小的一极作为工具电极，以减少工具电极的损耗。

当用交变的脉冲电流加工时，单个脉冲的极性效应便相互抵消，增加了工具的损耗。因此，电火花加工一般都采用单向脉冲电源。

(2) 电规准（电参数）

电参数主要是指电压脉冲宽度 t_i、电流脉冲宽度 t_e、脉冲间隔 t_o、脉冲频率 f、峰值电流 i、峰值电压 u 和极性等。

研究结果表明，提高电蚀量和生产率的途径在于：提高脉冲频率 f，增加单个脉冲能量或者增加平均放电电流（对矩形脉冲即为峰值电流 i）和脉冲宽度 t_i；减小脉冲间隔 t_o并提高有关的工艺参数。当然，实际生产时要考虑到这些因素之间的相互制约关系和对其他工艺指标的影响，例如脉冲间隔 t_o时间过短，将产生电弧放电；随着单个脉冲能量的增加，加

工表面粗糙度也随之增大等。

(3) 金属材料的热学常数

显然当脉冲放电能量相同时，金属的熔点、沸点、比热容、熔化热、汽化热越高，电蚀量将越少，越难加工。另外，热导率较大的金属，会将瞬时产生的热量传导散失到其他部位，因而降低了本身的蚀除量。而且当单个脉冲能量一定时，脉冲电流幅值越小，脉冲宽度越长，散失的热量也越多，从而使电蚀量减少。相反，若脉冲宽度越短，脉冲电流幅值越大，由于热量过于集中而来不及传导扩散，虽使散失的热量减少，但抛出的金属中汽化部分比例增大，多耗用了汽化热，电蚀量也会降低。因此，电极的蚀除量与电极材料的热导率以及其他热学常数、放电持续时间、单个脉冲能量等有密切关系。

(4) 工作液

电火花加工一般在液体介质中进行。液体介质通常叫做工作液，其作用主要是：

① 压缩放电通道，并限制其扩展，使放电能量高度集中在极小的区域内，既加强了蚀除的效果，又提高了放电仿型的精确性。

② 加速电极间隙的冷却和消电离过程，有助于防止出现破坏性电弧放电。

③ 通过工作液的流动，加速了蚀除金属的排出，以保持放电工作稳定。

④ 加剧放电的流体动力过程，有助于金属的抛出。

⑤ 减少工具电极损耗，加强电极覆盖效应。

工作液性能对加工质量的影响很大。介电性能好、密度和黏度大的工作液有利于压缩放电通道，提高放电的能量密度，强化电蚀产物的抛出效应。但黏度过大不利于电蚀产物的排出，影响正常放电。目前常用的工作液有 3 种：第一种是油类有机化合物，第二种是乳化液；其优点是成本低，配制简便，也有补偿工具电极损耗的作用，且不腐蚀机床和零件，多用于电火花线切割加工。第三种工作液是水，优点是流动性好、散热性好，不易起弧，不燃、无味且价格低廉。

(5) 其他因素

主要是加工过程的稳定性。电火花加工过程中，受一些不稳定因素干扰，以致破坏正常的火花放电，使有效脉冲利用率降低。这些不稳定因素包括加工深度、加工面积，加工型面复杂程度等。

2. 电火花加工的加工速度和工具损耗速度

(1) 加工速度

一般采用体积加工速度 v_w (mm^3/min) 来表示，即被加工掉的体积 V 除以加工时间 t：

$$v_w = V/t$$

为了方便测量，有时也采用质量加工速度 v_m (g/min) 来表示。

电火花成形加工的加工速度，粗加工（加工表面粗糙度 Ra 为 10～20μm）时可达 200～1000mm^3/min，半精加工（Ra 为 2.5～10μm）时降低到 20～100mm^3/min，精加工（Ra 为 0.32～2.5μm）时一般都在 10mm^3/min 以下。随着表面粗糙度值的减小，加工速度显著下降。

(2) 工具相对损耗

工具损耗是产生加工误差的主要原因之一。在生产实际中用来衡量工具电极是否耐损耗，不只是看工具损耗速度 v_E，还要看同时能达到的加工速度 v_w，因此，采用相对损耗或损耗比 θ 作为衡量工具电极耐损耗的指标。即

$$\theta = v_E / v_w \times 100\%$$

降低电火花加工中工具电极的损耗一直是人们努力追求的目标。为了降低工具电极的相对损耗，必须很好地利用电火花加工过程中的各种效应。这些效应主要包括极性效应、吸附效应、传热效应等。

① 利用极性效应正确选择极性和脉宽。一般在短脉冲精加工时采用正极性加工（即工件接电源正极），长脉冲粗加工时则采用负极性加工。

② 利用吸附效应。当采用煤油等碳氢化合物作为工作液时，在放电过程中将发生热分解而产生大量的炭，炭可和金属结合形成金属炭化物的微粒——胶团。中性的胶团在电场作用下可能与其可动层（胶团的外层）脱离，而成为带电荷的炭胶粒。电火花加工中的炭胶粒一般带负电荷，因此在电场作用下会向正极移动，并吸附在正极表面。如果电极表面瞬时温度为400℃左右，且能保持一定时间，即能形成一定强度和厚度的化学吸附炭层，通常称之为炭黑膜，由于炭的熔点和汽化点很高，可对电极起到保护和补偿作用，从而实现"低损耗"加工。

为利用吸附效应来减少工具损耗，必须采用负极性加工。实验表明，当峰值电流、脉冲间隔一定时，炭黑膜厚度随脉宽的增加而增厚；而当峰值电流和脉冲宽度一定时，炭黑膜厚度随脉冲间隔的增大而减薄。此外，吸附效应还受冲、抽油的影响。采用强迫冲、抽油，有利于间隙内电蚀产物的排除，使加工过程稳定；但使吸附、镀覆效应减弱，因而增加了电极的损耗。因此，在加工过程中采用冲、抽油时其压力、流速不宜过大。

③ 利用传热效应。一般采用导热性能比工件好的工具电极，配合使用较大的脉冲宽度和较小的脉冲电流进行加工，使工具电极表面温度较低而损耗小，工件表面温度较高而蚀除较快。

④ 工具电极材料选择。钨、钼的熔点和沸点较高，损耗小，但其机械加工性能不好，价格又贵，所以除线切割加工外很少采用。铜的熔点虽较低，但其导热性好，因此损耗也较少，又比较容易制成各种精密、复杂电极，常用作中、小型腔加工用的工具电极。石墨电极不仅热学性能好，而且在长脉冲粗加工时能吸附游离的碳来补偿电极的损耗，所以相对损耗很低，目前已广泛用作型腔加工的电极。铜碳、铜钨、银钨合金等复合材料，不仅导热性好，而且熔点高，因而电极损耗小，但由于其价格较贵，制造成形比较困难，因而一般只在精密电火花加工时才用。

(3) 影响加工精度的主要因素

影响加工精度的主要因素是：放电间隙的大小及其一致性，以及工具电极的损耗及其稳定性。由于工具电极与工件之间存在着一定的放电间隙，因此工件的尺寸、形状与工具并不一致。如果加工过程中放电间隙能保持不变，则可以通过修正工具电极的尺寸对放电间隙引起的误差进行补偿，以获得较高的加工精度。然而，放电间隙的大小实际上是变化的，从而影响了加工精度。

放电间隙大小对加工精度也有影响，尤其是对复杂形状的加工表面，棱角部位电场强度分布不均，间隙越大，仿形的逼真度越差，影响越严重。因此，为了减小尺寸加工误差，应该采用较小的加工电规准，缩小放电间隙，这样不但能提高仿形精度，而且放电间隙越小，可能产生的间隙变化量也越小；另外，还必须尽可能使加工过程稳定。

工具电极的损耗对尺寸精度和形状精度都有影响。电火花穿孔加工时，电极可以贯穿型孔而补偿电极的损耗，型腔加工时则无法采用这一方法，精密型腔加工时可采用更换电极的方法。

影响电火花加工形状精度的因素还有“二次放电”。二次放电是指侧面已加工表面上由于电蚀产物等的介入而再次进行的非正常放电，集中反映在加工深度方向产生斜度和加工棱角、棱边变钝。

电火花加工时，工具的尖角或凹角很难精确地复制在工件上，这是因为当工具为凹角时，工件上对应的尖角处放电蚀除的概率大，容易遭受腐蚀而成为圆角。

(4) 电火花加工的表面质量

电火花加工的表面质量包括以下三部分内容。

① 表面粗糙度。对表面粗糙度影响最大的是单个脉冲能量。因为脉冲能量大，每次脉冲放电的蚀除量也大，放电凹坑既大又深，从而使表面粗糙度恶化。另外，电火花加工的表面粗糙度和加工速度之间存在着很大的矛盾。工件材料对加工表面粗糙度也有影响，熔点高的材料（如硬质合金），在相同能量下加工的表面粗糙度要比熔点低的材料（如钢）好。精加工时，工具电极的表面粗糙度也将影响到加工表面粗糙度。

② 表面变质层。电火花加工过程中，在火花放电的瞬时高温和工作液的快速冷却作用下，材料的表面层发生了很大的变化，粗略地分为熔化凝固层和热影响层、显微裂纹。

a. 熔化凝固层：位于工件表面最上层，它被放电时瞬时高温熔化而又滞留下来，受工作液的快速冷却作用而凝固。对于碳钢来说，熔化层在金相照片上呈现白色，故又称之为白层，它与基体金属完全不同，是一种树枝状的淬火铸造组织，与内层的结合也不甚牢固。

b. 热影响层：介于熔化层和基体之间。在加工过程中并没有熔化，只是受到高温的影响，使材料的金相组织发生了变化，它与基体材料没有明显的界线。由于温度场分布和冷却速度的不同，对淬火钢，热影响层包括再淬火区、高温回火区和低温回火区；对未淬火钢，热影响层主要为淬火区。因此，淬火钢的热影响层厚度比未淬火钢大。

c. 显微裂纹：电火花加工表面由于受到瞬时高温作用并迅速冷却收缩而产生拉应力，往往出现显微裂纹。实验表明，一般裂纹仅在熔化层内出现，只有在脉冲能量很大的情况下（如粗加工时），才有可能扩展到热影响层。

③ 表面力学性能。包括以下三个方面。

a. 显微硬度及耐磨性：电火花加工后表面层的硬度一般比较高，但对某些淬火钢，也可能稍低于基体硬度。一般来说，电火花加工表面最外层的硬度比较高，耐磨性提高，但对于滚动摩擦，由于是交变载荷，尤其是干摩擦，则因熔化凝固层和基体的结合不牢固，产生疲劳破坏，容易剥落而磨损。

b. 残余应力：电火花加工表面存在着瞬时先热后冷作用而产生的残余应力，大部分表现为拉应力。残余应力的大小和分布，主要和材料在加工前的热处理状态及加工时的脉冲能量有关。

c. 耐疲劳性能：电火花加工后，表面存在着较大的拉应力，还可能存在显微裂纹，因此其耐疲劳性能比机械加工表面低许多倍。采用回火处理、喷丸处理等，有助于降低残余应力，或使残余拉应力转变为压应力，从而提高其耐疲劳性能。

3.2.5 电火花加工机床

电火花加工是比较成熟的工艺，在民用、国防生产部门和科学研究中已经获得广泛应用，相应的机床设备已经定型，并有很多专业工厂来生产制造。电火花加工工艺及机床设备的类型较多，但按工艺过程中工具与工件相对运动的特点和用途等来分，大致可以分为六大类（表 3-3）。其中应用最广、数量较多的是电火花穿孔成形加工机床和电火花线切割机床。

1. 电火花穿孔成形机床

(1) 机床型号、规格、分类

我国国标规定，电火花成形机床均用 D71 加上机床工作台面宽度的 1/10 表示，例如 D7132。其中，D 表示电加工成形机床（若该机床为数控电加工机床，则在 D 后加 K，即 DK）；71 表示电火花成形机床；32 表示机床工作台的宽度为 320mm。

在中国内地以外，电火花加工机床的型号没有采用统一标准，由各个生产企业自行确定。如日本沙迪克（Sodick）公司生产的 A3R、A10R，瑞士夏米尔（Charmilles）技术公司的 ROBOFORM20/30/35，北京阿奇工业电子有限公司的 SF100 等。

电火花加工机床的分类方法有：①按其大小可分为小型（D7125 以下）、中型（D7125～D7163）和大型（D7163 以上）；②按数控程度分为非数控、单轴数控和三轴数控等。

(2) 电火花加工机床结构

电火花加工机床主要由机床本体、脉冲电源、自动进给调节系统、工作液过滤和循环系统、数控系统等部分组成，如图 3-4 所示。

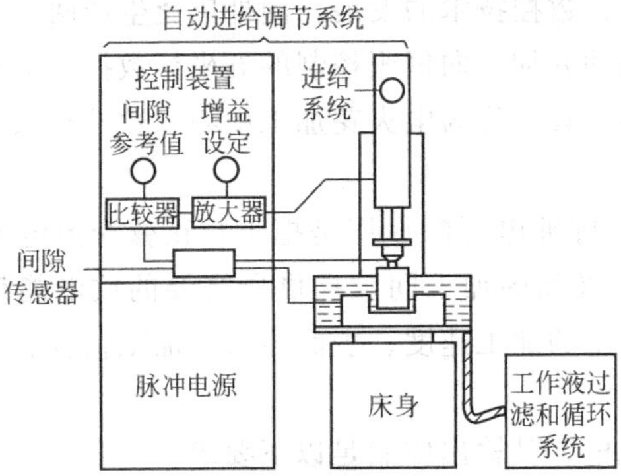

(a) 原理图

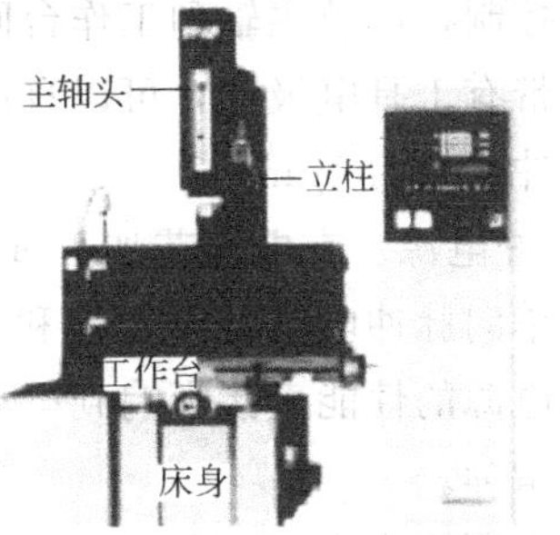

(b) 实物图

图 3-4 电火花加工机床

① 机床本体。机床本体主要由床身、立柱、主轴头及附件、工作台等部分组成，是用来实现工件与工具电极的装夹固定和相对运动的机械系统。床身、支柱、坐标工作台是电火花机床的骨架，起着支承、定位和便于操作的作用。因为电火花加工宏观作用力极小，所以对机械系统的强度无严格要求，但为了避免变形和保证精度，要求具有一定的刚度。电火花成形机床本体结构有多种形式，根据不同的加工对象，通用机床的结构形式有如下几种：立柱式、龙门式、滑枕式、悬臂式、台式、便携式等，如图 3-5 所示。

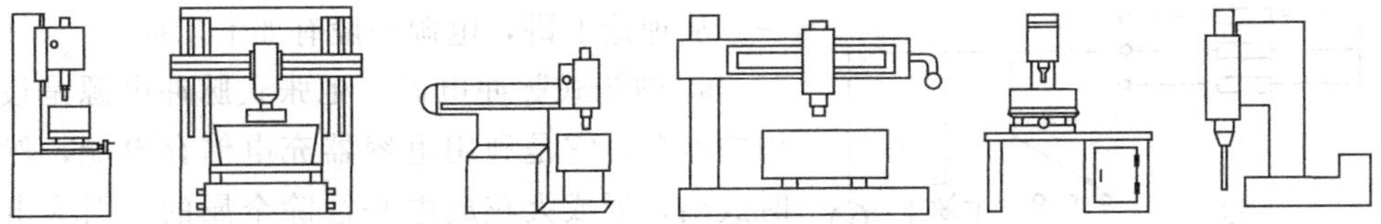

(a) 立柱式　(b) 龙门式　(c) 滑枕式　(d) 悬臂式　(e) 台式　(f) 便携式

图 3-5 机床本体结构示意图

主轴头由伺服进给机构、导向和防扭机构、辅助机构三部分组成，控制着工件和工具电极之间的放电间隙；其质量的好坏将影响到进给系统的灵敏度及加工过程的稳定性，进而影响工件的加工精度。

纵横向移动的工作台一般都带有坐标装置，常用刻度手轮来调整位置。随着加工精度要求的提高，可采用光学坐标读数装置、磁尺数显等装置。

机床主轴头和工作台常有一些附件，如可调节工具电极角度的夹头、平动头、油杯等。

电火花加工时粗加工的电火花放电间隙比中加工的放电间隙要大，而中加工的电火花放电间隙比精加工的放电间隙又要大一些。当用一个电极进行粗加工时，将工件的大部分余量蚀除掉后，其底面和侧壁四周的表面粗糙度很大，为了将其修光，就得转换规准逐挡进行修整。但由于中、精加工规准的放电间隙比粗加工规准的放电间隙小，若不采取措施则四周侧壁就无法修光了。平动头就是为解决修光侧壁和提高其尺寸精度而设计的。

平动头是一个使装在其上的电极能产生向外机械补偿动作的工艺附件。当用单电极加工型腔时，使用平动头可以补偿上一个加工规准和下一个加工规准之间的放电间隙差。

目前，机床上安装的平动头有机械式平动头和数控平动头，机械式平动头由于有平动轨迹半径的存在，无法加工有清角要求的型腔；而数控平动头可以两轴联动，能加工出清棱、清角的型孔和型腔。

近年来，由于工艺水平的提高及微机、数控技术的发展，国外广泛生产两坐标、三坐标数控伺服控制，以及主轴和工作台回转运动并加三向伺服控制的五坐标数控电火花机床，有的机床还带有工具电极库，可以自动更换刀具，称为电火花加工中心。数控电火花机床的坐标位移脉冲当量为 1μm。

② 脉冲电源。在电火花加工过程中，脉冲电源的作用是把工频正弦交流电流转变成频率较高的单向脉冲电流，向工件和工具电极间的加工间隙提供所需要的放电能量以蚀除金属。脉冲电源的性能直接影响到电火花加工的加工速度、表面质量、加工精度、工具电极损耗等工艺指标。

脉冲电源输入为 380V、50Hz 的交流电，其输出应满足以下要求。

a. 要有一定的脉冲放电能量，否则不能使工件金属汽化。

b. 火花放电必须是短时间的脉冲性放电，这样才能使放电产生的热量来不及扩散到其他部分，从而有效地蚀除金属，提高成形性和加工精度。

c. 脉冲波形是单向的，以便充分利用极性效应，提高加工速度和降低工具电极损耗。

d. 脉冲波形的主要参数（峰值电流、脉冲宽度、脉冲间歇等）有较宽的调节范围，以满足粗、中、精加工的要求。

e. 有适当的脉冲间隔时间，使放电介质有足够时间消电离并冲去金属颗粒，以免引起电弧而烧伤工件。

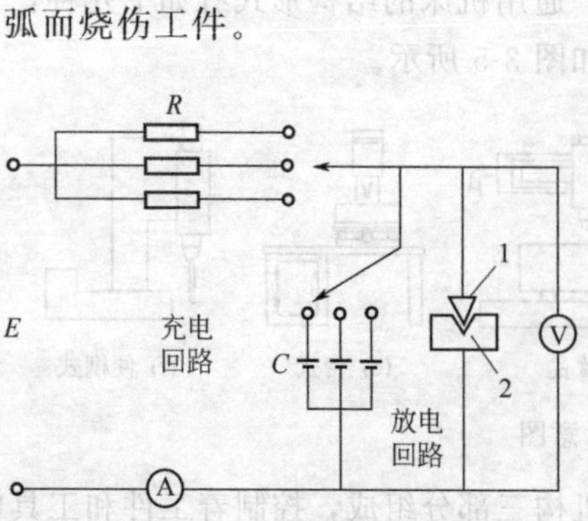

图 3-6 *RC* 电路脉冲电源

电源往往是电火花机床制造厂商的核心机密之一。从理论上讲，电源一般有如下几种。

a. 弛张式脉冲电源。弛张式脉冲电源是最早使用的电源，它是利用电容器充电储存电能，然后瞬时放出，形成火花放电来蚀除金属的。因为电容器时而充电，时而放电，一弛一张，故称“弛张式”脉冲电源。常用的有 *RC* 电路脉冲电源（图 3-6）。由于这种电源是靠电极和工件间隙中的工作液的击穿和消电离作用来导通和切断脉冲电流，因此间隙大小、电蚀产物的排出情况等都影响脉冲参数，使脉冲参数不稳定，所以这种电源又称为非独立式电源。

弛张式脉冲电源结构简单，使用维修方便，加工精度较高、表面粗糙度值较小，但生产率低，电能利用率低，加工稳定性差，故目前这种电源的应用已逐渐减少。

b. 闸流管脉冲电源。闸流管是一种特殊的电子管，对其栅极施加脉冲信号，便可控制管子的导通或截止，输出或关断脉冲电流。由于这种电源的电参数与加工间隙无关，故又称为独立式电源。闸流管脉冲电源的生产率较高，加工稳定，但脉冲宽度较窄，电极损耗较大。

c. 晶体管脉冲电源。晶体管脉冲电源是近年来发展起来的用途广泛的电火花脉冲电源。它利用功率晶体管作为开关元件，输出功率大，电规准调节范围广，电极损耗小，故适应于型孔、型腔、磨削等各种不同用途的加工。图 3-7 所示为自振式晶体管脉冲电源原理图。晶体管脉冲电源已越来越广泛地应用在电火花加工机床上。

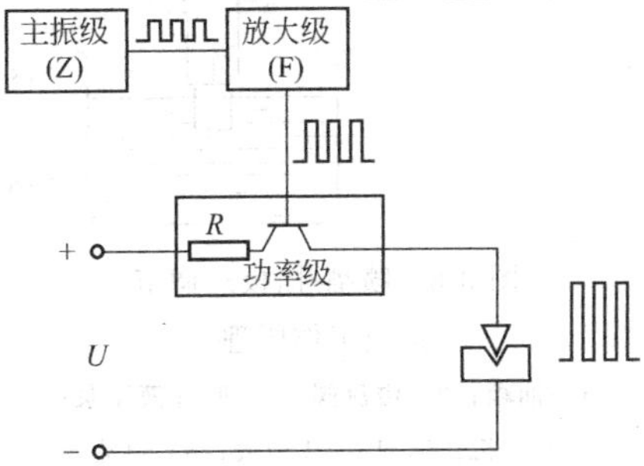

图 3-7 自振式晶体管脉冲电源原理图

目前普及型（经济型）的电火花加工机床都采用高低压复合的晶体管脉冲电源，中、高档电火花加工机床都采用微机数字控制的脉冲电源，而且内部配有电火花加工规准的数据库，可以通过微机设置和调用各档粗、中、精加工规准参数。例如汉川机床厂、日本沙迪克公司的电火花加工机床，这些加工规准用 C 代码（例如 C320）表示和调用，三菱公司则用 E 代码表示。

③ 自动进给调节系统。在电火花成形加工设备中，自动进给调节系统占有很重要的位置。它的性能直接影响加工稳定性和加工效果。

电火花成形加工的自动进给调节系统，主要包含伺服进给系统和参数控制系统。伺服进给系统主要用于控制放电间隙的大小，而参数控制系统主要用于控制电火花成形加工中的各种参数（如放电电流、脉冲宽度、脉冲间隔等），以便能够获得最佳的加工工艺指标。

在电火花成形加工中，电极与工件必须保持一定的放电间隙。由于工件不断被蚀除，电极也不断地损耗，故放电间隙将不断扩大。如果电极不能及时进给补偿，放电过程会因间隙过大而停止。反之，间隙过小又会引起拉弧烧伤或短路，这时电极必须迅速离开工件，待短路消除后再重新调节到适宜的放电间隙。在实际生产中，放电间隙变化范围很小，且与加工规准、加工面积、工件蚀除速度等因素有关，因此很难靠人工进给，也不能像钻削那样采用“机动”、等速进给的方式，而必须采用伺服进给系统。这种不等速的伺服进给系统也称为自动进给调节系统。

伺服进给系统一般有如下要求：有较广的速度调节跟踪范围；有足够的灵敏度和快速性；有较高的稳定性和抗干扰能力。

目前电火花加工用的自动进给调节系统种类很多。图 3-8 所示为 DYT-2 型液压主轴头的喷嘴-挡板式调节系统的工作原理图。液压泵电动机 4 驱动叶片液压泵 3 从油箱中压出压力油，由溢流阀 2 保持恒定压力 p_0，经过过滤器 6 分两路：一路进入下油腔；另一路经节流孔 7 进入上油腔。上油腔油液可从喷嘴 8 与挡板 12 的间隙中流回油箱，使上油腔的压力 p_1 随此间隙的大小而变化。电-机械转换器 9 主要由动圈（控制线圈）10 与静圈（励磁线圈）11 等组成。动圈处在励磁线圈的磁路中，与挡板 12 连成一体。改变输入动圈的电流，

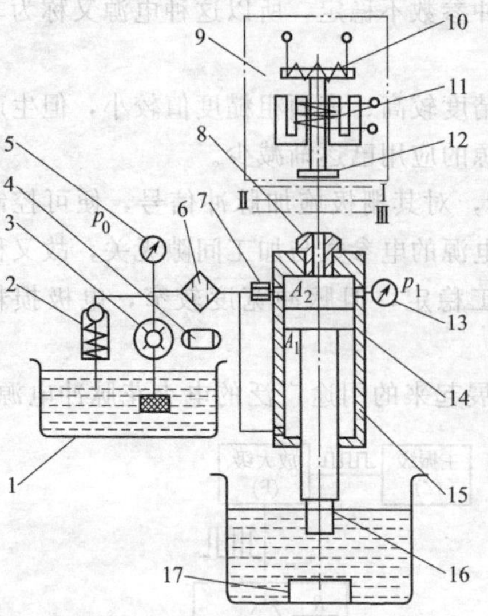

图 3-8　喷嘴-挡板式调节系统工作原理

1—油箱；2—溢流阀；3—叶片液压泵；4—电动机；5，13—压力表；6—过滤器；7—节流孔；8—喷嘴；9—电-机械转换器；10—动圈；11—静圈；12—挡板；14—液压缸；15—活塞；16—工具电极；17—工件

可使挡板随之移动，从而改变挡板与喷嘴间的间隙。当动圈两端的电压为零时，动圈不受电磁力的作用，挡板处于最高位置Ⅰ，喷嘴与挡板间开口为最大，使油液流经喷嘴的流量为最大，上油腔的压力降亦为最大，压力 p_1 下降到最小值。设 A_2、A_1 分别为上、下油腔的工作面积，G 为活塞等执行机构移动部分的重量，这时 $p_0A_1 \geqslant G+p_1A_2$，活塞杆带动工具上升。当动圈电压为最大时，挡板下移处于最低位置Ⅲ，喷嘴的出油口全部关闭，上、下油腔压强相等，使 $p_0A_1 < G+p_1A_2$，活塞上的向下作用力大于向上作用力，活塞杆下降。当挡板处于平衡位置Ⅱ时，$p_0A_1 = G+p_1A_2$ 活塞处于静止状态。由此可见，主轴的移动是由电-机械转换器中控制线圈电流的大小来实现的。控制线圈电流的大小则由加工间隙的电压或电流信号来控制，因而实现了进给的自动调节。

④ 工作液过滤和循环系统。图 3-9 所示为工作液强迫循环的两种方式。图 3-9(a)、(b) 为冲油式，较易实现，排屑冲刷能力强，一般常采用；但是电蚀产物仍通过已加工区，会影响加工精度。图 3-9(c)、(d) 为抽油式，在加工过程中，分解出来的气体（H_2，C_2H_2等）易积聚在抽油回路的死角处，遇电火花引燃会爆炸"放炮"，因此一般用得较少；常用于要求小间隙、精加工的场合。

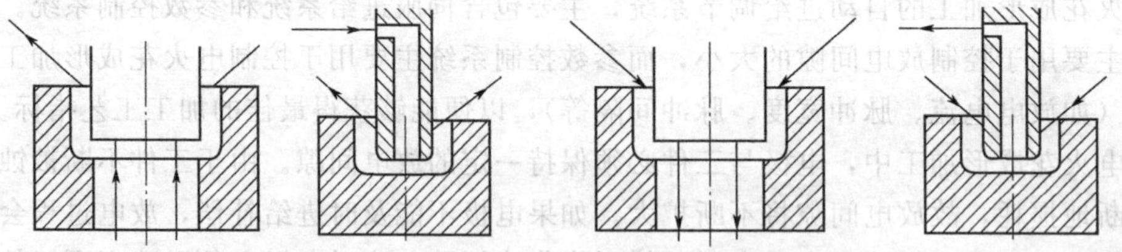

(a) 冲油式一　　(b) 冲油式二　　(c) 抽油式一　　(d) 抽油式二

图 3-9　工作液强迫循环方式

目前，电火花成形加工多采用油类做工作液。机油黏度大、燃点高，用它做工作液有利于压缩放电通道，提高放电的能量密度，强化电蚀产物的抛出效果，但黏度大，不利于电蚀产物的排出，影响正常放电。煤油黏度低，流动性好；但排屑条件较好。

在粗加工时，要求速度快，放电能量大，放电间隙大，故常选用机油等黏度大的工作液。在中、精加工时，放电间隙小，往往采用煤油等黏度小的工作液。

采用水做工作液是值得注意的一个发展方向。用各种油类以及其他碳氢化合物做工作液时，在放电过程中不可避免地产生大量炭黑，严重影响电蚀产物的排除及加工速度，这种影响在精密加工中尤为明显。若采用酒精做工作液时，因为炭黑生成量减少，上述情况会有好转。所以，最好采用不含碳的介质，水是最方便的一种。此外，水还具有流动性好、散热性好、不易起弧、不燃、无味、价廉等特点，但普通水是弱导电液，会产生离子导电的电解过程，这是很不利的，目前还只是在某些大能量粗加工中采用。

在精密加工中，可采用比较纯的蒸馏水、去离子水或乙醇水溶液来做工作液，其绝缘强度比普通水高。

电火花加工中的蚀除产物，一部分以气态形式抛出，其余大部分是以球状固体微粒分散悬浮在工作液中，直径一般为几微米。随着电火花加工的进行，蚀除产物越来越多，充斥在电极和工件之间，或粘连在电极和工件的表面上。蚀除产物的聚集，会与电极或工件形成二次放电，破坏电火花加工的稳定性，降低加工速度，影响加工精度和表面粗糙度。为了改善电火花加工的条件，一种办法是使电极振动，以加强排屑作用；另一种办法是对工作液进行强迫循环过滤，以改善间隙内工作液的状态。

工作液强迫循环过滤是由工作液循环过滤器来完成的。电火花加工用的工作液过滤系统包括工作液泵、容器、过滤器及管道等，使工作液强迫循环。图 3-10 是一种常用的工作液循环过滤系统，它既能实现冲油，又能实现抽油，由阀Ⅰ和阀Ⅱ来控制。冲油时，工作液泵 1 把工作液打入过滤器 2，然后经管道（3）到阀Ⅰ，工作液分两路：一路经管道（5）到工作液槽 4 的侧面孔；另一路经管道（6）到阀Ⅱ再经管道（7）进入油杯 5。冲油时的流量和油压靠阀Ⅰ和阀Ⅱ来调节。抽油时，转动阀Ⅰ和阀Ⅱ，使进入过滤器的工作液分两路：一路经管道（3）、阀Ⅰ进入管道（5）至工作液槽 4 的侧面孔；另一路经管道（4）、阀Ⅰ进入管道（9）经射流管 7 及管道（10）进入储油箱 8。由射流管的“射流”作用将工作液从工作台油杯 5 中抽出，经管道（7）、阀Ⅱ、管道（8）到射流管 7 进入储油箱 8。转动阀Ⅰ和阀Ⅱ还可以停油和放油。为了不使工作液越用越脏，影响加工性能，必须加以净化、过滤。其具体方法如下。

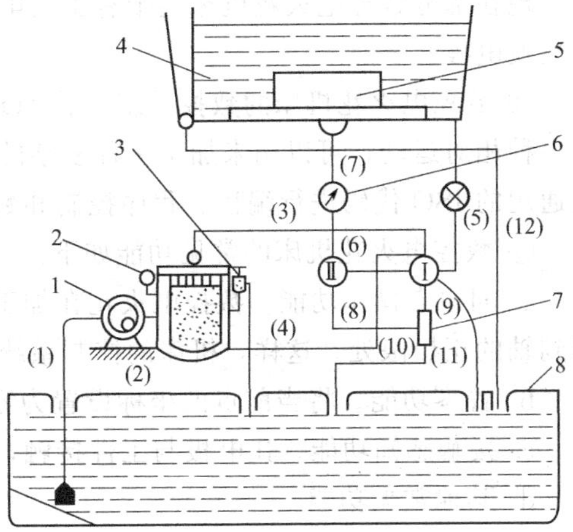

图 3-10　工作液循环过滤系统

1—工作液泵；2—过滤器；3—溢流阀；4—工作液槽；5—油杯；6—压力表；7—射流管；8—储油箱

a. 自然沉淀法。这种方法速度太慢，周期太长，只用于单件小用量或精微加工，否则，需要很大体积的工作液槽。

b. 介质过滤法。此法常用黄沙、木屑、棉纱头、过滤纸、硅藻土、活性炭等为过滤介质，这些介质各有优缺点，但对中小型工件，加工用量不大时，一般都能满足过滤要求，可就地取材，因地制宜。其中以过滤纸效率较高，性能较好，已有专用纸过滤装置生产。

c. 高压静电过滤、离心过滤法等。这些方法在技术上比较复杂，采用较少。

(3) 数控系统

① 数控电火花机床的类型。数控系统规定除了直线移动的 X、Y、Z 三个坐标轴系统外，还有三个转动的坐标系统，即绕 X 轴转动的 A 轴，绕 Y 轴转动的 B 轴，绕 Z 轴转动的 C 轴。若机床的 Z 轴可以连续转动但不是数控的，如电火花打孔机，则不能称为 C 轴，只能称为 R 轴。

根据机床的数控坐标轴的数目，目前常见的数控机床有三轴数控电火花机床、四轴三联动数控电火花机床、四轴联动或五轴联动，甚至六轴联动电火花加工机床。三轴数控电火花

加工机床的主轴 Z 和工作台 X、Y 都是数控的。从数控插补功能上讲，又将这种类型机床细分为三轴两联动机床和三轴三联动机床。

三轴两联动是指 X、Y、Z 三轴中，只有两轴（如 X、Y 轴）能进行插补运算和联动，电极只能在平面内走斜线和圆弧轨迹（电极在 Z 轴方向只能作伺服进给运动，但不是插补运动）。三轴三联动系统的电极可在空间作 X、Y、Z 方向的插补联动（例如可以走空间螺旋线）。

四轴三联动数控机床增加了 C 轴，即主轴可以数控回转和分度。

现在部分数控电火花机床还带有工具电极库，在加工中可以根据事先编制好的程序，自动更换电极。

② 数控电火花机床的数控系统工作原理。数控电火花机床能实现工具电极和工件之间的多种相对运动，可以用来加工多种复杂的型腔。目前，绝大部分电火花数控机床采用国际上通用的 ISO 代码进行编程、程序控制和数控摇动加工等。

③ 数控电火花机床的常见功能如下。

a. 回原点操作功能。数控电火花在加工前首先要回到机械坐标的零点，即 X、Y、Z 轴回到轴的正极限处。这样，机床的控制系统才能复位，后续机床运动不会出现紊乱。

b. 置零功能。将当前点的坐标设置为零。

c. 接触感知功能。让电极与工件接触，以便定位。

d. 其他常见功能。

2. 电火花线切割机床简介

(1) 机床分类、型号

① 分类。线切割加工机床可按多种方法进行分类。通常按电极丝的走丝速度分成快速走丝线切割机床（WEDM-HS）和慢速走丝线切割机床（WEDM-LS）两大类。

快速走丝线切割机床的电极丝作高速往复运动，一般走丝速度为 8～10m/s，是我国独创的电火花线切割加工模式。快速走丝线切割机床上运动的电极丝能够双向往返运行，重复使用，直至断丝为止。线电极材料常用直径为 ϕ0.10～ϕ0.30mm 的钼丝（有时也用钨丝或钨钼丝）。对小圆角或窄缝切割，也可采用直径为 ϕ0.06mm 的钼丝。

快速走丝线切割机床的工作液通常采用乳化液。

快速走丝线切割机床结构简单、价格便宜、生产率高，但由于运行速度快，工作时机床振动较大。钼丝和导轮的损耗快，加工精度和表面粗糙度不如慢速走丝线切割机床，其加工尺寸精度一般为 0.01～0.02mm，表面粗糙度 Ra 为 1.25～2.5μm。

慢速走丝线切割机床走丝速度低于 0.2m/s。常用黄铜丝（有时也采用紫铜、钨、钼和各种合金的涂覆线）作为电极丝，铜丝直径通常为 ϕ0.10～ϕ0.35mm。电极丝仅从单方向通过加工间隙，不重复使用，避免了因电极丝的损耗而降低加工精度。同时由于走丝速度慢，机床及电极丝的振动小，因此加工过程平稳，加工精度高，可达 0.005mm，表面粗糙度 $Ra \leqslant 0.32\mu$m。

慢速走丝线切割机床的工作液一般采用去离子水、煤油等，生产率较高。

慢走丝机床主要由日本、瑞士等国生产。目前国内有少数企业引进国外先进技术与外企合作生产慢走丝机床。

② 型号。国标规定的数控电火花线切割机床的型号，如 DK7725 的基本含义为：D 为机床的类别代号，表示是电加工机床；K 为机床的特性代号，表示是数控机床；第一个 7 为

组代号，表示是电火花加工机床，第二个7为系代号（快走丝线切割机床为7，慢走丝线切割机床为6，电火花成形机床为1）；25为基本参数代号，表示工作台横向行程为250mm。

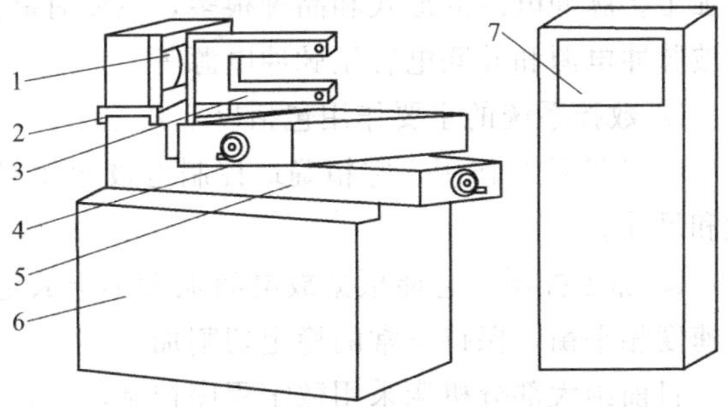

图 3-11 快走丝线切割机床结构图

1—卷丝筒；2—走丝溜板；3—丝架；4—上滑板；5—下滑板；6—床身；7—电源及控制柜

(2) 快走丝线切割机床简介

随着技术的进步，目前在生产中使用的快走丝线切割机床，几乎全部采用数字程序控制，这类机床主要由机床本体、脉冲电源、数控系统和工作液循环系统组成（图 3-11）。

① 机床本体。机床本体主要由床身、坐标工作台、走丝机构和丝架、工作液箱、附件和夹具等几部分组成。

a. 床身。床身是支承和固定坐标工作台、运丝机构等的基体。因此，床身应有一定的刚度和强度，一般采用箱体式结构。床身里面安装有机床电气系统、脉冲电源、工作液循环系统等元器件。为避免电源发热和工作液泵振动对加工精度的影响，有些机床将电源和工作液箱移出床身另行安放。

b. 坐标工作台。目前在电火花线切割机床上采用的坐标工作台，大多为 X、Y 方向线性运动。不论是哪种控制方式，电火花线切割机床最终都是通过坐标工作台与丝架的相对运动来完成零件加工的，因此坐标工作台应具有很高的坐标精度和运动精度，而且要求运动灵敏、轻巧。一般都采用“十”字滑板、滚珠导轨，传动丝杠和螺母之间必须消除间隙，以保证滑板的运动精度和灵敏度。

c. 走丝机构。在快走丝线切割加工时，电极丝需要不断地往复运动，这个运动是由走丝机构来完成的。最常见的走丝机构是单滚筒式（图 3-12），电极丝绕在储丝筒上，并由丝筒作周期性的正反旋转，使电极丝高速往复运动。储丝筒轴向往复运动的换向及行程长短，由无触点接近开关及其撞杆控制，调整撞杆的位置即可调节行程的长短。

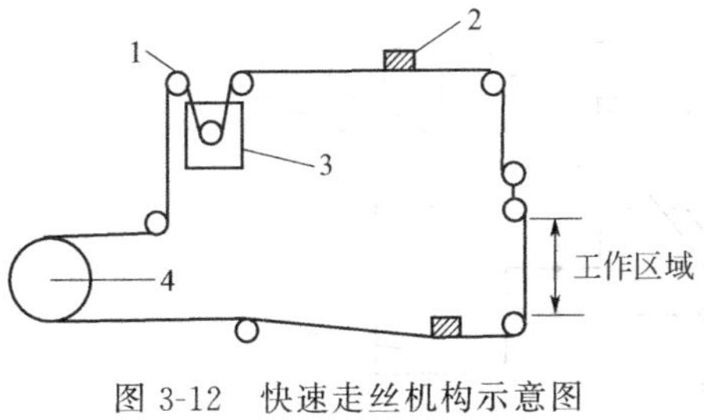

图 3-12 快速走丝机构示意图

1—导轮；2—导电块；3—配重块；4—储丝筒

这种形式的走丝机构的优点是结构简单、维护方便，因而应用广泛。其缺点是绕丝长度小，电动机正反转动频繁，电极丝张力不可调。

d. 丝架。走丝机构还包括丝架，主要作用是在电极丝快速移动时，对电极丝起支撑作用，并使电极丝工作部分与工作台平面保持垂直。为获得良好的工艺效果，上、下丝架之间的距离宜尽可能小。

为了实现锥度加工，最常见的方法是在上丝架的上导轮上加两个小步进电动机，使上丝架上的导轮作微量坐标移动（又称 U、V 轴移动），其运动轨迹由计算机控制。

② 脉冲电源。电火花线切割加工的脉冲电源与电火花成形加工所用的脉冲电源在原理上相同，不过受加工表面粗糙度和电极丝允许承载电流的限制，线切割加工脉冲电源的脉宽较窄（2～60μs），单个脉冲能量、平均电流（1～5A）一般较小，所以线切割总是采用正极

性加工。脉冲电源的形式和品种很多，主要有晶体矩形波脉冲电源、高频分组脉冲电源、阶梯波脉冲电源和并联电容型脉冲电源等。

③ 数控系统的主要作用包括以下几方面。

a. 轨迹控制作用。它精确地控制电极丝相对于工件的运动轨迹，使零件获得所需的形状和尺寸。

b. 加工控制。它能根据放电间隙大小与放电状态控制进给速度，使之与工件材料的蚀除速度相平衡，保持正常的稳定切割加工。

目前绝大部分机床采用数字程序控制，并且普遍采用绘图式编程技术，操作者首先在计算机屏幕上画出要加工的零件图形，线切割专用软件（如 YH 软件、北航海尔的 CAXA 线切割软件等）会自动将图形转化为 ISO 代码或 3B 代码等线切割程序。

④ 工作液循环系统。工作液循环与过滤装置是电火花线切割机床不可缺少的一部分。它主要包括工作液箱、工作液泵、流量控制阀、进液管、回液管和过滤网罩等；其作用是及时地从加工区域中排除电蚀产物，并连续充分供给清洁的工作液，以保证脉冲放电过程稳定而顺利地进行。目前绝大部分快走丝机床的工作液是专用乳化液。乳化液种类繁多，商品化供应的乳化液有 DX-1、DX-2、DX-3 等多种，各有其特点，有的适用于快速加工，有的适用于大厚度切割，也有的是在原来工作液中添加某些化学成分来改善其切割表面粗糙度或增加防锈能力等。对于高速走丝线切割机床，通常采用浇注式的供液方式。

(3) 慢走丝线切割机床简介

同快走丝线切割机床一样，慢走丝线切割机床也是由机床本体、脉冲电源、数控系统等部分组成的（图 3-13）。但慢走丝线切割机床的性能大大优于快走丝线切割机床，其结构具有以下特点。

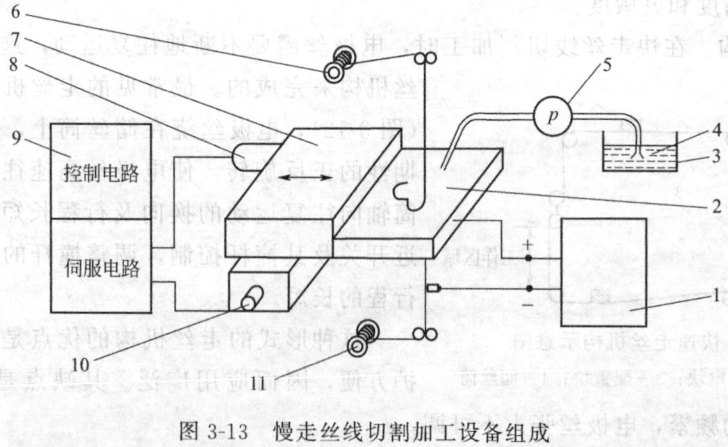

图 3-13 慢走丝线切割加工设备组成

1—脉冲电源；2—工件；3—工作液箱；4—去离子水；5—泵；6—新丝放丝卷筒；7—工作台；8—轴电动机；9—数控装置；10—轴电动机；11—废丝卷筒

① 主体结构

a. 机头结构。机床和锥度切割装置（U、V 轴部分）实现了一体化，并采用了桁架铸造结构，从而大幅度地强化了刚度。

b. 主要部件。精密陶瓷材料大量用于工作臂、工作台固定板、工件固定架、导丝装置等主要部件，实现了高刚度和不易变形的结构。

c. 工作液循环系统。慢走丝线切割机床大多数采用去离子水作为工作液，所以有的机床（如北京阿奇）带有去离子水系统。在较精密加工时，慢走丝线切割机床采用绝缘性能较好的煤油作为工作液。

② 走丝系统。如图3-14所示，慢走丝线切割机床的电极丝在加工中是单方向运动（即电极丝是一次性使用）的。在走丝过程中，电极丝由储丝筒出丝，由电极丝输送轮收丝。慢走丝系统一般由以下几部分组成：储丝筒、导丝机构、导向器、张紧轮、压紧轮、圆柱滚轮、断丝检测器、电极丝输送轮、其他辅助件（如毛毡、毛刷）等。

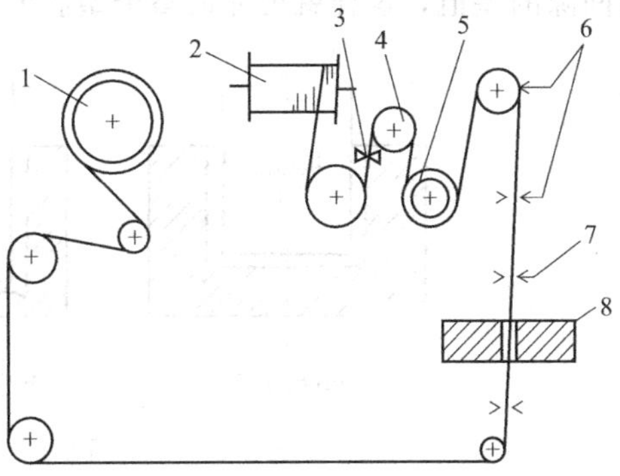

图3-14 慢走丝系统示意图

1—废丝卷丝轮；2—未使用的金属丝筒；3—拉丝模；4—张力电动机；5—电极丝张力调节轴；6—退火装置；7—导向器；8—工件

3.2.6 电火花成形加工

电火花穿孔成形加工是利用火花放电腐蚀金属的原理，用工具电极对工件进行复制加工的工艺方法，其应用范围可归纳为：

电火花穿孔成形加工
- 穿孔加工—冲模、粉末冶金模、挤出模、型孔零件、小孔、小异形孔、深孔；
- 型腔加工—型腔模（锻模、压铸模、塑料模、胶木模等）、型腔零件。

1. 电火花型腔加工

目前国内常采用的三种工艺方法是：单电极平动加工、单电极加工—电极修正—平动加工和多电极加工（同尺寸多电极与不同尺寸多电极）。三种工艺方法的比较见表3-4。

表3-4 电火花型腔加工的三种工艺方法比较

工艺方法	多电极更换加工	单电极平动加工	单电极加工—电极修正—平动加工
工艺特点	因加工中电极有损耗，需准备有几个电极（尺寸相同的或不相同的），在加工过程中调换电极	利用平动头，自始至终用一个电极加工。以调节平动头的偏心量来补偿电极损耗	利用平动头加工，加工过程中损耗的电极加以修正
电源要求	各类电源均可	较多用晶体管、可控硅电源	晶体管、可控硅电源
电极精度要求	需保证各电极间的相对精度，型腔有直壁时，需按不同规准的放电间隙制造不同尺寸的电极	根据型腔精度制造一个相应精度的电极	粗加工时电极精度要求可降低，修正电极作精加工时，需保证有相应的精度
电极制造方法	用机械加工方法较麻烦。可用电铸（铜）、振动加压成形（石墨），放电成形（钢）等方法	可用一般加工方法	可用一般加工方法
电极装夹与定位	电极需有定位基准，需保证电极的重复定位精度	装夹在平动头上，无重复定位问题	需保证电极装夹在平动头上的重复定位精度
适用范围	1. 型腔精度较高时 2. 使用粗加工有损耗电源时 3. 无平动头等侧面修正装置时	为常用方法，目前在加工100mm深度的型腔时精度可达0.1mm	要求粗糙度较均匀，波纹较小时采用，但操作较麻烦，精度稍低

（1）单电极平动加工法（图3-15）

单电极平动加工法是指采用同一个工具电极完成模具型腔的粗、中及精加工。对普通的电火花机床，在加工过程中先用无损耗或低损耗电规准进行粗加工，然后采用平动头使工具电极做圆周平移运动，按照粗、中、精的顺序逐级改变电规准，进行侧面平动修整加工。在加工过程中，借助平动头逐渐加大工具电极的偏心量，可以补偿前后两个加工电规准之间放电间隙的差值，这样就可完成整个型腔的加工。

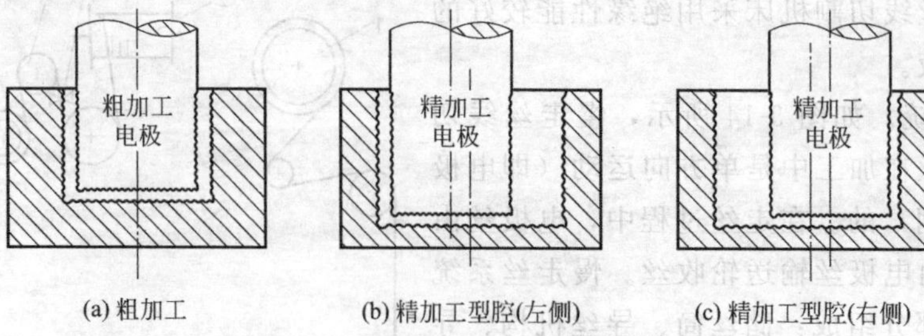

图 3-15　单电极平动加工法

单电极平动法加工时，工具电极只需一次装夹定位，避免了因反复装夹带来的定位误差。但对于棱角要求高的型腔，加工精度难以保证。

如果加工中使用的是数控电火花机床，则不需要平动头，可利用工作台按照一定轨迹做微量移动来修光侧面。

（2）多电极更换法（图 3-16）

对早期的非数控电火花机床，为了加工出高质量的工件，多采用多电极更换法。

多电极更换法是指根据一个型腔在粗、中、精加工中放电间隙各不相同的特点，采用几个不同尺寸的工具电极完成一个型腔的粗、中、精加工。在加工时首先用粗加工电极蚀除大量金属，然后更换电极进行中、精加工。对于加工精度高的型腔，往往需要较多的电极来精修型腔。

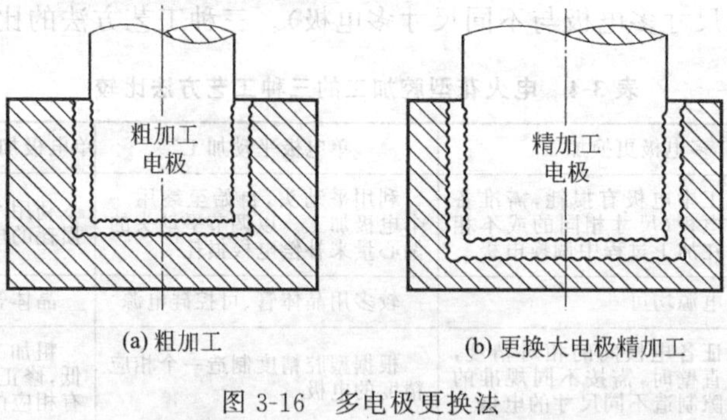

图 3-16　多电极更换法

多电极更换加工法的优点是仿型精度高，尤其适用于尖角、窄缝多的型腔模加工。它的缺点是需要制造多个电极，并且对电极的重复制造精度要求很高。另外，在加工过程中，电极的依次更换需要有一定的重复定位精度。

（3）分解电极加工法（图 3-17）

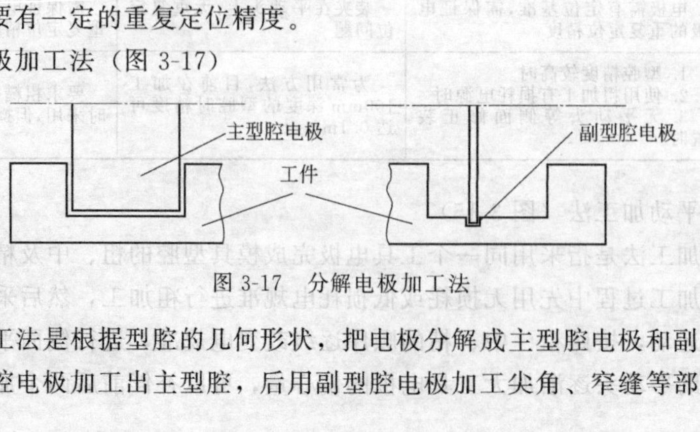

图 3-17　分解电极加工法

分解电极加工法是根据型腔的几何形状，把电极分解成主型腔电极和副型腔电极，分别制造。先用主型腔电极加工出主型腔，后用副型腔电极加工尖角、窄缝等部位的副型腔。此方法的优点是能根据主、副型腔的加工条件不同，选择不同的加工规准，有利于提高加工速度和改善加工表面质量；同时还可简化电极制造，便于电极修整。缺点是主型腔和副型腔间的精确定位较难解决。

近年来，国内外广泛应用具有电极库的数控电火花机床，事先将复杂型腔面分解为若干个简单型腔和相应的电极，编制好程序，在加工过程中自动更换电极和加工规准，实现复杂型腔的加工。

（4）手动侧壁修光法

这种方法主要应用于没有平动头的非数控电火花加工机床。具体方法是利用移动工作台的 X 和 Y 坐标，配合转换加工规准，轮流修光各方向的侧壁，如图 3-18 所示。在某型腔粗加工完毕后，采用中加工规准先将底面修出；然后将工作台沿 X 坐标方向右移一个尺寸 d，修光型腔左侧壁［图 3-18(a)］；然后将工作台下移，修光型腔后壁［图 3-18(b)］；再将工作台左移，修光型腔右壁［图 3-18(c)］；然后将工作台上移，修光型腔前壁［图 3-18(d)］；最后将工作台右移，修去缺角［图 3-18(e)］。完成这样一个周期后，型腔的面积扩大。若尺寸达不到规定的要求，则如上所述再进行一个周期。这样，经过多个周期，型腔可完全修光。

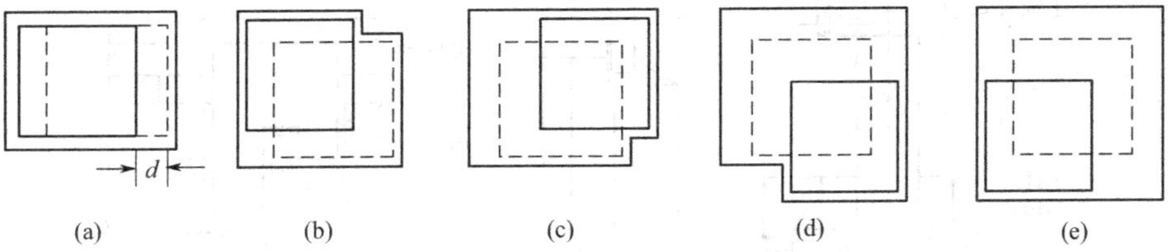

图 3-18　侧壁轮流修光法示意图

在使用手动侧壁修光法时必须注意以下事项。

① 各方向侧壁的修整必须同时依次进行，不可先将一个侧壁完全修光后，再修光另一个侧壁，避免二次放电将已修好的侧壁损伤。

② 在修光一个周期后，应仔细测量型腔尺寸，观察型腔表面粗糙度，然后决定是否更换电加工规准，进行下一周期的修光。

这种加工方法的优点是可以采用单电极完成一个型腔的全部加工过程。缺点是操作烦琐，尤其在单面修光侧壁时，加工很难稳定，不易采取冲油措施，延长了中、精加工的周期，而且无法修整圆形轮廓的型腔。

2. 型腔加工用电极

（1）电极材料的选择

常用的电极材料有铜钨合金、银钨合金、纯铜以及石墨等。铜钨合金和银钨合金的成本高，制造比较困难，故仅用于要求较高的型腔加工，较为广泛使用的是纯铜和石墨。

① 纯铜的特点：加工过程中稳定性好，生产率高；精加工时比石墨电极损耗小；易于加工成精密、微细的花纹，采用精密加工时能达到优于 1.25μm 的表面粗糙度；因其韧性大，故机械加工性能差，磨削加工困难；适宜于做电火花成形加工的精加工电极材料。

② 石墨电极的特点：机加工成形容易，容易修正；加工稳定性能较好，生产率高，在长脉宽、大电流加工时电极损耗小；机械强度差，尖角处易崩裂；适用于做电火花成形加工的粗加工电极材料。

(2) 电极设计

电极设计是电火花加工中的关键之一。首先是详细分析产品图纸，确定电火花加工位置；第二是根据现有设备、材料、拟采用的加工工艺等具体情况确定电极的结构形式；第三是根据不同的电极损耗、放电间隙等工艺要求对照型腔尺寸进行缩放，同时要考虑工具电极各部位投入放电加工的先后顺序不同，工具电极上各点的总加工时间和损耗不同，同一电极上端角、边和面上的损耗值不同等因素来适当补偿电极。

① 电极的尺寸：包括垂直尺寸和水平尺寸。它们的公差是型腔相应部分公差的1/2～2/3。

a. 垂直尺寸。电极平行于机床主轴线方向上的尺寸称为电极的垂直尺寸。电极的垂直尺寸取决于采用的加工方法、加工工件的结构形式、加工深度、电极材料、型孔的复杂程度、装夹形式、使用次数、电极定位校直、电极制造工艺等一系列因素。

在设计中，综合考虑上述各种因素后很容易确定电极的垂直尺寸，下面简单举例说明。

如图 3-19 所示的电火花成形加工电极，电极垂直尺寸包括加工一个型腔的有效高度 L、加工一个型腔位于另一个型腔中需增加的高度 L_1、加工结束时电极夹具和夹具或压板不发生碰撞而应增加的高度 L_2 等。

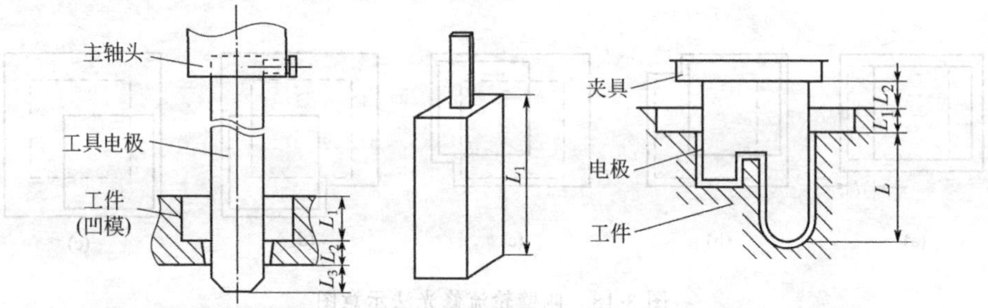

(a) 穿孔加工电极　(b) 清角加工电极　(c) 成形加工电极

图 3-19　成型电极垂直尺寸

b. 水平尺寸。电极的水平尺寸是指与机床主轴轴线相垂直的横截面尺寸（如图 3-20 所示）。外部为工件，内部为工具电极。

电极的水平尺寸可用下式确定：

$$a = A \pm Kb$$

式中　a——电极水平方向的尺寸；

A——型腔的水平方向的尺寸；

K——与型腔尺寸标注法有关的系数；

b——电极单边缩放量，粗加工时，$b=\delta_1+\delta_2+\delta_0$（注：$\delta_1$、$\delta_2$、$\delta_0$ 的意义参见图 3-21）。

$a=A\pm Kb$ 中的“±”号和 K 值的具体含义如下：

凡图样上型腔凸出部分，其相对应的电极凹入部分的尺寸应放大，即用“＋”号；反之，凡图样上型腔凹入部分，其相对应的电极凸出部分的尺寸应缩小，即用“－”号。

K 值的选择原则：当图中型腔尺寸完全标注在边界上（即相当于直径方向尺寸或两边界都为定形边界）时，K 取 2；一端以中心线或非边界线为基准（即相当于半径方向尺寸或一端边界定形另一端边界定位）时，K 取 1；对于图中型腔中心线之间的位置尺寸（即两边界为定位尺寸）以及角度值和某些特殊尺寸（图 3-22 中的 a_1），电极上相对应的尺寸不增

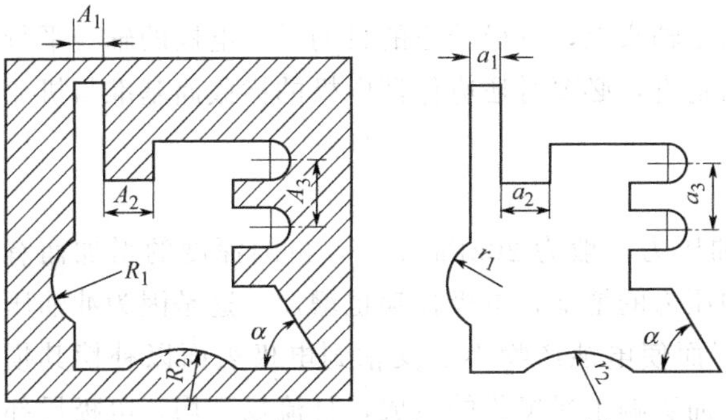

(a) 型腔　　(b) 电极

图 3-20　电极水平截面尺寸缩放示意图

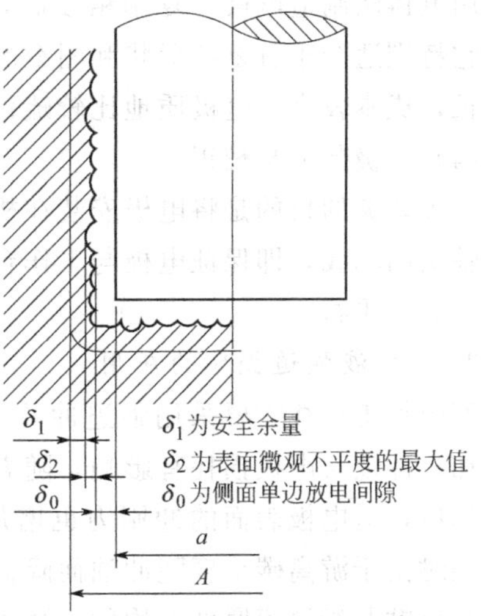

图 3-21　电极单边缩放量原理图

不减，K 取 0。对于圆弧半径，亦按上述原则确定。

根据以上叙述，在图 3-22 中，电极尺寸 a 与型腔尺寸 A 有如下关系：

$$a_1 = A_1,\ a_2 = A_2 - 2b,\ a_3 = A_3 - b$$

$$a_4 = A_4,\ a_5 = A_5 - b,\ a_6 = A_6 + b$$

当精加工且精加工的平动量为 c 时，

$$b = \delta_0 + c$$

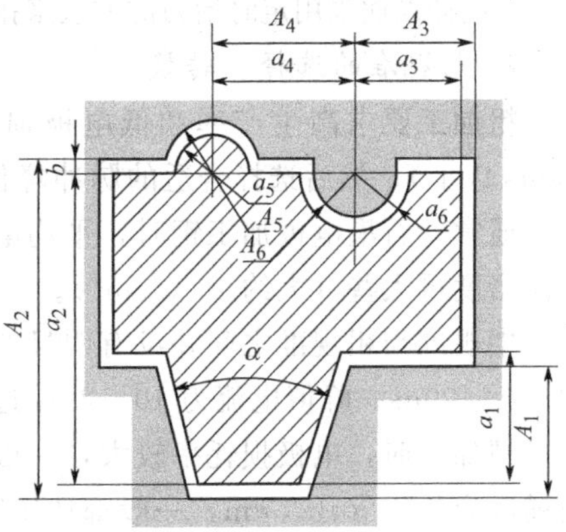

图 3-22　电极型腔水平尺寸对比图

② 电极的排气孔和冲油孔：电火花成形加工时，型腔一般均为盲孔，排气、排屑条件较为困难，这直接影响加工效率与稳定性，精加工时还会影响加工表面粗糙度。为改善排气、排屑条件，大、中型腔加工电极都设计有排气孔、冲油孔。一般情况下，开孔的位置应尽量保证冲液均匀和气体易于排出。在不易排屑的拐角、窄缝处应开有冲油孔，而在蚀除面积较大以及电极端部有凹入的部位开排气孔。冲油孔和排气孔的直径一般为 $\phi1 \sim \phi2$mm。若孔过大，则加工后残留的凸起太大，不易清除。孔的数目应以不产生蚀除物堆积为宜。孔距为 20～40mm，孔要适当错开。

(3) 电极的制造

在进行电极制造时，尽可能将要加工的电极坯料装夹在即将进行电火花加工的装夹系统上，避免因装卸而产生定位误差。常用的电极制造方法有以下几种。

① 切削加工。过去常见的切削加工有铣、车、平面和圆柱磨削等方法。随着数控技术的发展，目前经常采用数控铣床（加工中心）制造电极。数控铣削加工电极不仅能加工精度高、形状复杂的电极，而且速度快。

② 线切割加工。除用机械方法制造电极以外，在特殊需要的场合下也可用线切割加工电极，即适用于形状特别复杂，用机械加工方法无法胜任或很难保证精度的情况。

③ 电铸加工。电铸方法主要用来制作大尺寸电极，特别是在板材冲模领域，使用电铸制作出来的电极的放电性能特别好。

用电铸法制造电极，复制精度高，可制作出用机械加工方法难以完成的细微形状的电极。它特别适合于有复杂形状和图案的浅型腔的电火花加工。电铸法制造电极的缺点是加工周期长，成本较高，电极质地比较疏松，使电加工时的电极损耗较大。

(4) 电极装夹与校正

电极装夹的目的是将电极安装在机床的主轴头上，电极校正的目的是使电极的轴线平行于主轴头的轴线，即保证电极与工作台台面垂直，必要时还应保证电极的横截面基准与机床的 X、Y 轴平行。

3. 工作液强迫循环的应用

型腔加工往往需要采用强迫冲油，冲油压力一般为 20kPa 左右，可随深度的增加而有所增加。冲油对电极损耗有影响，随着冲油压力的增加，电极损耗也增加。这是因为冲油压力增加后，对电极表面的冲刷力也增加，因而使电蚀产物不易反粘到电极表面以补偿其损耗。同时由于游离碳浓度随冲油而降低，因而影响了炭黑膜的生成，且流场不均，电极局部冲刷和反粘及炭黑膜厚度不均匀，严重影响了加工精度。

电极的损耗又将影响到型腔模的加工精度。故对要求很高的锻模（如精锻齿轮的锻模），往往不采用冲油而采用定时抬刀的方法来排除电蚀产物，以保证加工精度，但生产率有所下降。

4. 电规准的选择、转换

粗加工要求高生产率和低电极损耗，这时应优先考虑采用较宽的脉冲宽度（例如在 400μs 以上），然后选择合适的脉冲峰值电流，并应注意加工面积和加工电流之间的配合关系。通常，石墨电极加工钢时，平均电流密度为 3～5A/cm^2 时，纯铜电极加工钢时，平均电流密度可大些（大约 10A/cm^2）。

中规准与粗规准之间并没有明显的界限，应按具体加工对象划分。一般选用脉冲宽度 t_i 为 20～400μs、峰值电流为 10～25A 进行中加工。

精加工时，电极损耗率较大，一般为 10%～20%，单边加工余量不超过 0.2mm，表面粗糙度应优于 Ra2.5μm，一般都选用窄脉宽（t_i 为 2～20μs）、小峰值电流（<10A）进行加工。

加工规准转换的挡数，应根据加工型腔精度、形状复杂程度和尺寸大小等具体条件确定。当加工表面刚好达到本挡规准对应的表面粗糙度时，就应及时转换规准，这样既达到修光的目的，又可使各挡的金属蚀除量最少，得到尽可能高的加工速度和低电极损耗（参见日本沙迪克公司电火花加工机床使用手册）。

5. 电火花穿孔加工

电火花穿孔加工在模具制造中得到广泛的应用，并具有显著的技术经济效果。电火花穿孔加工时，根据加工对象的不同要求而其工艺过程也有差异。

(1) 冲模凹模穿孔加工

冲模凹模穿孔加工的一般工艺过程如表 3-5 所示。

(2) 电火花穿孔加工工艺方法

凹模电火花穿孔方法有：直接法、间接法、混合法、二次电极法。其选用应根据模具要求、工艺可能性及加工条件而定，而其中主要的是凸模与凹模的配合间隙。

① 间接法。所谓间接法是指凸模与加工凹模用电极分别制造，即根据凹模尺寸设计电极—电极制造—凹模电加工—根据间隙要求配制凸模（或另按图纸制造凸模）。此法适用于凸、凹模配合间隙 $Z<0.01$mm 或 $Z>0.1$mm 时。其加工过程如图 3-23 所示。

表 3-5 冲模凹模穿孔加工的工艺过程

序号	工序内容	说明
1	选择加工方法	按加工要求选择工艺方法(直接法、间接法、混合法或二次电极法)
2	选择电极材料	按加工要求、工艺方法及加工设备条件等选用电极材料。一般,直接法加工电极用钢;间接法加工电极采用电加工性能好的即可;混合法与间接法用电极材料相似,但尚须磨削性能较好;二次电极法则采用加工性能好、电极损耗小的电极材料
3	设计电极	根据间隙、形状、刃口有效长度、电极损耗等因素设计电极,确定横断面尺寸和电极长度,决定电极形式
4	电极加工	一般采用成形磨削、仿形刨等机械加工方式。根据凸、凹模间隙要求,采取电极与凸模连接在一起同时加工或两者个别加工
5	电极组合装夹	电极如是镶拼式,或用多电极同时加工几个型孔,则应首先将电极装夹(用通用或专用工具)成一体
6	工件准备	① 穿孔加工部位进行毛坯加工(工件上其余的各种加工都应完成),注意余量均匀 ② 按工件硬度要求进行热处理 ③ 磨平上下两平面(需要时磨侧面基准面) ④ 去锈退磁。退磁可防止加工时工件对蚀除物产生磁力作用 ⑤ 在刃口面反面划线。按情况划中心线、定位基准线、部分或全部型孔轮廓线
7	电极装夹与校正	将电极装夹在主轴头上,校正电极与工作台面的垂直度,必要时需校正电极侧面基准与工作台纵、横轴线的平行度
8	工件装夹与定位	工件放在工作台上,校正与电极的相对位置(采用合适的定位方法),然后将工件固定
9	调整主轴头上下位置	移动主轴头使电极下端面与工件上平面保持合适的距离
10	加工准备	选择加工极性、调整伺服机构,保持一定的液面高度,调节冲(抽)油压力,调整加工深度指示器、调节电规准①(脉宽、加工电流、加工电压、脉冲间隔)
11	加工中的调节	根据加工稳定性决定进给速度,调节冲油压力等
12	中间检查	检查加工深度、电极损耗、加工面情况等
13	规准转换②	加工至一定深度,根据要求间隙、刃口高度、表面粗糙度、斜度及电极损耗等情况转换规准
14	中间检查	检查加工深度、电极损耗、加工面情况等
15	加工完成后检查	检查各项技术要求,以及电极损耗和加工时间等情况

① 电规准应视电极材料，加工面积、余量、间隙、斜度、刃口高度、精度、表面粗糙度等要求而定。

② 有些情况下，不需转换规准。

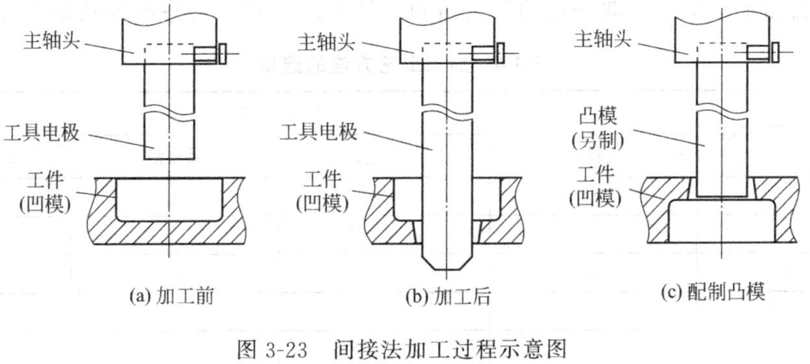

图 3-23 间接法加工过程示意图

② 直接法。将凸模长度适当增加，作为电极加工凹模后，割去电极加工端后成为凸模(图 3-24)。这一方法近年来使用日益增多，适用于形状复杂的凹模或多型孔凹模。如电机定、转子硅钢片冲模等。

③ 混合法 (图 3-25)。将电极与凸模连接在一起加工，然后从凸模上取下电极进行凹模电火花加工。与直接法不同的是，电极可选用其他材料，仍保证电极与凸模的尺寸相等。

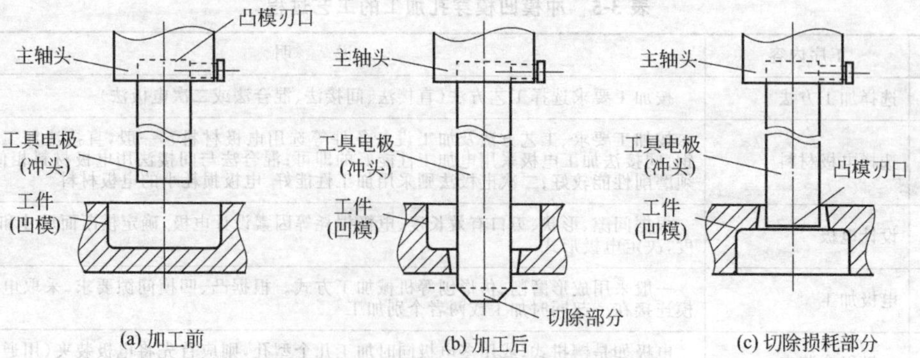

图 3-24　直接法加工过程示意图

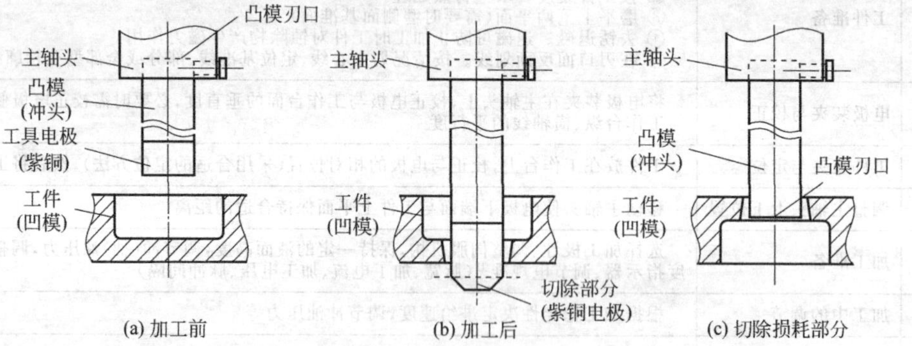

图 3-25　混合法加工过程示意图

④ 二次电极法。利用电极（一次电极）制造电极（二次电极），并加工出凸模及凹模的工艺方法称为二次电极法。此方法适用于如下两种情况：当一次电极为凹形，用于凸模制造有困难时；当一次电极为凸形，用于凹模制造有困难时。

（3）各种加工方法的选用

表 3-6 列出了根据凸、凹模的不同配合间隙要求选用加工方法。对于大间隙模具可用直接法或混合法加工，但需采取一定的工艺措施，如采用平动头或将电极镀铜等方法。

表 3-6　加工工艺方法的选用

凸、凹模单面间隙/mm	加工方法			
	直接法	间接法	混合法	二次电极法
＞0.20	○	◎	○	
0.1～0.2	○	○	○	○
0.1～0.15	◎		◎	
0.05～0.15		○		◎
＜0.05		○		◎

注：“◎”——最合适；“○”——尚可。

（4）工具电极

① 电极材料的选用。应根据加工对象、采用的工艺方法、工件形状与要求、电源类型、工件材料等因素综合考虑来选用。在不同的设备条件和工艺条件下，可按表 3-7 选择电极材料。表中列出的电极材料在一般情况下均可用。

表 3-7 电极材料的选择

电极材料			钢	铸铁	紫铜	石墨	黄铜	铜钨合金	银钨合金
工艺方法	直接法		◎	×	×	×	×	×	×
	间接法		×	○	◎	◎	◎	◎	◎
	混合法		×	◎	×	×	×	◎	◎
	二次电极法		○	○	×	◎	×	◎	◎
脉冲电源类型	RLC		×	○	◎	◎	◎	◎	◎
	电子管		◎	◎	◎	◎	◎	◎	◎
	闸流管	130	◎	◎	◎	◎	◎	◎	
		260	◎	◎	◎	◎	◎	◎	
	晶体管		◎	◎	◎	◎	◎	◎	◎
	可控硅		○	○	◎	◎	◎	◎	◎
加工对象	硬质合金工件		○	○	◎	◎	○	◎	◎
	反拷贝电极		○	○	×	◎	×	◎	◎
	直壁深孔		×	×	×	◎	×	◎	◎
	精密孔		○	×	○	×	◎	◎	◎
	螺纹孔		○	×	◎	×	○	×	×
	小孔*		○	×	◎	×	◎	◎	◎

注：* 加工小孔时也可用钨丝、钼丝等。

“◎”——最合适；“○”——也可使用；“×”——不用或加工性能太差。

② 电极设计。由于凹模的精度主要取决于工具电极的精度，因而对它有较为严格的要求，工具电极的尺寸精度比凹模高一级，一般精度不低于 IT7；表面粗糙度比凹模低一级，通常要小于 $Ra1.25\mu m$，且直线度、平面度和平行度在 100mm 长度上不大于 0.01mm。另外，还应注意：工具电极应有足够的长度；在加工硬质合金冲模时，由于电极损耗较大，电极还应适当加长；工具电极的截面轮廓尺寸除考虑配合间隙外，还要比预定加工的型孔尺寸均匀地缩小加工时的一个火花放电间隙。

③ 电极制造。冲模电极的制造，一般先经普通机械加工，然后成形磨削。对那些不宜磨削加工的材料，可在机械加工后，由钳工精修。现在，还广泛应用电火花线切割方法加工冲模电极。

(5) 工件准备

进行电火花加工前，凹模型孔部位要加工预孔，并留适当的电火花加工余量。余量大小至少应能补偿电火花加工的定位、找正误差及机械加工误差。一般情况下，单边余量为 0.3～1.5mm 为宜，并力求均匀。对形状复杂的型孔，余量要适当加大。

(6) 电规准的选择与更换

冲模加工中，常选择粗、中、精三种规准，每一种又可分几挡。对粗规准的要求是：生产率高（不低于 $50mm^3/min$），工具电极的损耗小。转换中规准之前的表面粗糙度应小于 $Ra10\mu m$，否则将增加中、精加工的加工余量与加工时间。加工过程要稳定，粗规准主要采用较大的电流，较长的脉冲宽度，采用铜电极时电极相对损耗应低于 1%。

中规准用于过渡性加工，以减少精加工时的加工余量，提高加工速度。

精规准用来最终保证模具所要求的配合间隙、表面粗糙度、刃口斜度等质量指标，并在此前提下尽可能地提高其生产率，故应采用小的电流、高的频率、窄的脉冲宽度。

3.2.7 电火花线切割加工

电火花线切割加工是在电火花加工基础上发展起来的一种新的工艺方法，是用线状电极（钼丝或铜丝等）靠火花放电对工件进行切割加工，故称为电火花线切割。线切割加工技术已经得到了迅速发展，逐步成为一种高精度和高自动化的加工方法，在模具、各种难加工材料、成形刀具和复杂表面零件的加工等方面得到了广泛应用。

近年来，由于数控技术、脉冲电源、机床设计等方面的不断进步，线切割机床的加工功能及加工工艺指标均比以前有大幅度的扩展与提高。主要表现在以下几个方面。

① 加工对象。除普通金属、高硬度合金材料外，也适用于人造金刚石、半导体材料、导电陶瓷、铁氧体材料等。

② 加工范围。除一般精密加工外，已能加工大尺寸和大厚度工件（例如汽车零件的加工），并且开始涉及精密微细加工领域。

③ 加工形状。线切割加工不仅适用于二维轮廓的加工，而且能加工各种锥度、变锥度以及上、下面形状不同的三维直纹曲面。

④ 自动化。自适应控制、自动穿丝、自动换丝的研究与进展，已经使长时间的无人操作成为可能。功能较强的自动编程系统大大提高了编程效率，并能完成各种复杂形状工件的加工。

1. 基本原理

电火花线切割加工与电火花成形加工的基本原理一样，都是利用电极间脉冲放电时的电火花腐蚀原理，实现零部件的加工。所不同的是，电火花线切割加工不需要制造复杂的成形电极，而是利用移动的细金属丝作为工具电极，工件按照预定的轨迹运动，“切割”出所需的各种尺寸和形状。

通常认为电极丝与工件之间的放电间隙应在 0.01μm 左右。若电脉冲的电压高，放电间隙会大一些。图 3-26 所示为电火花线切割加工原理图。

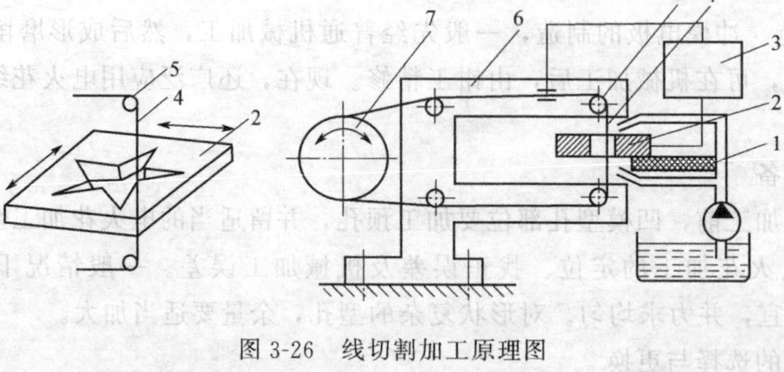

图 3-26 线切割加工原理图

1—绝缘底板；2—工件；3—脉冲电源；4—钼丝；5—导向轮；6—支架；7—储丝筒

为确保施加每一个电脉冲时，在电极丝和工件之间产生的是火花放电而不是电弧放电，首先必须使两个电脉冲之间有足够的时间间隔，满足放电间隙中的介质消电离；即使放电通道中的带电粒子复合为中性粒子，恢复本次放电通道处介质的绝缘强度，以免总是在同一处发生放电而导致电弧放电。一般情况下，脉冲间隔应为脉冲宽度的 4 倍以上。

2. 电火花线切割加工的特点

与电火花成形加工相比，电火花线切割加工主要有如下特点。

① 不需要制造复杂的成形电极。

② 能够方便、快捷地加工薄壁、窄槽、异形孔等复杂结构零件。

③ 一般采用精规准一次加工成形，在加工过程中大都不需要转换加工规准。

④ 由于采用移动的长电极丝进行加工，使单位长度电极丝的损耗较少，从而对加工精度的影响比较小。特别是低速走丝线切割加工时，电极丝一次性使用，其损耗对加工精度的影响更小。

⑤ 工作液多采用水基乳化液，很少使用煤油；不易引燃起火，容易实现无人操作运行。

⑥ 没有稳定的拉弧放电状态。

⑦ 脉冲电源的加工电流较小，脉冲宽度较窄，属于中、精加工范畴，采用正极性加工方式。

3. 电火花线切割加工的应用

① 适用于各种形式的冲裁模及挤压模、粉末冶金模、塑压模等通常带锥度的模具加工。

② 高硬度材料零件的加工。

③ 特殊形状零件的加工。

④ 加工电火花成形加工用的铜、铜钨、银钨合金等材料电极。

4. 电火花线切割控制系统及其编程要点

(1) 电火花线切割控制系统

① 控制系统的主要作用。在电火花线切割加工过程中，按加工要求自动控制电极丝相对工件的运动轨迹；自动控制伺服进给速度，保持恒定的放电间隙，防止开路和短路，实现对工件形状和尺寸的加工。亦即当控制系统使电极丝相对于工件按一定轨迹运动时，同时还应实现伺服进给速度的自动控制，以维持正常的放电间隙和稳定切割加工。前者即轨迹控制，靠数控编程和数控系统；后者即加工控制，是根据放电间隙大小与放电状态自动伺服控制的，使进给速度与工件材料的蚀除速度相平衡。

② 控制系统的主要功能。包括两个方面：轨迹控制，精确控制电极丝相对于工件的运动轨迹，以获得所需的形状和尺寸；加工控制，主要包括对伺服进给速度、电源装置、走丝机构、工作液系统以及其他相关操作控制。

此外，断电记忆、故障报警、安全控制及自诊断功能也是一个重要的方面。

电火花线切割机床的轨迹控制系统现在已普遍采用数字程序控制，并已发展到微型计算机直接控制阶段。数字程序控制过程框图如图 3-27 所示。

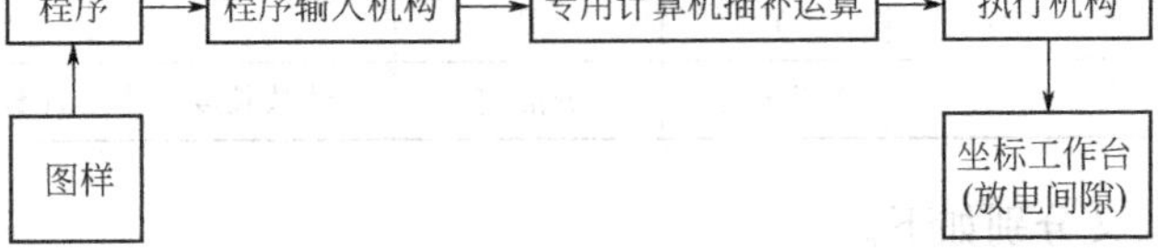

图 3-27 数字程序控制过程框图

③ 轨迹控制原理。常见的工程图形都可分解为直线和圆弧或其组合。用数字控制技术来控制直线和圆弧轨迹的方法，有逐点比较法、数字积分法、矢量判别法和最小偏差法等。高速走丝数控线切割大多采用简单、易行的逐点比较法。此法的线切割数控系统，在 X、Y 两个方向不能同时进给，只能按直线的斜率或圆弧的曲率来交替地一步一个微米地分步“插

补”进给。采用逐点比较法时，X 或 Y 方向每进给一步，插补过程都要进行偏差判别、进给、偏差计算、终点判断四个节拍。不断地重复上述循环过程，就能加工出所要求的轨迹和轮廓形状。

④ 加工控制功能。加工控制功能主要有以下几种。

a. 进给速度控制。能根据加工间隙的平均电压或放电状态的变化，通过取样、变频电路，不定期地向计算机发出中断申请插补运算，自动调整伺服进给速度，保持某一平均放电间隙，使加工稳定，提高切割速度和加工精度。

b. 短路回退。经常记忆电极丝经过的路线，发生短路时，减小加工规准并沿原来的轨迹快速后退，消除短路，防止断丝。

c. 间隙补偿。线切割加工数控系统所控制的是电极丝中心移动的轨迹。因此，加工有配合间隙要求的冲模凸模时，电极丝中心轨迹应向原图形之外偏移进行“间隙补偿”，以补偿放电间隙和电极丝的半径；加工凹模时，电极丝中心轨迹应向图形之内“间隙补偿”。

d. 图形的缩放、旋转和平移。利用图形的任意缩放功能可以加工出任意比例的相似图形。利用任意角度的旋转功能，可使齿轮、电动机定、转子等类零件的编程大大简化，只要编一个齿形的程序，就可切割出整个齿轮。平移功能则同样极大地简化了跳步模具的编程。

e. 适应控制。在工件厚度有变化的场合，能自动改变预置进给速度或电参数（包括加工电流、脉冲宽度、间隔），不需人工调节就能自动进行高效率、高精度的稳定加工。

f. 自动找中心。使孔中的电极丝自动找正后停止在孔中心处。

g. 信息显示。可动态显示程序号、计数长度等轨迹参数，采用计算机 CRT 屏幕显示，还可以显示电规准参数和切割轨迹图形，以及加工时间、耗电量等。

此外，线切割加工控制系统还具有故障安全（断电记忆等）和自诊断等功能。

(2) 线切割编程要点

目前高速走丝线切割机床一般采用 3B（个别机床扩充为 4B 或 5B）数控程序格式，而低速走丝线切割机床通常采用国际上通用的 ISO（国际标准化组织）或 EIA（美国电子工业协会）数控程序格式。特种加工学会和特种加工行业协会建议我国生产的线切割控制系统逐步采用 ISO 代码。

① 3B 程序指令格式。常见的图形都是由直线和圆弧组成的，不管是什么图形，只要能分解为直线和圆弧就可依次分别编程。我国高速走丝线切割机床采用统一的 5 指令 3B 程序指令格式（表 3-8）。

表 3-8　3B 程序指令格式

B	X	B	Y	B	J	G	Z
分隔符	X 坐标值	分隔符	Y 坐标值	分隔符	计数长度	计数方向	加工指令

表中各符号的意义分别如下。

B 为分隔符号，它在程序单上起着把 X、Y 和 J 数值分隔开的作用。当程序输入控制器时，读入第一个 B 后，它使控制器做好接受 X 坐标值的准备，读入第二个 B 后做好接受 Y 坐标值的准备，读入第三个 B 后做好接受 J 值的准备。B 后的数字如为 0，则此 0 可以不写。

X、Y 为直线的终点对其起点的坐标值或圆弧起点对其圆心的坐标值，编程时均取绝对值，以 μm 为单位，最多为 6 位数。

J 为计数长度，以 μm 为单位，最多为 6 位数。为了保证所要加工的圆弧或直线段能按要求的长度加工出来，一般线切割加工机床是用从起点到终点某个滑板进给的总长度来作为计数长度的。

G 为计数方向，分 GX 或 GY，即可按 X 方向或 Y 方向计数，工作台在该方向每走 1μm，即计数累减 1，当累减到计数长度 $J=0$ 时，这段程序即加工完毕。在 X 和 Y 两个坐标中用哪一个坐标作计数长度，要根据计数方向的选择而定。

Z 为加工指令，分为直线 L 与圆弧 R 两大类。直线又按走向和终点所在象限而分为 L_1、L_2、L_3、L_4 四种；圆弧又按第一步进入的象限及走向的顺圆、逆圆而分为顺圆 SR_1、SR_2、SR_3、SR_4 及逆圆 NR_1、NR_2、NR_3、NR_4 共 8 种，如图 3-28 所示。

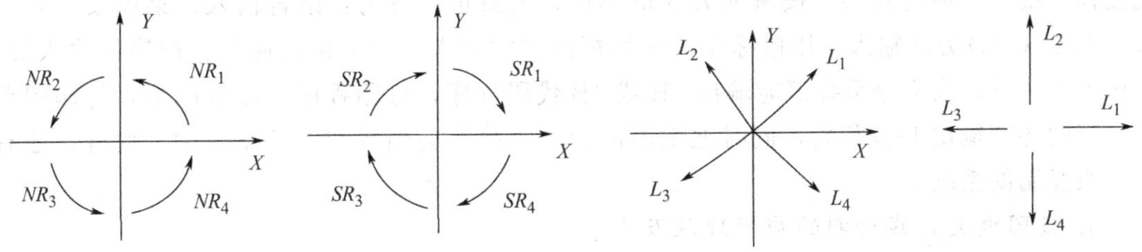

图 3-28　加工指令

② 直线的编程方法。需要注意以下几点。

a. 以直线的起点为原点，建立正常的直角坐标系，x、y 表示直线终点的坐标绝对值，单位为 μm。最多为 6 位。

b. 在直线 3B 代码中，x、y 值主要是确定该直线的斜率，所以可以将直线终点坐标的绝对值除以它们的最大公约数作为 x、y 的值，以简化数值。

c. 若直线与 X 或 Y 轴重合，为区别一般直线，x、y 均可写作 0，也可以不写。

d. 计数方向 G 的选取原则，应取此程序最后一步的轴向为计数方向。不能预知时，一般选取与终点处的走向较平行的轴向作为计数方向，这样可减小编程误差与加工误差。对直线而言，取 x、y 中较大的绝对值和轴向作为计数长度 J 和计数方向 G。

e. J 的取值方法为：由计数方向 G 确定投影方向，若 $G=Gx$，则将直线向 X 轴投影得到长度的绝对值即为 J 的值；若 $G=Gy$，则将直线向 Y 轴投影得到长度的绝对值即为 J 的值。以 μm 为单位，最多为 6 位数。决定计数长度时，要和选计数方向一并考虑。

f. 加工指令 Z：按照直线走向和终点所在的坐标象限不同可分为 L_1、L_2、L_3、L_4，其中与 +X 轴重合的直线算作 L_1，与 $-X$ 轴重合的直线算作 L_3，与 $+Y$ 轴重合的直线算作 L_2，与 $-Y$ 轴重合的直线算作 L_4。

③ 圆弧的编程方法。需要注意以下几点：

a. 以圆弧的圆心为坐标原点，建立正常的直角坐标系。

b. x、y 值的确定：用 x，y 表示圆弧起点坐标的绝对值，单位为 μm，最多为 6 位。

c. G 的确定：计数方向（分 Gx 和 Gy）同样也取与该圆弧终点时走向较平行的轴向作为计数方向，以减少编程和加工误差，即取终点坐标绝对值小的轴向为计数方向（与直线编程相反）。

d. J 的确定：按计数方向 G（Gx 或 Gy）取圆弧在 X 轴或 Y 轴上的投影值作为计数长

度，单位为 μm，最多为 6 位。如果圆弧较长，跨越两个以上象限，则分别取计数方向对由 X 轴（或 Y 轴）上各个象限投影值的绝对值相累加，作为该方向总的计数长度。

e. 加工指令 Z：按照第一步进入的象限可分为 R_1、R_2、R_3、R_4；按切割的走向可分为顺圆 S 和逆圆 N，于是共有 8 种指令：SR_1，SR_2，SR_3，SR_4，NR_1，NR_2，NR_3，NR_4。

（3）自动编程

为了简化编程工作，利用计算机进行自动编程是必然趋势。自动编程使用专用的数控语言及各种输入手段，向计算机输入必要的形状和尺寸数据，利用专门的应用软件即可求得各交点、切点坐标及编程所需的数据，编写出数控加工程序；并可由打印机打出加工程序单，由穿孔机穿出数控纸带，或直接将程序传输给线切割机床。

由于计算机技术的发展和普及，现在很多数控线切割加工机床都配有微机编程系统。微机编程系统的类型比较多，按输入方式的不同，大致可以分为：语言输入、菜单及语言输入、Auto CAD 方式输入、用鼠标器按图形标注尺寸输入、数字化仪输入、扫描仪输入等。从输出方式看，大部分系统都能输出 3B 或 4B 代码程序，打印程序，显示图形，打印图形等。有的还能输出 ISO 代码，同时把编出的程序直接传输到线切割控制器中。此外，还有编程兼控制的系统。

5. 我国电火花线切割的应用现状及发展

近年来我国在电火花线切割机床生产和技术飞速发展的同时，也对电火花线切割机床提出了更高的要求，促使我国电火花线切割机床生产企业积极采用现代研究手段和先进技术深入开发研究。未来的发展将主要集中在以下几个方面。

① 稳步发展高速走丝线切割机床的同时，重视低速走丝电火花线切割机床的开发和发展。高速走丝电火花线切割机床是我国发明创造的，由于它有利于改善排屑条件，适合大厚度和大电流高速切割，加工性能、价格比优异，因而在未来较长的一段时间内，高速走丝电火花线切割机床仍是我国电加工行业的主要发展机型。同时，也应看到由于低速走丝电火花线切割机床电极丝移动平稳，易获得较高的加工精度和较低的表面粗糙度，适用于精密模具和高精度零件的加工。我国在引进、消化、吸收的基础上，也开发并批量生产出了低速走丝电火花线切割机床，满足了国内市场的部分需求。

② 进一步完善机床结构设计，并改进走丝机构。采用先进的技术手段，对机床总体结构进行分析，使机床的结构更合理。这方面的研究将涉及运用先进的计算机有限元模拟软件，对机床的结构进行力学和热稳定性的分析。为了更好地参与国际市场竞争，还应该注意造型设计，在保证机床技术性能和清洁加工的前提下，使机床结构合理、操作方便、外形新颖。为了提高坐标工作台的精度，除考虑热变形及先进的导向结构外，还应采用丝距误差补偿和间隙补偿系统，以提高机床的运动精度。高速走丝电火花线切割机床的走丝机构，是影响其加工质量及加工稳定性的关键部件，目前已开发的恒张力装置及可调速的走丝系统，在进一步完善的基础上还应扩大应用，支持新机型的开发研究。

③ 积极推广多次切割工艺，提高综合工艺水平。提高电火花线切割的综合工艺水平，采用多次切割是一种有效方法。多次切割工艺在低速走丝电火花线切割机床上早已推广应用，并获得了较好的工艺效果。当前的任务是通过大量的工艺实验来完善各种机型的各种工艺数据库，并培训广大操作人员合理掌握工艺参数的优化选取，以提高其综合工艺效果。

④ 发展 PC 控制系统，扩充线切割机床的控制功能。目前国内已有的基于 PC 的电火花线切割数控系统，主要用于加工轨迹的编程和控制，PC 资源还没有得到充分开发利用，今

后可以在以下几个方面进行深入研究：开发和完善开放式的数控系统；提高电火花线切割加工的自动化程度；开发加工过程伺服进给自适应控制系统；开发和完善数值脉冲电源和加工参数优化选取系统；开发加工参数的自适应控制系统，提高加工稳定性；开发具有自主版权的电火花线切割 CAD/CAM 和人工智能软件。

3.3 电解加工和电解磨削

3.3.1 电解加工的特点及应用

1. 电解加工的原理

电解加工是电化学加工的一个重要方法。它利用金属在电解液中产生“阳极溶解”的原理实现金属零件的成形加工。电解加工原理最早应用在金属抛光，也称为电解抛光。因为在抛光时工件与工具电极的距离较大，电流密度小，金属去除率低，不能改变零件的原有形状和尺寸，只能改善零件表面的光洁程度。后来在此基础上不断革新和发展，逐步形成较完整的电解加工理论和方法。

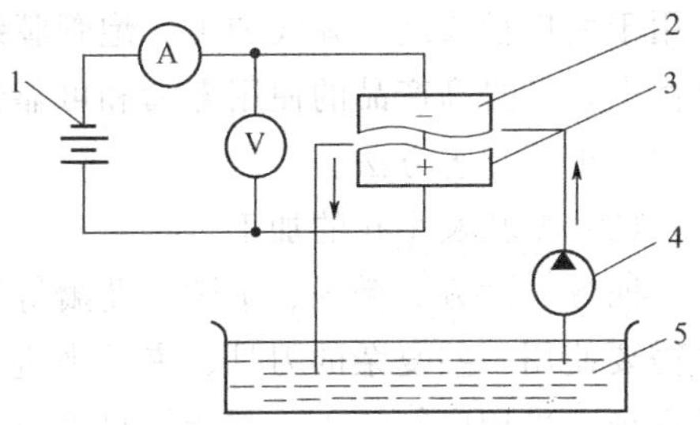

图 3-29 电解加工原理图

1—直流电源；2—工具电极；3—工件阳极；4—电解液泵；5—电解液

电解加工原理如图 3-29 所示。以工件为阳极（接直流电源的正极）、工具为阴极（接直流电源的负极），两极之间加上直流电压，电解液以较高的速度从两极之间的缝隙（约0.1～08mm）冲过，使两极之间形成导电通路，两极和电解液之间就有电流通过。

金属工件表面在电化学反应的作用下，不断地溶解到电解液中，电解产生物则被高速流动的电解液带走。开始时，两极之间的间隙大小不等，间隙小处电流密度大，阳极金属去除速度快；而间隙大处电流密度小，去除速度慢。随着工件表面金属材料的不断溶解，工具阴极不断地向工件进给，溶解的电解产物不断地被电解液冲走，工件表面也就逐渐被加工成接近于工具电极的形状，如此进行下去，直至将工具的形状复制到工件上。

2. 电解加工特点

电解加工与其他加工方法相比较，它具有下列特点。

① 能加工各种硬度和强度的材料。只要是金属，不管其硬度和强度如何，都可加工。

② 生产率高。为电火花加工的 5～10 倍，在某些情况下，比切削加工的生产率还高，且加工生产率不直接受加工精度和表面粗糙度的限制。

③ 表面质量好。电解加工不产生残余应力和变质层，又没有飞边、刀痕和毛刺。在正常情况下，表面粗糙度 Ra 可达 0.2～1.25μm。

④ 阴极工具在理论上不损耗，基本上可长期使用。

电解加工也存在如下的局限性。

① 加工精度一般不如电火花加工和超声波加工高。

② 加工复杂型腔和型面时，工具的制造费用较高，一般不适合于单件和小批量生产。

③ 电解加工设备占地面积大，附属设备多，初期投资较大。

④ 电解液的处理和回收有一定难度，而且对设备有一定的腐蚀作用，加工过程中产生

的气体对环境有一定的污染。

3. 电解加工的应用

目前，电解加工主要用于批量生产条件下难切削材料和复杂型面、型腔、薄壁零件，以及异型孔的加工；还可应用于去毛刺、刻印、磨削、表面光整加工等方面，已经成为机械加工中一种必不可少的补充手段。随着对电解加工研究的深入，电解加工的局限性将会逐渐缩小，应用范围也将愈来愈大。具体的应用实例包括以下几个方面。

（1）枪、炮管膛线加工

传统的枪管膛线制造工艺为挤线法。该法生产率高，但挤线冲头制造困难，生产周期长；大口径枪管和炮管膛线，多在专门的拉线机床上制成，生产率低，加工质量差，表面粗糙度更难以达到要求。20 世纪 50 年代中期，前苏联、美国和我国相继开始了膛线电解加工工艺的试验研究，并于 20 世纪 50 年代末正式应用于小口径炮管膛线生产，随后又进一步推广用于大口径长炮管膛线加工。炮管膛线电解加工具有加工表面无缺陷、矩形膛线圆角很小等优点，可提高产品的使用寿命和可靠性。目前，膛线电解加工工艺已定型，成为枪、炮制造中的重要工艺方法。

（2）型孔及小孔的加工

四方、六方、椭圆、半圆、花瓣等形状的通孔和不通孔，若采用机械切削方法加工，往往需要使用一些复杂的刀具、夹具来进行插削、拉削或挤压，且加工精度和表面粗糙度仍不易保证。采用电解加工，则能够显著提高加工质量和生产率。

在孔加工中，尤以深小孔的加工最为困难。特别是近年来随着材料向着高强度、高硬度的方向发展，经常需要在一些高硬度、高强度的难加工材料（如模具钢、硬质合金、陶瓷材料和聚晶金刚石等）上进行深小孔加工。如采用常规钻削加工则特别困难，甚至无法进行。用电火花和激光加工小孔时，加工深度有一定的限制，而且会产生表面再铸层。深小孔电解加工具有表面质量好、无再铸层和微裂纹、可群孔加工等优点，因而在许多领域，尤其在航空航天制造业中发挥了独特作用。

（3）模具型腔加工

随着模具结构日益复杂，材料性能不断提高，各种难加工的材料模具，如预淬硬钢、不锈钢、高镍合金钢、粉末合金、硬质合金、超塑合金等，所占的比重日趋增大。多数锻模为型腔模，因为电火花加工的精度比电解加工易于控制，目前大多采用电火花加工，但生产率较低。因此，在模具制造业中越来越显示出电解加工对难加工材料、复杂结构的优势。对那些消耗量比较大、精度要求不太高的煤矿机械、汽车拖拉机等制造厂的锻模，近年来也开始采用电解加工方法来制造。

（4）叶片加工

叶片是喷气发动机、汽轮机中的重要零件，叶身型面形状比较复杂，精度要求较高，加工批量大，在发动机和汽轮机制造中占有相当大的劳动量。叶片采用机械加工困难较大，生产率低，加工周期长。而采用电解加工，则不受叶片材料硬度和韧性的限制，在一次行程中就可加工出复杂的叶片型面，生产率高，表面粗糙度低。

（5）整体叶轮加工

整体叶轮一般都工作在高转速、高压或高温条件下，制造材料多为不锈钢、钛合金或高温耐热合金等难切削材料；再加上叶片型面复杂，使得其制造非常困难，成为生产过程中的瓶颈。目前整体叶轮的制造方法有精密铸造、数控铣削和电解加工三种。其中，电解加工在整体叶轮制造中占有独特地位。随着新材料的采用和叶轮小型化，结构复杂化，叶轮上的叶片越来越多，由几十片增加到百余片；叶间通道越来越小，小到相距只有几毫米。因此，精密铸造和数控铣削这类叶轮越来越困难，相应地电解加工在制造整体叶轮中的优势也越来越显示出来了。

(6) 电解倒棱、去毛刺

机械加工中去毛刺的工作量很大，尤其是去除硬而韧的金属毛刺，需要占用很多人力。电解倒棱、去毛刺可以大大提高工效和节省费用。

(7) 数控展成电解加工

为简化电解加工工艺过程、提高加工精度及适用性，以简单形状电极加工复杂型面的柔性电解加工——数控展成电解加工的思想于20世纪80年代初开始形成。它结合数控加工的柔性，以编制、更改控制软件来代替复杂成形阴极的设计、制造；利用阴极相对工件的展成运动来加工出复杂型面。

数控展成电解加工可适应多品种、小批量产品研制、生产的发展趋势，可弥补电解加工在小批、单件生产时经济性差的缺点。

(8) 微精电解加工

目前微精电解加工还处于研究和试验阶段，其应用还局限于一些特殊的场合。如电子工业中微小零件的电化学蚀刻加工（美国IBM公司）、微米级浅槽加工（荷兰飞利浦公司）、微型轴电解抛光（日本东京大学）已取得了很好的加工效果，精度可达到微米级。微细直写加工、微细群缝加工及微孔电液束加工，以及电解与超声、电火花、机械等方式结合形成的复合微精加工工艺已显示出良好的应用前景。

3.3.2 电解磨削的特点及应用

电解磨削是出现较早、应用较为广泛的一种电化学机械复合加工方式，它是靠金属的溶解（占95%～98%）和机械磨削（占2%～5%）的综合作用来实现加工的。它比电解加工具有较好的加工精度和表面粗糙度，比机械磨削具有较高的生产率。

1. 电解磨削的加工原理

图3-30所示为复合法电解磨削加工的原理图。导电砂轮3与电源负极相连；5为被加工工件，与电源正极相连。工具与工件以一定的压力相接触，当在它们之间施加电解液时，工件与工具之间发生电化学反应，在工件表面上就会形成一层极薄的氧化物或氢氧化物薄膜，一般称它为阳极薄膜，而工具的表面有突出的磨粒，随着工具与工件的相对运动，工具把工件表面的阳极薄膜刮除，使工件表面露出新的金属并被继续电解，这样，电解作用和机械刮膜作用交替进行，使工件被连续加工，直到加工完毕。

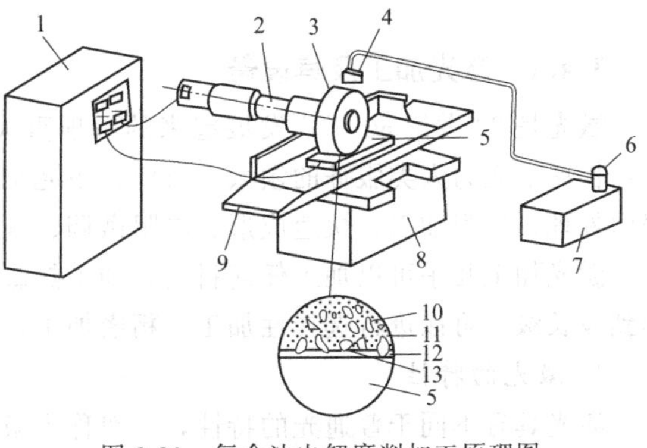

图3-30 复合法电解磨削加工原理图

1—直流电源；2—绝缘主轴；3—砂轮；4—电解液喷嘴；5—工件；6—电解液泵；7—电解液箱；8—机床本体；9—工作台；10—磨料；11—结合剂；12—电解间隙；13—电解液

2. 电解磨削的特点

① 磨削力小，生产率高。这是由于电解磨削具有电解加工和机械磨削加工的优点。

② 加工精度高，表面加工质量好。因为电解磨削加工中，一方面工件尺寸或形状是靠磨轮刮除钝化膜得到的，故能获得比电解加工好的加工精度；另一方面，材料的去除主要靠电解加工，加工中产生的磨削力较小，不会产生磨削毛刺、裂纹等现象，故加工工件的表面质量好。

③ 设备投资较高。其原因是电解磨削机床需加电解液过滤装置、抽风装置、防腐处理设备等。

3. 电解磨削的应用

由于集中了电解加工和机械磨削的优点，因此在生产中已用来磨削一些高硬度的零件，如各种硬质合金刀具、量具、挤压拉丝模具、轧辊等。对于普通磨削很难加工的小孔、深孔、薄壁筒、细长杆零件等，电解磨削也能显出优越性。对于复杂型面的零件，也可采用电解研磨和电解珩磨，因此电解磨削应用范围正在日益扩大。

电解磨削广泛应用于平面磨削、成形磨削和内外圆磨削。图 3-31(a)、(b) 分别为立轴矩台平面电解磨削、卧轴矩台平面电解磨削的示意图。图 3-32 为电解成形磨削示意图，其磨削原理是将导电砂轮的外圆圆周按需要的形状进行预先成形，然后进行电解磨削。

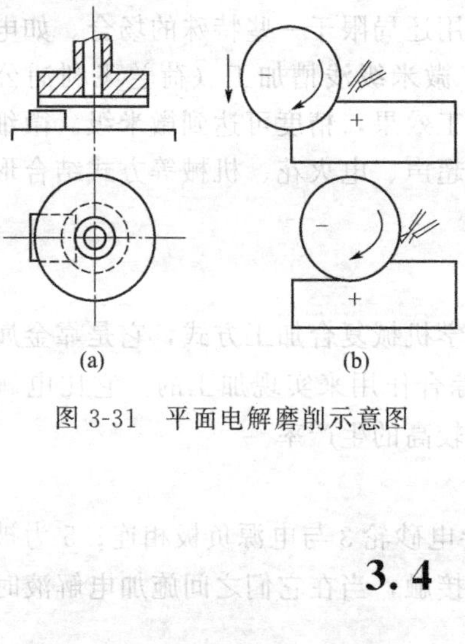

图 3-31　平面电解磨削示意图

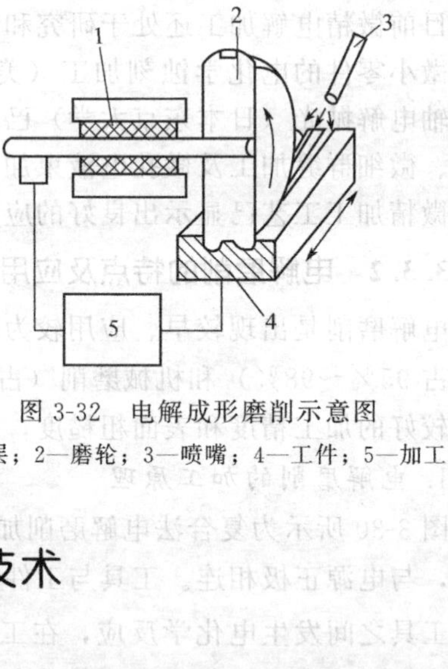

图 3-32　电解成形磨削示意图

1—绝缘层；2—磨轮；3—喷嘴；4—工件；5—加工电源

3.4 激光加工技术

3.4.1 激光加工及其设备

激光是 20 世纪 60 年代发展起来的一项重大科技成果，它的出现深化了人们对光的认识，扩展了光为人类服务的领域。目前，激光加工已较为广泛地应用于切割、打孔、焊接、表面处理、切削加工、快速成形、电阻微调、基板划片和半导体处理等领域中。

激光加工几乎可以加工任何材料，加工热影响区小，光束方向性好，其光束斑点可以聚焦到波长级，可以进行选择性加工、精密加工，这是激光加工的特点和优越性。

1. 激光的特性

激光具有不同于普通光的特性，一般称为激光的四性：方向性好、单色性好、相干性好以及高亮度。

① 方向性。光源的方向性由光束的发散角 β 来描述。与普通光源相比，激光的发散角很小，几乎是一束平行光。

② 单色性。光源的单色性由光源谱线的绝对线宽 Δv 来描述。一般光源的线宽相当宽，

而激光的线宽相当窄，具有极高的单色性。

③ 相干性。激光器的相干性能比普通光源要强得多，一般称激光为相干光，普通光为非相干光。

④ 高亮度。光的辐射亮度是指单位立体角内光的强度。激光器发出的激光方向性好，能量在空间高度集中。因此，激光器的光亮度远比普通光源要高得多。此外，激光还可以用透镜进行聚焦，将全部的激光能量集中在极小的范围内，产生几千摄氏度乃至上万摄氏度的高温。激光的高亮度也就是能量的高度集中性，使它广泛用于机械加工、激光武器及激光医疗等领域中。

2. 激光加工原理（图 3-33）

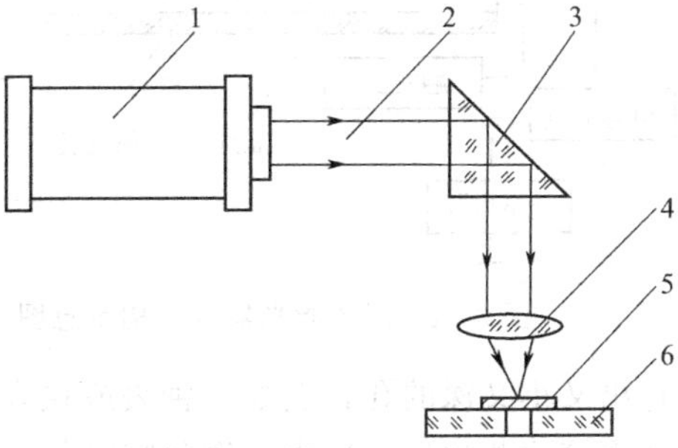

图 3-33 激光加工原理示意图

1—激光器；2—激光束；3—全反射棱镜；4—聚焦棱镜；5—工件；6—工作台

由于激光的发散角小和单色性好，理论上可以聚焦到尺寸与光的波长相近的（微米甚至亚微米）小斑点上，再加上它本身强度高，故可以使其焦点处的功率密度达到 $10^7 \sim 10^{11}\,W/cm^2$，温度可达 10000℃以上。在这样的高温下，任何材料都将瞬时急剧熔化和汽化，并爆炸性地高速喷射出来，同时产生方向性很强的冲击。因此，激光加工是工件在光热效应下产生高温熔融和受冲击波抛出的综合过程。

3. 激光的加工特点

① 几乎可以加工任何材料。由于激光的功率密度高，加工的热作用时间很短，热影响区小，因此几乎可以加工任何材料，如各种金属材料、非金属材料（陶瓷、金刚石、立方氮化硼、石英等）。透明材料只要采取色化、打毛等措施，即可采用激光加工。

② 激光加工不需要工具，不存在工具损耗、更换和调整等问题，适用于自动化连续操作，属于非接触加工，无机械加工变形。

③ 激光束可聚焦到微米级，输出功率可以调节，且加工中没有机械力的作用，故适合于精密微细加工。

④ 可以透过透明的物质（如空气、玻璃等），故激光可以在任意透明的环境中操作，包括空气、惰性气体、真空甚至某些液体。

⑤ 无需加工工具和特殊环境，便于自动控制连续加工，加工效率高，加工变形和热变形小。

⑥ 激光除可用于材料的蚀除加工外，还可以进行焊接、热处理、表面强化或涂敷、引发化学反应等加工。

4. 激光加工的基本设备

激光加工的基本设备包括以下四大部分。

① 激光器。是激光加工的核心设备，它把电能转换成光能，并产生激光束。

② 激光器电源。为激光器提供电能并实现激光器和机械系统自动控制。

③ 光学系统。主要包括聚焦系统和观察瞄准系统。

④ 机械系统。包括床身、数控工作台和数控系统等。

图 3-34 所示为固体激光器结构示意图。

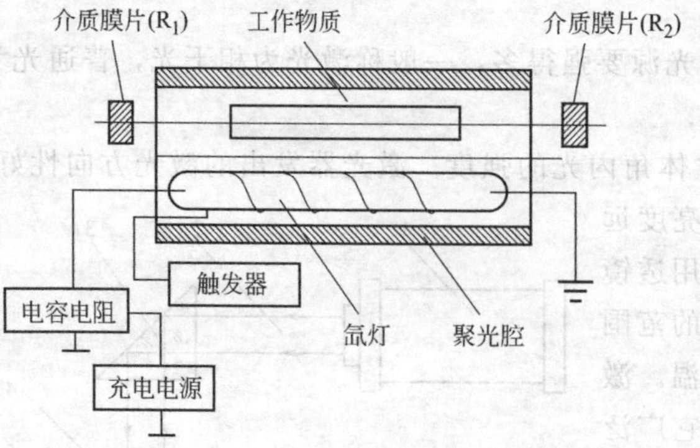

图 3-34　固体激光器的结构示意图

3.4.2　激光加工工艺及其应用

1. 激光打孔

如图 3-35 所示，激光打孔是激光加工的主要领域之一，采用激光可以打小至几微米的微孔。目前激光打孔技术已广泛用于火箭发动机和柴油机的燃料喷嘴、宝石轴承、金刚石拉丝模、化纤喷丝头等微小孔的加工中。随着近代工业技术的发展，硬度大、熔点高的材料应用越来越多，并且常常要求在这些材料上打出又小又深的孔，例如，钟表或仪表的宝石轴承、钻石拉丝模具、化学纤维的喷丝头，以及火箭或柴油发动机中的燃料喷嘴等。这类加工任务，用常规的机械加工方法很困难，有的甚至是不可能的，而用激光打孔，则能比较好地完成任务。表 3-9 为激光打孔的质量及技术特性。

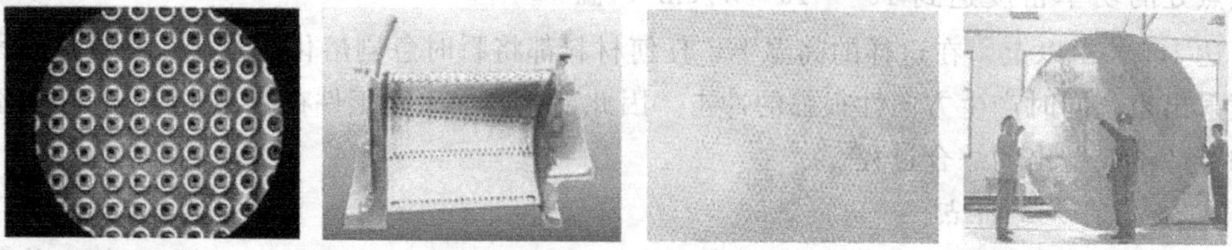

(a) 陶瓷叶片　(b) ϕ0.5mm的斜孔　(c) 3mm厚不锈钢过滤板(82万个ϕ0.7mm孔)

图 3-35　激光打孔技术的应用

表 3-9　激光打孔的质量及技术特性

质量特性	技术优势
激光可以打细小深孔	激光聚热直径可小至 0.3mm
在斜面上打斜孔、异形孔	激光空中传输
对极硬的陶瓷零件打孔	激光打陶瓷孔技术上无难度
激光可以打高密度细小深孔	激光可用高速飞行法打孔
打孔准确度高，性能可靠	激光打孔不存在工具磨损

激光打孔时，要详细了解打孔的材料及打孔要求。从理论上讲，激光可以在任何材料的不同位置，打出浅至几微米，深至二十几毫米以上的小孔。但具体到某一台打孔机，它的打孔范围是有限的。所以，在打孔之前，最好要对现有的激光器的打孔范围进行充分了解，以确定能否打孔。

激光打孔的质量主要与激光器输出功率和照射时间、焦距与发散角、焦点位置、光斑内能量分布、照射次数及工件材料等因素有关，在实际加工中应合理选择这些工艺参数。

2. 激光切割

激光切割的原理与激光打孔相似，但工件与激光束要相对移动。在实际加工中，采用工作台数控技术，可以实现激光数控切割。

激光切割大多采用大功率的 CO_2 激光器（图 3-36），对于精细切割，也可采用 YAG 激光器。

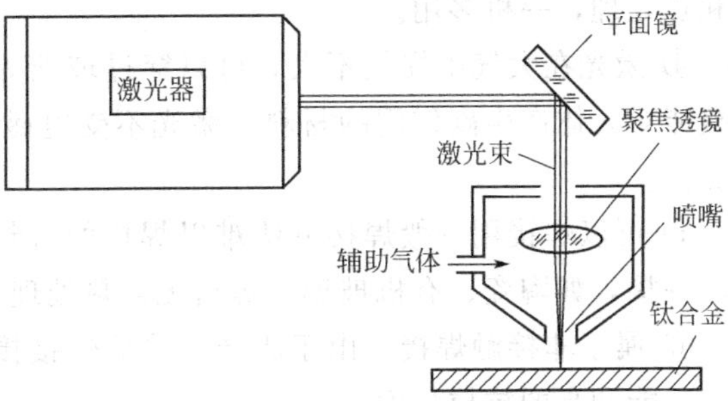

图 3-36 CO_2 气体激光器切割钛合金示意图

与传统切割方法相比，激光切割具有下列特性。

① 切割精度高、切缝窄（一般为 0.1～0.2mm）、加工精度和重复精度高。对轮廓复杂和小曲率半径等外形均能达到微米级精度的切割，并可以节省材料 15%～30%。

② 非接触切割，被切割工件不受机械作用力、变形极小。适宜于切割玻璃、陶瓷和半导体等硬脆材料及蜂窝结构和薄板等刚度较差的零件。

③ 切割速度高。一般可达 2～4m/min。

④ 可与计算机数控技术结合，实现加工过程自动化，改善劳动条件。CNC 激光切割不需要模具，不用划线，生产周期短。

激光切割过程中，影响激光切割参数的主要因素有激光功率、吹气压力、材料厚度等。

激光可以切割金属，也可以切割非金属。在激光切割过程中，由于激光对被切割材料不产生机械冲击和压力，再加上激光切割切缝小，便于自动控制，故在实际中常用来加工玻璃、陶瓷、各种精密细小的零部件。

3. 激光打标

激光打标是指利用高能量的激光束照射在工件表面，光能瞬时变成热能，使工件表面迅速产生蒸发，从而在工件表面刻出任意所需要的文字和图形，以作为永久防伪标志（图 3-37）。

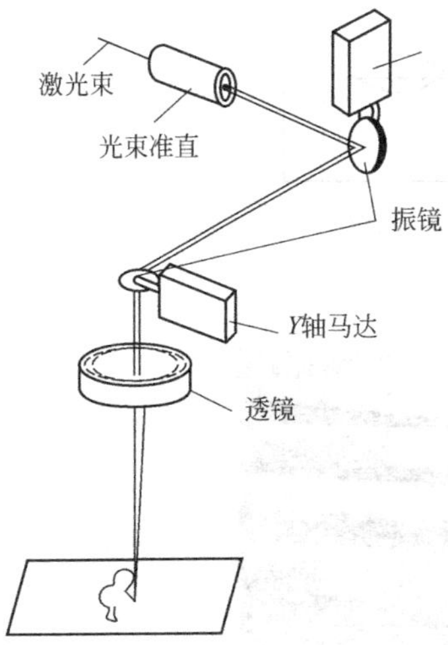

图 3-37 振镜式激光打标原理

激光打标的特点是非接触加工，可在任何异形表面标刻，工件不会变形和产生内应力，适于金属、塑料、玻璃、陶瓷、木材、皮革等各种材料。标记清晰、永久、美观，并能有效防伪；标刻速度快，运行成本低，无污染，可显著提高被标刻产品的档次。

激光打标广泛应用于电子元器件、汽车（摩托车）配件、医疗器械、通信器材、计算机外围设备、钟表等产品和烟酒食品防伪包装等行业。

4. 激光焊接

当激光的功率密度为 $10^5 \sim 10^7 W/cm^2$，照射时间约为 1/100s 左右时，可用来进行激光焊接。激光焊接一般无需焊料和焊剂，只需将工件的加工区域“热熔”在一起即可。激光焊接速度快，热影响区小，焊接质量高，既可焊接同种材料，也可焊接异种材料，还可透过玻璃进行焊接。与一般焊接方法相比，激光焊接具有以下特点。

① 激光加热范围小，在同等功率和焊接厚度条件下，焊接速度高，热输入小，热影响区小，焊接应力和变形小。

② 激光可通过光导纤维、棱镜等光学方法弯曲传输、偏转、聚焦，特别适合于微型零件和远距离或一些难以接近的部位的焊接。

③ 一台激光器可供多个工作台进行不同的工作，既可用于焊接，又可用于切割、合金

化和热处理，一机多用。

④ 激光在大气中损耗不大，可以穿过玻璃等透明物体，适用于在玻璃制成的密封容器焊接能对人体产生副作用的材料。激光不受电磁场影响，不存在 X 射线防护，也不需要真空保护。

⑤ 可以焊接用一般焊接方法难以焊接的材料，如高熔点金属等，甚至可用于非金属材料的焊接，如陶瓷、有机玻璃。焊后无需热处理，适合于某些热敏性材料的焊接。

⑥ 属于非接触焊接。由于激光焊接的焊接接头没有严重的应力集中，表现出良好的抗疲劳性能和高的抗拉强度。

5. 激光表面处理

激光表面处理的方法很多，常用的表面处理方法有四种，即相变硬化、激光重熔、激光合金化和激光熔覆（图 3-38）。当激光的功率密度约为 $10^3 \sim 10^5\,W/cm^2$ 时，便可实现对铸铁、中碳钢，甚至低碳钢等材料进行激光表面淬火。淬火层深度一般为 0.7～1.1mm，淬火层硬度比常规淬火约提高 20%。激光淬火变形小，还能解决低碳钢的表面淬火强化问题。激光表面淬火和表面重熔处理的工件如图 3-39 所示。

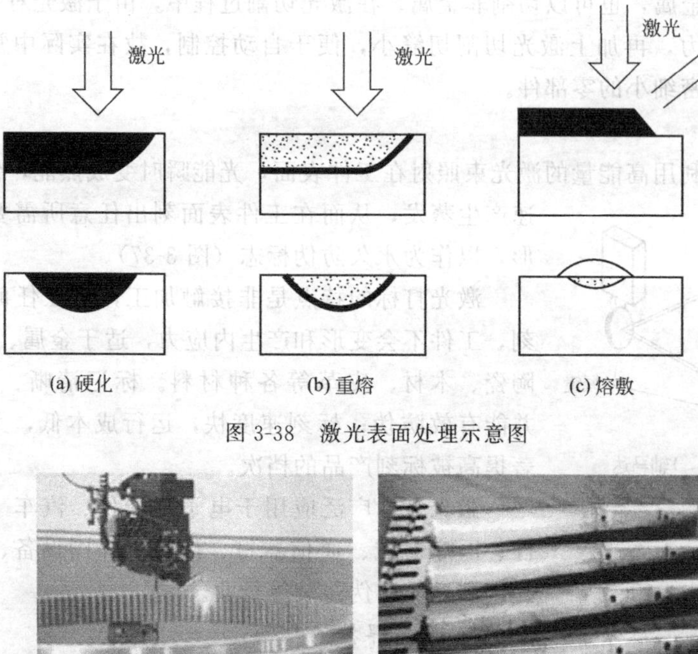

图 3-38　激光表面处理示意图

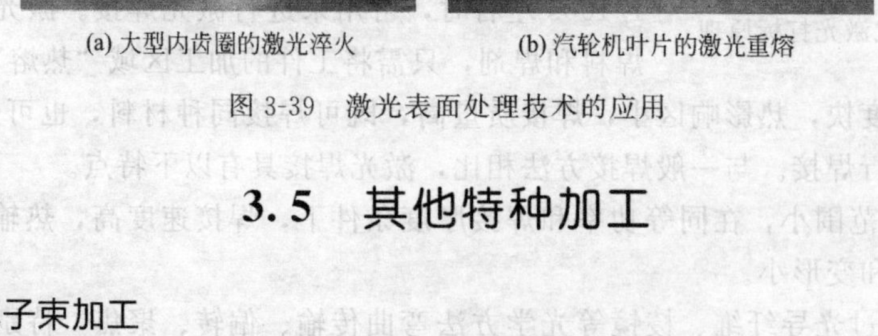

图 3-39　激光表面处理技术的应用

3.5　其他特种加工

3.5.1　电子束加工

1. 基本原理

电子束加工是在真空条件下，利用聚焦后能量密度极高的电子束，以极高的速度冲击到工件表面的极小面积上，在极短的时间（几分之一微秒）内，其能量的大部分转变为热能，使被冲击部分的工件材料达到几千摄氏度以上的高温，从而引起材料的局部熔化和汽化，而实现加工的目的，如图3-40所示。

控制电子束能量密度的大小和能量注入时间，就可以达到不同的加工目的。如只使材料局部加热就可进行电子束热处理；使材料局部熔化就可以进行电子束焊接；提高电子束能量密度，使材料熔化和汽化，就可进行打孔、切割等加工；利用较低能量密度的电子束轰击高分子材料时产生化学变化的原理，即可进行电子束光刻加工。

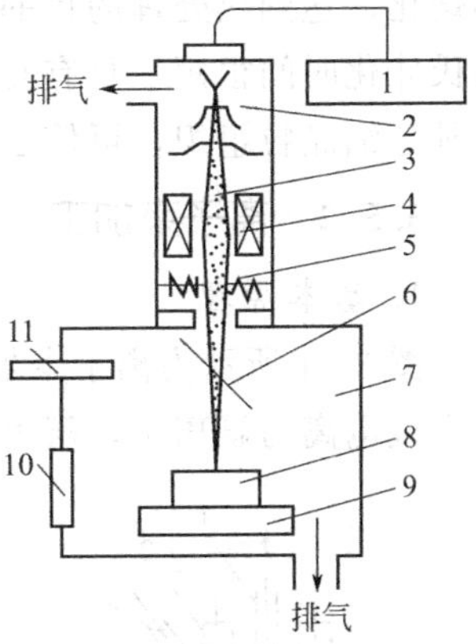

图3-40 电子束加工原理
1—高速加压；2—电子枪；3—电子束；4—电磁透镜；5—偏转器；6—反射镜 7—加工室；8—工件；9—工作台及驱动系统；10—窗口；11—观察系统

2. 电子束加工的特点

① 由于电子束能够极其微细地聚焦，甚至能聚焦到0.1μm，所以加工面积可以很小，是一种精密微细的加工方法。微型机械中的光刻技术可达到亚微米级宽度。

② 加工材料范围很广。由于电子束能量密度很高，使照射部分的温度超过材料的熔化和汽化温度，去除材料主要靠瞬时蒸发，是一种非接触式加工，工件不受机械力作用，不产生宏观应力和变形，故可加工脆性、韧性、导体、非导体及半导体材料。

③ 由于电子束的能量密度高，而且能量利用率可达90%以上，因而加工生产率很高。

④ 可以通过磁场或电场对电子束的强度、位置、聚焦等进行直接控制，使整个加工过程实现自动化。特别是在电子束曝光中，从加工位置找准到加工图形的扫描，都可实现自动化。

⑤ 由于电子束加工在真空中进行，因而污染少，加工表面不氧化，特别适合于加工易氧化的金属及合金材料，以及纯度要求极高的半导体材料。

⑥ 电子束加工需要一套专用设备和真空系统，价格较贵，故在生产中受到一定程度的限制。

3. 电子束加工的应用

电子束加工可用于打孔、切割、蚀刻、焊接、热处理和曝光加工等。

（1）打孔

电子束加工常应用于加工微细小孔、异形孔及特殊曲面。电子束打孔已在航空航天、电子、化纤以及制革等工业生产中得到了实际应用。目前，电子束打孔的最小直径已达1μm。孔径在0.5～0.9mm时，其最大孔深已超过10mm，即孔深径比大于15：1。

（2）焊接

电子束焊接是利用电子束作为热源的一种焊接工艺。当高能量密度的电子束轰击焊件表面时，使焊件接头处的金属熔融，在电子束连续不断的轰击下，形成一个被熔融金属环绕着的毛细管状的熔池。如果焊件按一定速度沿着焊件接缝与电子束作相对移动，则接缝上的熔池由于电子束的离开而重新凝固，使焊件的整个接缝形成一条焊缝。

电子束焊接一般不用焊条，焊接过程在真空中进行，因此焊缝化学成分稳定，焊接接头的强度往往高于母材。

（3）热处理

电子束热处理是用电子束作为热源，并适当控制电子束的功率密度，使金属表面加热而不熔化，达到热处理的目的。电子束热处理的加热速度和冷却速度都很高，在相变过程中，奥氏体化时间很短，只有几分之一秒乃至千分之一秒，奥氏体晶粒来不及长大，从而能获得一种超细晶粒组织，可使工件获得用常规热处理无法达到的硬度。

3.5.2　离子束加工

1. 基本原理

图 3-41 所示为离子束加工原理示意图。在真空条件下，氩气等惰性气体在高速电子撞击下被电离为氩离子，氩离子在电磁偏转线圈作用下，形成数百个直径为 $\phi 0.3$mm 的离子束。调整加速电压可以得到不同速度的离子束，进行不同的加工。该种方法所用的离子质量是电子质量的成千上万倍。例如氢离子质量是电子质量的 1840 倍，氩离子质量是电子质量的 7.2 万倍。由于离子的质量大，故离子束轰击工件表面，比电子束具有更大的能量。

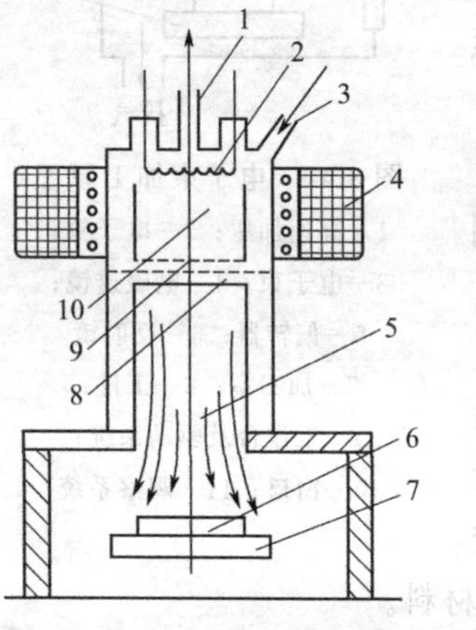

图 3-41　离子束加工原理示意图

1—真空抽气孔；2—灯丝；3—惰性气体注入口；4—电磁线圈；5—离子束流；6—工件；7，8—阴极；9—阳极；10—电力室

离子束加工的物理基础是离子束射到材料表面时所发生的撞击效应、溅射效应和注入效应。具有一定动能的离子斜射到工件材料（或靶材）表面时，可以将表面的原子撞击出来，这就是离子的撞击效应和溅射效应。如果将工件直接作为离子轰击的靶材，工件表面就会受到离子刻蚀（也称离子铣削）。如果将工件放置在靶材附近，靶材原子就会溅射到工件表面而被溅射沉积吸附，使工件表面镀上一层靶材原子的薄膜。如果离子能量足够大并垂直工件表面撞击时，离子就会钻进工件表面，这就是离子的注入效应。

2. 离子束加工的特点

① 易于精确控制，加工精度高。离子束可通过离子光学系统进行聚焦扫描，使微离子束的聚焦光斑直径在 1μm 以内进行加工，并能精确控制离子束流密度、深度、含量等，以获得精密的加工效果，可以对材料实行“原子级加工”或“微毫米加工”。

② 加工应力小、变形小。离子束加工是依靠离子撞击工件表面的原子而实现的，是一种微观作用，其宏观作用力极小，加工应力、变形也极小，故能够用来对脆件、极薄、半导体、高分子等各种材料、低刚度工件进行微细加工，加工适应性好。

③ 加工所产生的污染少。因为离子束加工是在真空中进行的，所以污染少，特别适合易氧化的金属、合金材料及半导体材料的精密加工，但需要增加抽真空装置，不仅投资费用较大，而且维护也很麻烦。

④ 离子束加工应力、变形等极小，加工质量高，适合于各种材料和低刚度零件的加工。

3. 离子束加工的应用

（1）离子刻蚀

离子刻蚀可以加工各种材料，如金属、半导体、橡胶、塑料、陶瓷等。目前，离子蚀刻可应用于图形刻蚀，如集成电路、光电器件、光电集成器件等微电子学器件的亚微米图形。采用离子刻蚀的还有月球岩石样品的加工，可以从 10μm 减薄到 10nm。

（2）离子镀膜

离子镀膜的可镀材料相当广泛。用离子镀膜可在切削工具表面镀氮化钛、碳化钛等硬质材料，以提高刀具的耐用度，也可在金属或非金属表面上镀制金属或非金属材料。目前离子镀膜技术已经用于镀制耐磨膜、耐热膜、耐蚀膜、润滑膜和装饰膜等。由于离子镀膜所得到的氮化钛、氮化钒等膜层都具有与黄金相似的色泽，但价格只有黄金的 1/60，再加上有良好的耐磨性和耐蚀性，常将其作为装饰层。如手表带、表壳、装饰品、餐具等上面的黄色镀膜装饰层。

(3) 离子注入

离子注入在半导体方面的应用已很普遍，它是将硼、磷等“杂质”离子注入半导体，从而改变其导电形式（P、N 极）。此外，离子注入在改善材料的性能，如耐磨性、高硬度、耐蚀性能、润滑性能等方面都非常有效，但该方法生产率低、成本高，目前仍处于研究阶段，还需要进一步的深入研究。

3.5.3 超声波加工

声波是人耳能感受的一种纵波，频率在 16～16000Hz 范围内。当频率超过 16000Hz 就被称为超声波。超声波具有波长短、能量大，以及在传播过程中反射、折射、共振、损耗等现象显著的特点。

1. 超声波加工的机理

超声波加工是利用振动频率超过 16000Hz 的工具头，通过悬浮液磨料对工件进行成形加工的一种方法，其加工原理如图 3-42 所示。

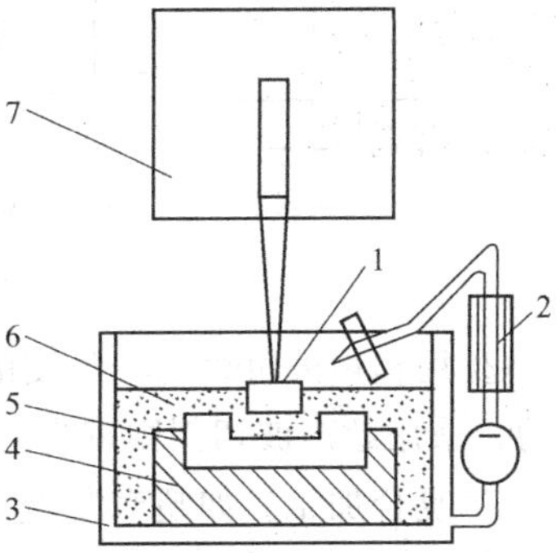

图 3-42 超声波加工原理示意图

1—工具；2—冷却器；3—加工槽；4—夹具；5—工件；6—磨料悬浮液；7—振动头

当工具以 16000Hz 以上的振动频率作用于悬浮液磨料时，磨料便以极高的速度强力冲击加工表面。同时由于悬浮液磨料的搅动，使磨粒以高速度抛磨工件表面。此外，磨料液受工具端面的超声振动而产生交变的冲击波和“空化现象”。所谓空化现象，是指当工具端面以很大的加速度离开工件表面时，加工间隙内形成负压和局部真空，在磨料液内形成很多微空腔；当工具端面以很大的加速度接近工件表面时，空泡闭合，引起极强的液压冲击波，从而使脆性材料产生局部疲劳，引起显微裂纹。这些因素使工件的加工部位材料被粉碎破坏。随着加工的不断进行，工具的形状就逐渐“复制”在工件上。由此可见，超声波加工是磨粒的机械撞击和抛磨作用，以及超声波空化作用的综合结果，其中主要是磨粒的撞击作用。因此，材料愈硬脆，愈易遭受撞击破坏，愈易进行超声波加工。

2. 超声波加工的特点

① 特别适合加工各种硬脆材料，尤其是电火花加工等无法加工的不导电非金属材料，如玻璃、陶瓷、石英、硅、玛瑙、宝石、金刚石、半导体等，也可以加工淬火钢和硬质合金等材料，但效率相对较低。

② 加工精度高，加工表面质量好。加工时宏观切削力很小，不会引起变形、烧伤。表面粗糙度 Ra 值很小，可达 0.2μm，加工精度可达 0.05～0.02mm。对于加工薄壁、窄缝等低刚度工件非常有利。

③ 加工出工件的形状与工具形状一致。只要将工具做成不同的形状和尺寸，就可以加工出各种复杂形状的型孔、型腔、成形表面，不需要使工具和工件做较复杂的相对运动。因此，超声波加工机床结构比较简单，操作维修方便。

④ 与电火花加工、电解加工相比，采用超声波加工硬质金属材料的效率较低。这是超声波加工的一大缺点。

3. 超声波加工的应用

超声波加工的应用范围很广，它不仅能加工硬质合金、淬火钢等硬脆金属材料，而且更适合用来对不导电的非金属硬脆材料（如半导体硅片、锗片以及陶瓷、玻璃等）进行精密加工和成形加工。超声波还可以用于清洗、探伤和焊接等工作；在农业、国防、医疗等方面的用途十分广泛。

① 超声波加工型腔、型孔（图 3-43），具有精度高、表面质量好的优点。某些冲模、型腔模、拉丝模时，先经过电火花、电解及激光加工（粗加工）后，再用超声波研磨、抛光，以减小表面粗糙度值，提高表面质量。如拉伸模、拉丝模多用合金工具钢制造，若改用硬质合金，以超声波加工（电火花加工常会产生微裂纹），则模具寿命可提高 80～100 倍。

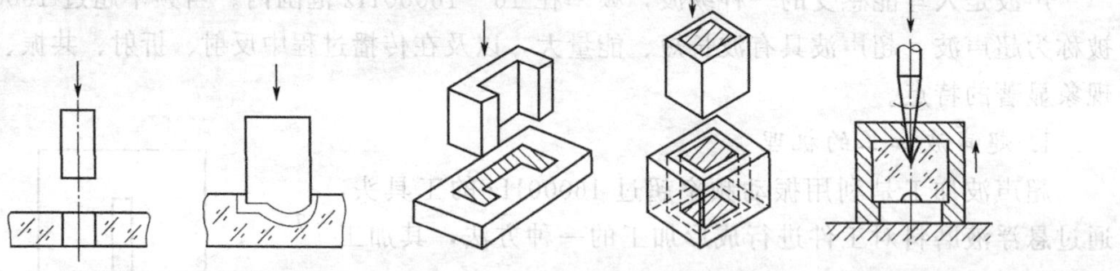

图 3-43　超声波加工型孔、型腔类型

② 用超声波可以切割脆硬的半导体材料。普通机械加工切割脆硬的半导体材料是很困难的，采用超声波切割则较为有效。

③ 复合加工。如超声波-电解复合加工。单纯用超声波加工，工具损耗较大；单纯电解加工，加工速度又太慢。若二者结合起来，则不但可降低工具损耗，而且可提高加工速度。又如采用超声波-电火花复合加工小孔、窄缝及精微异形孔时，也可获得较好的加工效果。

④ 超声波清洗。在清洗溶液（煤油、汽油、四氯化碳）中引入超声波，可使精微零件（如喷油嘴、微型轴承、手表机芯、印制电路板、集成电路微电子器件等）中的细小孔、窄缝、夹缝中的脏物加速溶解、扩散，清洗干净。

3.5.4　水射流切割

1. 基本原理

水射流切割，又称液体水射流加工，是利用超高压、超高速流动的水束流冲击工件而进行加工的（图 3-44）。超高压（可达 700MPa）的水由口径约 0.5mm 的喷嘴射出，以 2～3 倍声速的速度冲击加工表面，“切屑”和水流混在一起从出口流出，加工时，能量密度可达 10^{10} W/mm^2，流量达 7.5L/min。

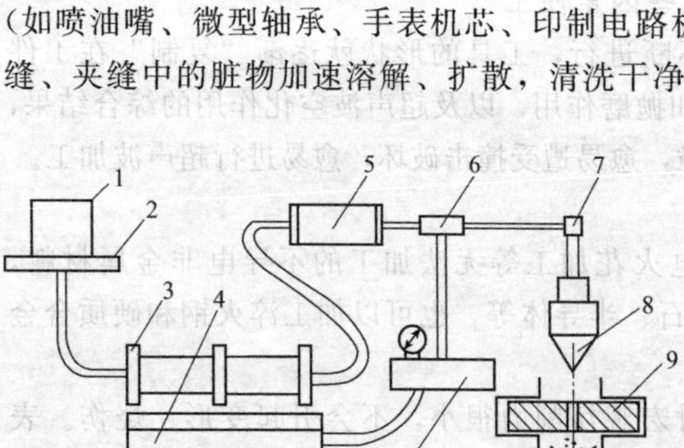

图 3-44　水射流切割原理图

1—水箱；2—过滤器；3—水泵；4—液压机构；
5—蓄能器；6—控制器；7—阀门；
8—喷嘴；9—工件；10—增压器

2. 水射流切割的特点

① 加工过程中“刀具”不会变钝，切

割质量稳定。可切割各种金属和非金属材料，俗称“水刀”。

② 切缝窄，一般为0.08～0.5mm，可节省材料、降低成本。

③ 切割过程不会产生灰尘及火灾。

④ 切割温度低，可切割纸、木材、纤维及其制品。

⑤ 切割时工件材料不会受热变形，切边质量较好；切口平整，无毛刺。

⑥ 加工材料范围广。既可用来加工非金属材料，也可以加工金属材料，而且更适宜于切割薄的和软的材料。

水射流切割存在的主要问题是喷嘴的成本较高，喷嘴的使用寿命、切割速度和精度仍有待进一步提高。

3. 水射流切割加工的应用

水射流切割加工的流束直径为0.05～0.38mm，可以加工很薄、很软的金属和非金属材料，也可以加工较厚的材料，最大厚度可达125mm，在国内、外许多工业部门得到了广泛应用。

(1) 建筑、装潢

可以用于切割大理石、花岗岩，雕刻出精美的花鸟虫鱼、生肖艺术拼花图案，呈现出五彩缤纷的图案而进入千家万户。

(2) 汽车制造

用于切割仪表盘、内外饰件、门板、窗玻璃，不需要模具，可提高生产线的加工柔性。

(3) 航空、航天

用于切割纤维、碳纤维等复合材料，切割时不产生分层，无热聚集，工件切割边缘质量高。

(4) 食品行业

用于切割松碎食品、菜、肉等，可减少细胞组织的破坏，增加存放期。

(5) 纺织工业

用于切割多层布条，可提高切割效率，减少布料边端损伤。

总之，超高压水射流加工技术的应用范围在日益扩展，潜力巨大。随着设备成本的不断降低，其应用的普遍程度将进一步得到提高。

3.5.5 磨料喷射加工

1. 磨料喷射原理

磨料喷射加工是利用磨料与压缩气体混合后经过喷嘴形成的高速束流，通过对工件的高速冲击和抛磨作用来去除工件上多余的材料，达到加工的目的。

图3-45所示为磨料喷射加工过程示意图。气源供应的气体必须干燥、清净，并具有适度的压力。磨料室混合腔往往利用一个振动器进行激励，使磨料均匀混合。喷嘴紧靠工件并具有一个很小的角度。操作过程应封闭在一个防尘罩中或接近一个能排气的收集器。影响加工过程的有磨料、气体压力、磨料流动速度、喷嘴对工件的角度和接近程度等。利用铜、玻璃或橡胶面罩可以控制磨料喷射加工刻蚀的图形。

2. 加工特点

① 它属于精细加工工艺，主要用于去毛刺、清洗表面、刻蚀等。

② 可以加工导电或非导电材料，也可加工像玻璃、陶瓷、淬硬金属等硬脆材料或是尼龙、聚四氟乙烯、乙缩醛树脂等软材料。

③ 可以清理各种沟槽、螺纹及异形孔。

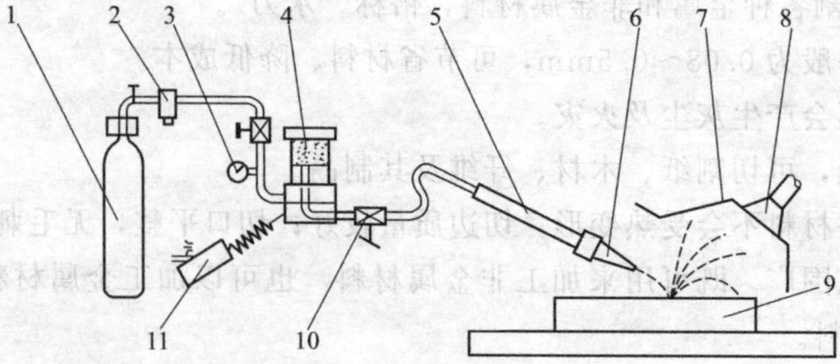

图 3-45　磨料喷射示意图

1—压缩气瓶；2—过滤器；3—压力表；4—磨料室和混合室；5—手柄

6—喷嘴；7—排气罩；8—收集器；9—工件；10—控制阀；11—振动器

3. 磨料喷射加工的应用

① 磨光或磨毛玻璃。用此法磨光或磨毛玻璃常比酸蚀或磨削加工更快和更经济。

② 清理表面。可以清理陶瓷上的金属污物、金属上的氧化物以及电阻涂层等，还可以剥离金属导线上的封皮材料。

③ 去毛刺。在航空航天、计算机、医疗器械工业中去除细小零件在螺纹、窄缝、沟槽等处的飞边、毛刺。

④ 加工半导体材料。在像硅、锗、镓等半导体材料上钻孔、复杂表面清理、切割、刻蚀等。

3.5.6　化学加工

化学加工是利用酸、碱、盐等化学溶液对金属产生化学反应，使金属腐蚀溶解，改变工件尺寸和形状（以至表面性能）的一种加工方法。化学加工的应用形式很多，但属于成形加工的主要有化学铣切（化学蚀刻）和光化学腐蚀加工法。

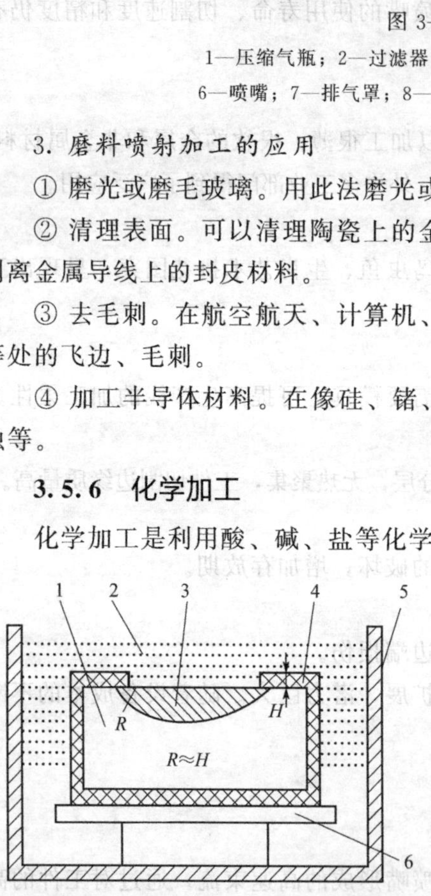

图 3-46　化学铣切加工原理示意图

1—工件材料；2—化学溶液；3—化学腐蚀部分；4—保护层；5—溶液箱；6—工作台

1. 化学铣切加工

(1) 加工原理

化学铣切实质上是较大面积和较深尺寸的化学蚀刻，其原理如图 3-46 所示。先把工件非加工表面用耐腐蚀性涂层保护起来，需要加工的表面露出来，浸入到化学溶液中进行腐蚀，使金属按特定的部位溶解去除，以达到加工目的。

(2) 化学铣切的特点

① 可加工任何难切削的金属材料，而不受硬度和强度的限制，如铝合金、钼合金、钛合金、镁合金、不锈钢等。

② 适于大面积加工，可同时加工多件。

③ 加工过程中不会产生应力、裂纹、毛刺等缺陷，表面粗糙度可达 $Ra2.5 \sim 1.25\mu m$。

④ 加工操作比较简单。

化学铣切的主要缺点是：不适合加工窄而深的槽和型孔等，原材料中缺陷和表面不平度、划痕等不易消除，腐蚀液对设备和人体有危害，也不利于环保，故需有适当的防护性措施。

（3）化学铣切加工的应用

① 主要用于较大工件的金属表面厚度减薄加工。铣切厚度一般小于13mm。如在航空和航天工业中常用于局部减轻火箭、飞船舱体结构件的重量，对大面积或不利于机械加工的薄壁形整体壁板的加工亦适用。

② 用于在厚度小于1.5mm薄壁零件上加工复杂的型孔。

2. 光化学腐蚀加工的应用

光化学腐蚀加工简称光化学加工，是光学照相制版和光刻（化学腐蚀）相结合的一种精密微细加工技术。它与化学蚀刻（化学铣削）的主要区别是不靠样板人工刻形、划线，而是用照相感光来确定工件表面要蚀除的图形、线条，因此可以加工出非常精细的文字图案。目前已在工艺美术、机械制造工业和电子工业中获得应用。

3.6 应用案例

3.6.1 冷冲模的电火花加工要点

冷冲模是机械制造生产中广泛应用的一种模具。由于其形状复杂、尺寸精度高，所以其制造方法也是生产的关键技术之一。特别是凹模，常规的机械加工方法比较困难，甚至是不可能的；钳工加工则劳动强度高、工作量大，质量不易保证。而采用电火花成形加工或线切割加工能较好地解决这一问题。采用电火花加工方法加工冷冲模有以下优点。

① 可以在工件淬火以后再进行加工，避免了热处理变形或开裂。

② 冷冲模的配合间隙均匀，刃口耐磨，提高了模具质量和寿命。

③ 加工不受材料硬度的限制，可以加工硬度很高的硬质合金等冲模，扩大了材料的选用范围。

④ 对于形状复杂的中、小型凹模，可不必采用镶拼结构，而直接采用整体式，从而可简化模具结构、提高其强度。

考核凹模质量的主要指标是凸模（冲头）与凹模的配合间隙 δ_p、刃口斜度 β 和落料角 α（图3-47）。根据模具的使用要求，凹模的材料一般为T10A、T8A、Cr12、GCr15等，其中Cr12应用最广。

1. 冷冲模的电火花加工工艺方法

凹模的尺寸精度主要靠工具电极来保证。因此，对工具电极的精度和表面粗糙度都有一定的要求。如凹模的尺寸为 L_2，工具电极相应的尺寸为 L_1（图3-48），单面火花间隙值为 S_L，则

$$L_2=2L_1+2S_L$$

其中火花间隙值 S_L 主要决定于脉冲参数与机床的精度，如果加工规准选择恰当，并能保证加工过程的稳定性，则火花间隙值 S_L 误差很小。因此，只要工具电极的尺寸精确，用它加工出的凹模也比较精确。

对冷冲模而言，配合间隙是一个很重要的质量指标，它的大小与均匀性都直接影响冲片的质量及模具的寿命，在加工中必须给予保证。达到配合间隙的方法有很多种，电火花穿孔加工常用以下几种方法。

（1）“钢打钢”、“反打正用”直接配合法

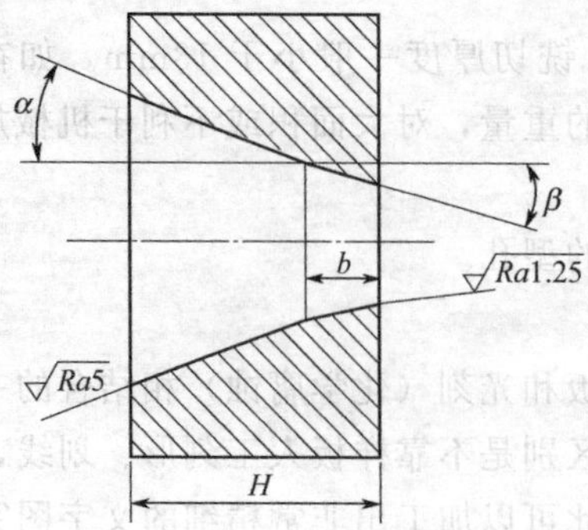

图 3-47 凹模基本参数

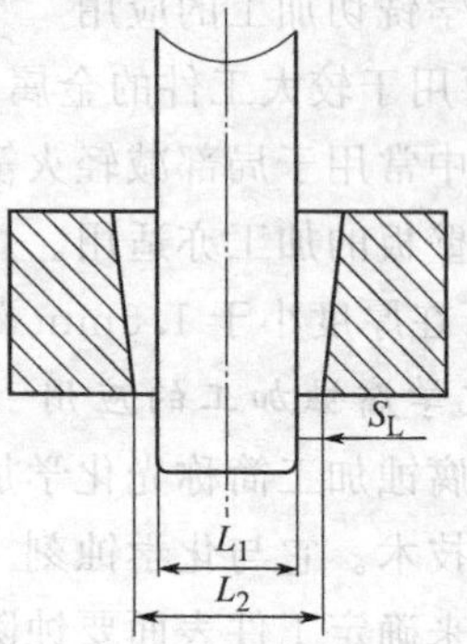

图 3-48 冷冲模基本参数

此法是直接用加长的钢凸模作为电极加工凹模，加工后把电极损耗部分切除。加工时将凹模刃口端朝下形成向上的“喇叭口”，加工后将工件翻过来使“喇叭口”（此“喇叭口”有利于冲模落料）向下作为凹模。配合间隙靠调节脉冲参数、控制火花放电间隙来保证。这样，电火花加工后的凹模就可以不经任何修正，而直接与凸模（冲头）配合。这种方法可以获得均匀的配合间隙，具有模具质量高、电极制造方便以及钳工工作量少的优点。

当铸铁打钢或“钢打钢”时，工具电极和工件都是磁性材料，在直流分量的作用下易产生磁性，电蚀下来的金属屑被吸附在电极放电间隙的磁场中而形成不稳定的二次放电，使加工过程很不稳定。近年来由于采用了具有附加 300V 高压击穿（高低压复合回路）的脉冲电源，情况有了很大改善。目前，电火花加工冲模时的单边间隙可小到 0.02mm，甚至达到 0.01mm。所以，对一般的冲模加工，采用控制电极尺寸和火花间隙的方法，可以保证冲模配合间隙的要求，故直接配合法在生产中已得到广泛的应用。

（2）间接配合法

间接配合法是将冲头和电极黏结在一起，用成形磨削同时磨出。其加工情况和使用情况与直接配合法相同，电极材料同样受到限制，只能采用铸铁或钢，而不能采用性能较好的非铁（有色）金属或石墨。

随着线切割加工机床性能不断提高和完善，可以很方便地加工出任何配合间隙的冲模，一次编程，可以加工出凹模、凸模、卸料板和固定板等，而且在有锥度切割功能的线切割机床上，还可以切割出刃口斜度 β 和落料角 α。因此，近年来绝大多数凸、凹冲模都采用线切割加工。

2. 工具电极工艺基准的校正

电火花穿孔加工中，主轴伺服进给方向一般都垂直于工作台，因此，工具电极的工艺基准必须平行于机床主轴头的垂直坐标。为达到这一目标，可采用如下方法。

① 制造工具电极时，电极柄定位面与工具电极使用同一工艺基准。这样就可以将电极柄直接固定到主轴头的定位元件上，从而使工具电极自动找正。

② 无柄电极的水平定位面，在加工制作时与工具电极的成形部位使用同一工艺基准。电火花成形机床的主轴头（或平动头）都有水平基准面，将工具电极的水平定位面贴置于主轴头（或平动头）的水平基准面，工具电极即能自然找正。

③ 如果由于某种原因，工具电极柄、工具电极的水平面，均未能与工具电极的成形部位采用同一工艺基准，那么无论采用垂直定位元件，还是水平基准面，都不能获得自然的工艺基准来校正，就只有采用人工校正。

3. 工具电极与工件的找正

加工型孔时，工具电极和工件的工艺基准（垂直度）校正以后，还必须将工具电极和工件的相对位置对正，才能在工件上加工出位置准确的型孔。找正作业是在 X、Y（水平面内的两个移动方向）和 C（绕主轴的小角度转动）坐标三个方向上完成的。C 坐标的转动是调整和消除工具电极的 X 和 Y 向基准，与工件 X 和 Y 基准之间的角度不重合误差。找正方法如下。

（1）移动坐标法

适用于工件和工具电极都有垂直基准面的加工。若工具电极是非规则圆形剖面的几何形状，必须在 X、Y 坐标移动之前，转动 C 坐标，令工具电极在水平面内转过某一角度，使工具电极的 X、Y 基准与工件一致。

对于没有 C 轴（转动、分度轴）的电火花机床，则应采用具有调节水平转角功能的电极夹头附件。20 世纪 80 年代后生产的新型电火花机床，利用了工具电极和工件间的“接触感知”功能，可以使得上述操作数控或数显化，从而大大简化了操作，可靠性和精度都有所提高。

（2）导向法

多用于电火花成形的冷冲模凸、凹模配合加工。操作方法是：首先，将镶有模具冲头的上模固定到主轴头的基准面上，实现水平基准的自动找正；然后，用长于凸模的导柱将上模板和下模板穿在一起，用导柱和导柱孔对下模定位，实行固定；固定可靠后，将主轴头升起，拔出导柱，便可开始加工。该法的定位精度取决于导柱孔和导柱的加工精度。

（3）复位法

工件上已经有型孔或型腔，且原型孔或型腔具备被承认的工艺基准，则可采用复位法进行工具电极和工件的找正。该法多用于工具电极的重修定位。找正时，工具电极应尽可能与原型孔相符合。校正操作的原理是利用电火花机床所具有的独特的闭环伺服系统或“接触感知”功能，通过火花放电时的进给深度来判断工具电极和原型孔的符合程度。

实施复位操作时，必须将电规准置于最小值，这样，既可以不至于因火花放电破坏原型孔的尺寸精度，又可以在小放电间隙的情况下实现复位找正，有利于提高校正精度。该法还可用于修复模具型腔和小余量的电火花成形加工等。

3.6.2 排孔、小方孔筛网的特种加工

1. 排孔、多孔的加工

对于一般的多孔电火花加工，只要增加相应的工具电极数量，把它们安装在同一个主轴上，就可以进行加工，实际上相当于增加了加工面积。与单孔相比，要获得同样的进给速度和较大的蚀除量，就得增加峰值电流，这样，孔壁的表面粗糙度就会恶化。条件许可时，最好采用多回路脉冲电源，每一独立回路供给 1～5 个工具电极，总共有 3～4 个回路。

有时需用电火花加工有成千上万个小网孔的不锈钢板筛网，这时可分排加工，每排 100～1000 个工具电极（一般用黄铜丝作电极，虽然损耗大，但刚度和加工稳定性好），再进行分组、分割供电。加工完一排孔后，移动工作台再进行第二排孔的加工。由于工具电极丝较长，加工时离工件上表面 5～10mm 处应有一多孔的导向板（导向板不宜过薄或过厚，以 5mm 左右为宜）。

某飞机发动机的不锈钢散热板厚 1.2mm，其上共有 2106 个 ϕ0.3mm 的小圆孔，每个

小孔之间的中心距为 0.67mm。采用多电极丝电极夹头（刷状丝电极夹头）（图 3-49），每组进行排孔加工，一排孔共 702 个，分成 6 组，每组 117 孔，每组用 *RC* 线路脉冲电源作为分割电极进行加工（共用 6 组 *RC* 线路脉冲电源），加工时电极丝下部必须有导向板。

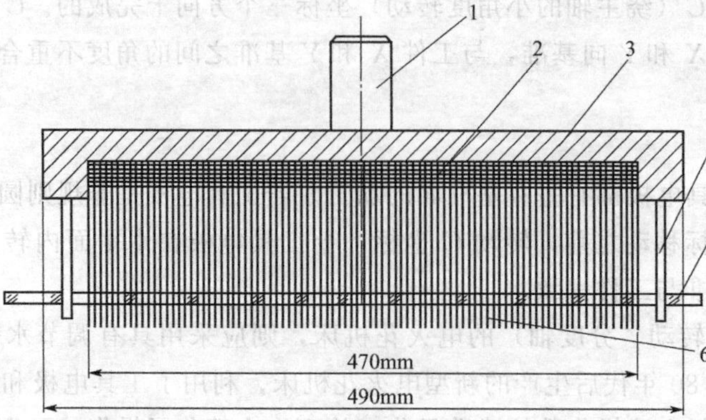

图 3-49　多电极丝电极夹头及导向器

1—电极夹柄；2—低熔点合金；3—电极托盘；4—导向销；5—有机玻璃导向板；6—钨丝电极 702 根

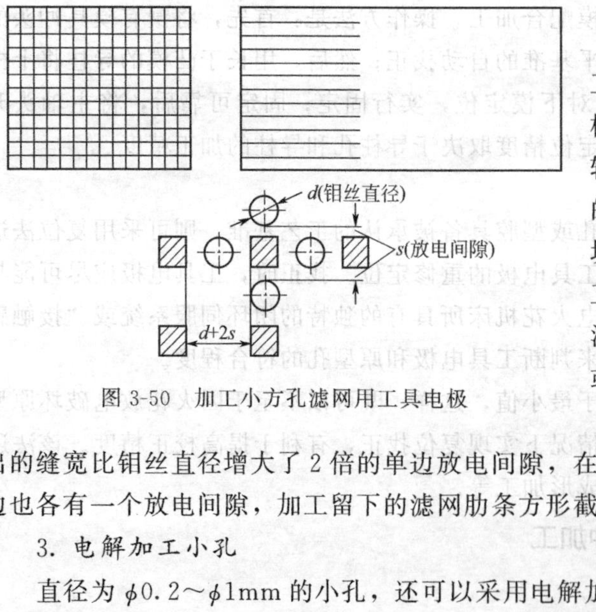

图 3-50　加工小方孔滤网用工具电极

2. 小方孔、筛孔的加工

加工方形小孔的筛网或过滤网时，工具电极可选用方形截面的纯铜或黄铜杆，端部用线切割切成许多小深槽，再转过 90°重复切割一遍，就成为许多小的方电极，如图 3-50 所示。加工出一小块方孔滤网后，再移动工作台，继续加工其余网孔。要保证移动距离精确，并消除丝杠螺母间隙的影响，最好在数显或数控工作台上加工。

工具电极用钼丝线切割加工时，切出的缝宽比钼丝直径增大了 2 倍的单边放电间隙，在用小方形工具电极加工过滤网孔时，四边也各有一个放电间隙，加工留下的滤网肋条方形截面的宽度约等于钼丝的直径 d。

3. 电解加工小孔

直径为 $\phi0.2\sim\phi1$mm 的小孔，还可以采用电解加工。

（1）小深孔电液束流电解加工

这是美国一家公司研究成功的电解加工法的变种之一（图 3-51）。电解液束流加工专门用于加工小深孔，加工孔是用玻璃毛细管或外表涂绝缘层的无缝钛合金钢管来进行的。电解液采用了稀释的硫酸，工作电压为 250～1000V。此法可以获得直径为 $\phi0.2\sim\phi0.8$mm、深度可达直径 50 倍的小孔。这种方法与电火花、激光、电子束加工的不同之处在于，加工的表面不会产生形成细微裂纹的热变质层。

与叶片表面成 40°角、直径小于 $\phi0.8$mm 的冷却孔道也是用此法加工的。它采用了内含导电心杆的玻璃弯管作为阴极。

（2）薄板上多个小孔的加工

在沸腾干燥器的制造中，要求在宽 1.6m、长 3.2m、厚 0.6mm 的不锈钢板上加工直径

为 $\phi 0.6mm$ 的孔约 150 万个，要求加工出无毛刺、翻边、倒角，以及公差在 $\pm 0.03mm$、内壁光滑的圆孔，可采用多个小针管内冲液电解加工的方法。这种方法必须解决电极、电极绝缘、水保护、加工尾段工艺等几个关键性的问题。

① 电极。根据工艺要求选用合适的电极是电解加工中的首要问题，加工孔径 D_1 为 $\phi 0.6mm$，加工电极的直径 D_2 应为：

$$D_2 \leqslant D_1 - 2H \leqslant 0.6mm - 2 \times 0.06mm \leqslant 0.48mm$$

式中　H——回流液单边间隙。

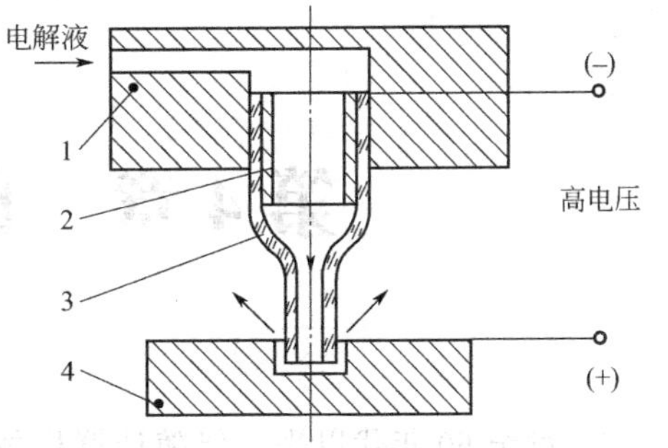

图 3-51　电解液束流加工示意图

1—检测及送进装置；2—阴极；3—绝缘管；4—工件

选用不锈钢医用 5 号注射针头，经实测，外径在 $\phi 0.40 \sim \phi 0.42mm$ 之间，小于计算值，刚好可外涂绝缘层。内孔直径在 $\phi 0.16 \sim \phi 0.18mm$ 之间，可满足要求。

② 电极绝缘。电极的绝缘保护很重要，经实验用烧结珐琅绝缘电极加工出的孔，孔径为 $\phi 0.58 \sim \phi 0.62mm$，内壁平滑、无毛刺、手摸无孔感，只是电极细弱，机械强度不高，加工中注意不要使电极受到机械力。

③ 水保护。为控制散蚀半径和孔边倒角，需加水保护腔。在水保护下，腔底钻直径 $\phi 1mm$ 的孔，电极从孔中穿出。保护水是顺着电极轴向流下，使电解液在加工区内有加工所需浓度和压力，而在加工区外则使电解液压力和浓度迅速降到钝化区工作范围内，这就有效地保证了孔的质量。

④ 加工尾段的处理。加工通孔较不通孔有它的特殊性，即当孔已穿透，但远小于图样要求的孔径时，电解液就已从透孔外流而无回流液，此时加工作用已自动停止了，如再进给就会造成短路而使加工失败。为解决这一问题分别采用以下三种方法：在加工板的背面加密封水腔，此法效果较好，但较复杂和繁琐；在加工板的背面垫橡皮膜，但因电极较细弱，此办法对电极安全不利；在加工板的背面涂以质量分数为 6% 的涂料绝缘膜，效果很好且很方便。涂料膜能很好地阻挡电解液外流，而电极又很容易通过。

习题与思考题

1. 什么是极性效应？在电火花加工中如何充分利用极性效应？
2. 电火花穿孔加工中常采用哪些加工方法？
3. 电火花成形加工中常采用哪些加工方法？
4. 试比较常用电极（如纯铜、黄铜、石墨等）的优缺点及使用场合。
5. 激光加工是如何去除材料的？
6. 电子束加工、离子束加工和激光加工分别适用什么范围？三者各有什么优缺点？
7. 超声波加工有何特点和用途？
8. 水射流切割和磨料喷射加工各有什么特点？分别用在哪些场合？

第4章　自动化制造系统

20世纪60年代以来，伴随计算机技术的飞速发展，计算机控制的数控机床（CNC机床）在自动化领域中取代了机械式或液压式的自动机床。在CNC机床上只要改变程序即可加工新的零件，改变加工对象的灵活性很大，而所需调整的时间却很短，它为柔性制造系统（FMS）打下了很好的基础。

FMS是将微处理器技术应用于CNC机床、工业机器人、自动化仓库、无人运输小车等设备，通过计算机控制系统，把上述各个自动化环节连接成以数控机床为基础的各种规模的自动加工系统。FMS成功地解决了迅速更新产品、适应市场变化的中、小批量产品的自动化生产的难题。

后来，FMS开始和产品的计算机辅助设计（CAD），计算机辅助工程分析（CAE），计算机辅助工艺规划（CAPP），计算机辅助制造（CAM）及生产经营管理决策系统相结合，借助计算机技术和网络技术，把管理信息和制造活动有机地联系起来，向计算机集成制造系统（CIMS）方向发展，以实现整个企业生产管理的现代化。

智能制造技术是在现代传感技术、网络技术、自动化技术、人工智能技术等先进技术的基础上，通过智能化的感知、人机交互、决策和执行技术，实现设计过程、制造过程和制造装备智能化，是信息技术、智能技术与装备制造技术的深度融合与集成。智能制造系统作为新一代制造系统，是一种由智能机器和人类专家共同组成的人机一体化智能系统，它在制造过程中能以一种高度柔性的方式，借助计算机模拟人类专家的智能活动进行分析、推理、判断、构思和决策等，从而取代或者拓展制造环境中人的部分脑力劳动。

4.1　柔性制造系统

4.1.1　概述

1. 柔性制造系统的概念

柔性制造系统（图4-1）是由统一的信息控制系统、物流储存系统和一组数字控制加工设备组成、能适应加工对象变换的自动化机械制造系统，即Flexible Manufacturing System，英文缩写为FMS。

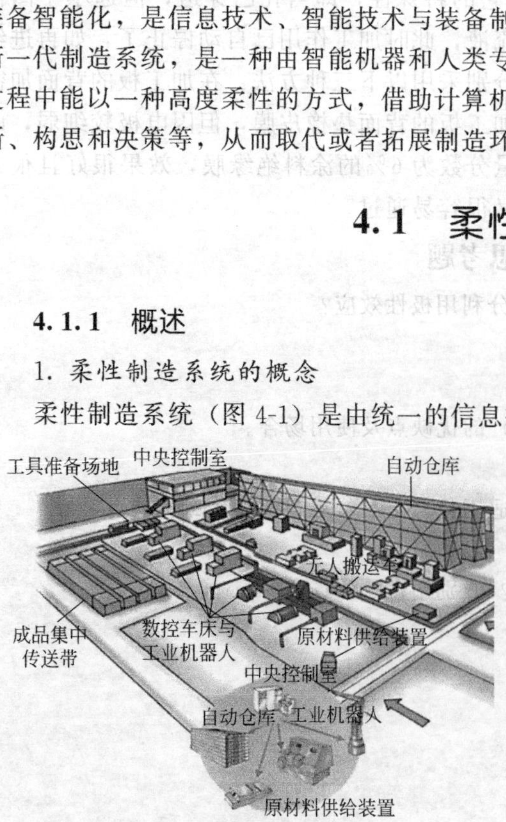

图4-1　柔性制造系统

FMS的出现标志着机械制造业进入了一个新的发展阶段，它将手工操作减少到最低，具有很高的自动化特征。随着社会对多品种、中小批量产品的需求增加，对缩短生产周期、降低制造成本的要求日趋迫切。再加上微电子技术、计算机技术、通信技术、机械与控制设备技术的日益成熟，柔性制造系统得到了广泛的应用。

2. 柔性制造系统的发展历程

1967 年，英国莫休斯公司首次根据威廉森提出的 FMS 概念，研制出了“系统 24”。其主要设备是六台模块化结构的多工序数控机床，目标是在无人看管条件下，实现 24h 连续加工，但最终由于经济和技术上的困难而未能全部建成。

同年，美国的怀特·森斯特兰公司建成了 Omniline Ⅰ系统，它由八台加工中心和两台多轴钻床组成。工件被装在托盘上的夹具中，按固定顺序和一定节拍，在各机床间传送和进行加工。这种柔性自动化设备适于在少品种、大批量生产中使用，在形式上与传统的自动生产线相似，所以也叫柔性自动线。日本、前苏联、德国等也都在 20 世纪 60 年代末至 70 年代初，先后开展了 FMS 的研制工作。

1976 年，日本发那科公司展出了由加工中心和工业机器人组成的柔性制造单元（简称 FMC），为发展 FMS 提供了重要的设备形式。柔性制造单元（FMC）一般由 1～2 台数控机床与物料传送装置组成，有独立的工件储存站和单元控制系统，能在机床上自动装卸工件，甚至自动检测工件，可实现有限工序的连续生产，适合多品种、小批量生产应用。

20 世纪 70 年代末期，柔性制造系统在技术和数量上都有较大发展，20 世纪 80 年代初期已进入实用阶段。其中以由 3～5 台设备组成的柔性制造系统为最多，也有规模更庞大的系统投入使用。

1982 年，日本发那科公司建成的自动化电机加工车间，由 60 个柔性制造单元（包括 50 个工业机器人）和一个立体仓库组成，另有两台自动引导台车传送毛坯和工件，此外还有一个无人化电机装配车间，它们都能连续 24h 运转。

这种自动化和无人化车间，是向实现计算机集成的自动化工厂迈出的重要一步。与此同时，还出现了若干仅具有柔性制造系统的基本特征，但自动化程度不很完善的经济型柔性制造系统，使柔性制造系统的设计思想和技术成果得到普及应用。

迄今为止，全世界有大量的柔性制造系统投入了应用，仅在日本就有 175 套完整的柔性制造系统。国际上柔性制造系统生产的制成品，已经占到全部制成品的 75%以上，而其比率还在不断提高。

4.1.2　FMS 的组成

一个柔性制造系统（FMS）可概括为由下列三部分组成：多工位数控加工系统、自动化的物料储运系统和控制与管理系统（如图 4-2 所示）。

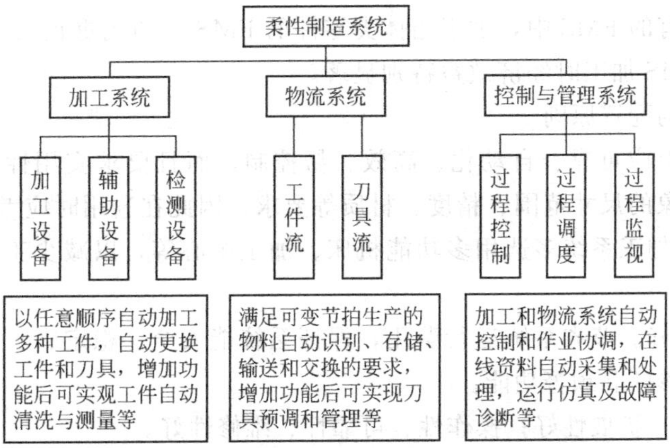

图 4-2　FMS 的构成框图

三个子系统的有机结合，构成了一个制造系统的能量流（通过制造工艺改变工件的形状和尺寸）、物料流（主要指工件流和刀具流）和信息流（制造过程的信息和数据处理），如图4-3 所示。

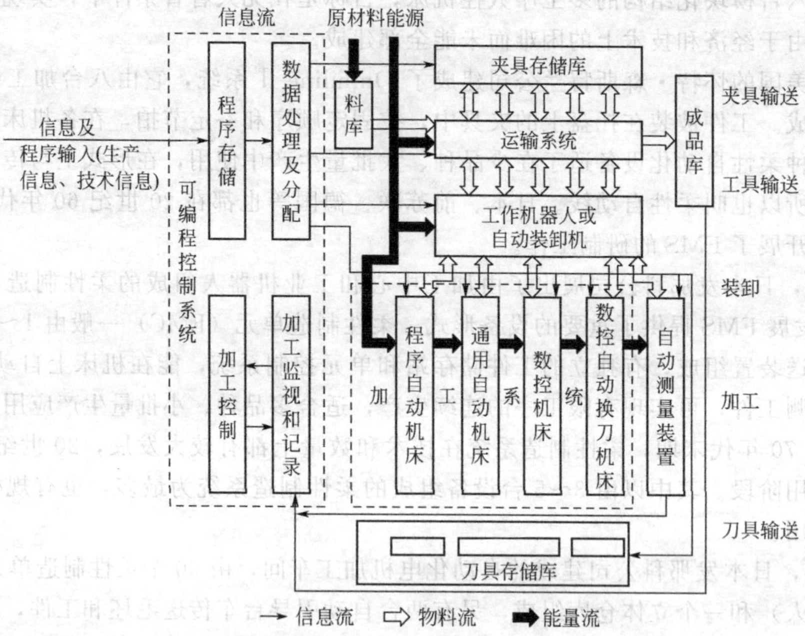

图 4-3　FMS 的组成原理

1. *加工系统*

加工系统的功能是以任意顺序自动加工各种工件，并能自动地更换工件和工具。其通常由若干台 CNC 零件加工机床和 CNC 板材加工设备，以及这种机床要使用的一些刀具构成。从柔性制造系统的柔性含义中可知，加工系统的性能直接影响着 FMS 的性能，且加工系统在 FMS 中又是耗资最多的部分，因此恰当地选用加工系统是 FMS 成功与否的关键。加工系统中的主要设备是实际执行切削等加工工作，把工件从原材料转变为产品的机床。

对以加工箱体类零件为主的 FMS，配备有数控加工中心（有时也有 CNC 铣床）；对以加工旋转零件为主的 FMS，多数配备有 CNC 车削中心和 CNC 车床（有时也有 CNC 磨床）；对于加工专用零件的 FMS，如齿轮加工 FMS，则除了配备 CNC 车床外，还配备了 CNC 齿轮加工机床。在现有的 FMS 中，加工箱体类零件的 FMS 占的比重较大，原因就在于箱体、框架类零件采用 FMS 加工时经济效益特别显著。

(1) 加工系统的配置原则

加工系统原则上应可靠、自动化、高效、易控制，而且要求实用性、匹配性和工艺性好，能满足加工对象的尺寸范围、精度、材质等要求。因此在选用时应考虑以下诸因素。

① 工序集中。加工系统多选用多功能机床、加工中心等，以减少工位数和减轻物流负担，保证加工质量。

② 使用经济性好。节省系统运行费用，保证系统能安全、稳定、长时间无人值守而自动运行；还有故障诊断和预警功能。

③ 控制功能强、扩展性好；操作性、可靠性、维修性好。

④ 高刚度、高精度、高速度。选用切削功能强、加工质量稳定、生产率高的加工设备。

⑤ 对环境的适应性与保护性好。

⑥ 其他。如技术资料齐全，机床上的各种显示、标记等清楚，机床外形、颜色美观并与系统相协调。

(2) 常用设备

① 加工中心。是一种带有刀库并能按预定程序自动更换刀具，对工件进行多工序加工的高效数控机床。其最大特点是工序集中和自动化程度高，可减少工件装夹次数，避免工件重复定位所产生的累积误差，节省辅助时间，实现高精度、高效率加工。图 4-4 所示为 FMS 系统中广泛采用的 TH6513C 型卧式镗铣加工中心。

② 数控组合机床。指数控专用机床、可换主轴箱数控机床、模块化多动力头数控机床等加工设备。这类机床是介于加工中心和组合机床之间的中间机型，兼有加工中心的柔性和组合机床的高效率的特点，可根据加工工件的需求，自动或手动更换装在主轴驱动单元上的单轴、多轴或多轴头，或更换具有驱动单元的主轴头本身。图 4-5 所示为一台三工位数控组合机床。

图 4-4 TH6513C 型卧式镗铣加工中心

图 4-5 三工位数控组合机床

2. 物流系统

物流是 FMS 中物料流动的总称。在 FMS 中流动的物料主要有工件、刀具、夹具、切屑及切削液。FMS 中的物流系统与传统的自动线或流水线有很大差别，整个工件输送系统的工作状态是可以进行随机调度的，而且都设置有储料库，以调节各工位上加工时间的差异。物流系统包含物料输送和物料储存检索两个子系统。

(1) 物料输送系统

FMS 中物料输送系统有四种：传送带式输送系统、有轨输送系统、无轨输送系统和工业机器人传送系统。本节只介绍传送带式输送系统。

传送带式输送系统由传动装置带动工件（或随行夹具）向前，在将要到达要求位置时，减速慢行使工件准确定位。工件（或随行夹具）定位、夹紧完毕后，传动装置使输送带快速复位。

① 工件的输送方式。工件输送应包括工件从系统外部送入系统和工件在系统内部的传送两部分。目前，大多数情况下，将工件送入系统和在夹具上装夹工件仍需人工操作，系统中设置装卸工位。较重的工件可用各种起重设备或机器人搬运。

按物流输送的路线则可将工件输送系统概括为直线式和环形（矩形）输送两种类型。a. 直线式输送主要用于顺序输送，输送工具是各种传送带或自动输送小车。这种系统的储存容量很小，常需要另设储料库。b. 环形输送时，机床布置在环形输送线的外侧或内侧，输送工具除各种类型的轨道传送带外，还可以是自动输送车或架空轨悬吊式输送装置，在输送线

图 4-6　德国 MLR 自动导向小车

路中还设置若干支线作为储料和改变输送路线之用，使系统具有较大的灵活性，能实现随机输送。在环形输送系统中还有用许多随行夹具和托盘组成的连续供料系统，借助托盘上的编码器能自动地识别地址，实现任意编排工件的传送顺序。这种输送方式的储存功能大，一般不设中间料库。近年来，应用较为普遍。

为了将带有工件的托盘从输送线或输送小车送上机床，在机床前还必须设置穿梭式或回转式的托盘交换装置。

在选择物料输送系统的工具和输送路线时，都必须根据具体的加工对象和工厂的具体环境条件，以及工厂投资能力作出经济合理的抉择。例如，箱体类零件较多采用环形或直线式轨迹传送系统或自动输送小车系统（图 4-6），而回转体类零件则较多采用机器人或（加）自动输送小车系统。

② 步伐式工件输送系统。是加工箱体类、杂类零件的组合机床自动线中典型的工件输送系统。它是一种刚性连接装置，把全线连为一个整体，以同一步伐把工件从一个工位移到另一个工位接受加工，输送时有严格的节拍要求。步伐式工件输送系统主要有：弹性棘爪步伐式输送带、摆杆步伐式输送带、抬起步伐式输送带、托盘步伐式输送装置、非同步输送带、自动辊道输送装置。

（2）物料存储与检索系统

它是 FMS 的一个重要组成部分。工件从毛坯到成品的整个生产过程中，只有相当小的一部分时间在机床上进行切削加工，大部分时间消耗于物料的储运过程。对大多数工件来说，可将自动化储存与检索系统视为库房工具，用以跟踪记录材料和工件的输入，储存的工件、刀具和夹具，必要时能够随时对它们进行检索。存储与检索系统主要包括以下装置。

① 工件装卸站。FMS 中，工件装卸站是工件进出系统的地方。在这里，装卸工作通常采用人工操作完成。FMS 如果采用托盘来装夹、运送工件，则工件装卸站必须有可与小车等托盘运送系统交换托盘的工位。

② 托盘缓冲站。在生产线中会出现偶然的故障，如刀具折断或机床故障等。为了不至于阻断工件向其他工位的输送，输送线路中可设置带有若干个侧回路或多个交叉点的并行物料库，以暂时存放故障工位上的工件。

③ 自动化仓库。自动化仓库是指采用巷式起重堆垛机的立体仓库，是 FMS 的一个重要组成部分。立体仓库（图 4-7）能大大提高物料储存与流通的自动化程度，提高管理水平。

图 4-7　立体仓库

3. 控制与管理系统

FMS 的控制与管理系统是实现 FMS 加工过程和物料流动过程的控制、协调、调度、监测和管理的信息流系统，是 FMS 的神经中枢和命脉，也是各子系统之间的联系纽带。其主要任务是：组织和指挥制造流程，并对制造流程进行控制和监视；向 FMS 的加工系统、物流系统（储存系统、输送系统及操作系统）提供全部控制信息并进行过程监视；反馈各种在线监测数据，以便修正控制信息，保证系统安全、可靠地运行。

4.1.3　FMS 的分类与应用

1. FMS 的分类

按规模大小，FMS 可分为如下三类。

(1) 柔性制造单元（FMC）

FMC（图 4-8）由单台带多托盘系统的加工中心或 3 台以下的 CNC 机床组成，具有适应加工多品种产品的灵活性。因此 FMC 的柔性最高，可视为 FMS 的基本单元，是 FMS 向廉价、小型化方向发展的产物。FMC 问世并应用于生产比 FMS 晚 6～8 年，现已进入普及应用阶段。

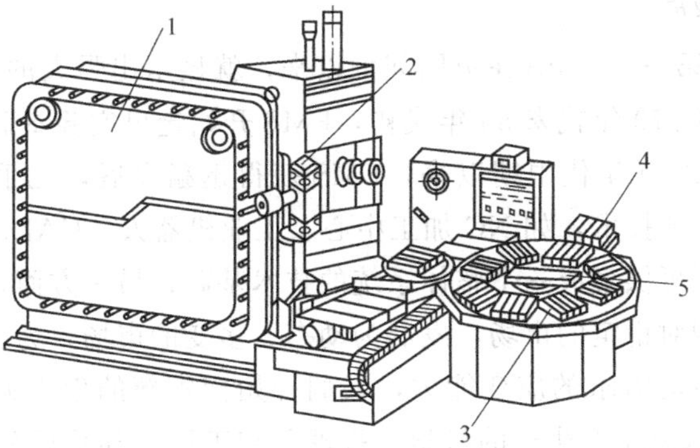

图 4-8　柔性制造单元（FMC）

1—刀具库；2—换刀机械手；3—托盘库；4—装卸工位；5—托盘交换机构

(2) 柔性制造系统（FMS）

FMS（图 4-1）通常包括 3 台以上的 CNC 机床（或加工中心），通过集中的控制系统及物料系统连接起来，可在不停机情况下实现多品种、中小批量的加工管理。FMS 是使用柔性制造技术最具代表性的制造自动化系统。值得一提的是，由于装配自动化技术远远落后于加工自动化技术，产品最后的装配工序一直是现代化生产的一个瓶颈问题。研制开发适用于中小批量、多品种生产的高柔性装配自动化系统，特别是柔性装配单元（FAC）及相关设备，已越来越广泛地引起重视。

(3) 柔性制造线（FML）

柔性制造线 FML 是处于非柔性自动线和 FMS 之间的生产线，对物料系统的柔性要求低于 FMS，但生产率更高。FML 采用的机床大多为多主轴箱的换箱式或转塔式组合加工中心，能同时或依次加工少量不同的零件。FML 技术已日趋成熟，进入实用阶段。图 4-9 所示为加工 244FM 摩托车发动机汽缸的柔性制造线。

图 4-9　加工 244FM 摩托车发动机汽缸柔性制造线

2. 柔性制造系统的应用

在 FMS 应用初期，大多用于箱体类零件的机械加工，主要完成钻、镗、铣以及攻螺纹等工序。后来，随着技术的发展，FMS 不仅能完成非回转体类零件的加工，还可以完成回转体类零件的车削、磨削、齿轮加工，甚至是拉削等加工工序。

从加工领域看，现在的 FMS 不仅能完成机械加工，还可应用于钣金加工、锻造、焊接、装配、铸造和激光、电火花等特种加工，以及喷漆、热处理、注塑和橡胶模制造等加工领域。

从生产产品看，现在的 FMS 已不再局限于汽车、机床、飞机、坦克、火炮、舰船、拖拉机等产品的制造，还可用于计算机、半导体、木制产品、服装、食品，以及医药和化工等产品的生产。

据统计，1994 年初，世界各国已投入运行的 FMS 约有 3000 多个。其中日本拥有 2100 多个，占世界首位。

4.1.4 FMS 的发展

自 1967 年世界上第一套 FMS 在英国问世以来，就显示出强大的生命力。经过 10 余年发展和完善，到 20 世纪 70 年代末 80 年代初，FMS 开始走出实验室而逐渐成为先进制造企业的主力装备。20 世纪 80 年代中期以来，FMS 获得迅猛发展，几乎成了生产自动化的热点。这一方面得益于单项技术，如 NC 加工中心、工业机器人、CAD/CAM、资源管理及高技术等的发展，提供了可供集成一个整体系统的技术基础；另一方面，世界市场发生了重大变化，由过去传统、相对稳定的市场，发展为动态、多变的市场，为了在市场上求生存、求发展，为提高企业对市场需求的应变能力，人们开始探索新的生产方法和经营模式。近年来，FMS 作为一种现代化工业生产的科学“哲理”和工厂自动化的先进模式已被国际上所公认。FMS 作为当今世界制造自动化技术发展的前沿，成为了 21 世纪机械制造业的主要生产模式。

历经近 50 年的努力和实践，FMS 技术已经比较完善，进入了实用化阶段，并已形成了高科技产业。随着科学技术的飞跃以及生产组织与管理方式的不断更新，FMS 作为一种生产手段也将不断适应新的需求，不断引入新的技术，不断向更高层次发展。其发展方向集中在以下几个方面。

(1) 小型化、单元化

自 20 世纪 90 年代开始，为了让更多的中、小企业采用柔性制造技术，FMS 由大型复杂系统，向经济、可靠、易管理、灵活性好的小型化、单元化——FMC 方向发展。FMC 的出现得到了用户的广泛认可。

(2) 模块化、集成化

为便于 FMS 的制造厂家组织生产、降低成本，也有利于用户按需、分期、有选择性地购置系统中的设备，并逐步扩展和集成为功能更强大的系统，FMS 的软、硬件都向模块化方向发展。以模块化结构（比如将 FMC、FMM 作为 FMS 的基本模块）集成 FMS，再以 FMS 作为制造自动化基本模块集成 CIMS 是一种基本趋势。

(3) 开放式

开放式 FMS 系统强调 5 个方面的性能特征：①即插即用；②可移植性；③可扩展性；④可缩放性；⑤互操作性。

4.2 计算机集成制造系统

4.2.1 概述

1. CIMS的产生

计算机集成制造系统（Computer Integrated Manufacturing System，CIMS）的出现基于以下两个条件：一是企业外部环境的变化，尤其是全球市场的迅速形成，引起了企业对CIMS的强烈需求；二是科学技术的长足发展，特别是信息技术、计算机技术、系统技术的迅猛发展，为CIMS的产生提供了技术基础。

近几十年来，随着自动化技术、计算机技术和机械制造业的飞速发展，出现了各种专门用途的自动化子系统，即“自动化孤岛”。如由加工中心、机器人、物料储运系统组成的FMS，CAD和CAM通过CAPP集成的CAD/CAM系统，以MRPⅡ为核心发展起来的企业信息管理系统等。这些自动化子系统是分期控制和局部管理，它们相对独立、易于控制、具有完整的功能模块、具有便于相互连接的接口。随着现代制造技术与信息技术的结合，人们提出了CIMS的现代制造企业模式。CIMS在这些“自动化孤岛”技术的基础上，将全部制造过程进行统一设计，将制造企业的全部生产经营活动，即从市场分析、产品设计、生产规划、制造、质量保证、经营管理到产品售后服务等，通过数据驱动形成一个有机整体，以获得一个高效益、高柔性、智能化的大系统。

2. CIMS的发展策略

为了在全球市场竞争中占据优势，世界各国都先后制订了CIMS的长期发展计划，具有代表性的有以下几个。

（1）美国

1976年，美国空军制订了集成计算机辅助制造计划（Integrated Computer Aided Manufacturing，ICAM），该计划提出了著名的结构化分析设计方法（IDEF），并于1990年在道格拉斯飞机公司建立了CIMS工程。1986年，美国国家标准技术研究院实施的自动化制造技术研究基地（AMRF）计划，提出了CIMS的五层递阶控制结构，至今它仍然是CIMS的参考控制结构，获得广泛应用。

（2）欧盟

1984年，发起了欧洲信息技术研究发展战略计划（ESPRIT），在CIMS发展方面制订了专门计划。该计划提出的CIMS开放体系结构（CIM-OSA），为CIMS建模提供了统一描述框架和集成基础结构，已被国际标准草案所采纳，得到广泛应用。

（3）日本

从1980年起，实施包括订货、设计、加工、装配等功能在内的工厂自动化（FA）计划，建立了多个自动化程度较高的无人生产车间。日本政府于1988年提出了智能制造计划（IMS），该计划的目的在于融合日、美、欧各先进工业国家的技术优势和研究开发方法，致力于面向21世纪的生产系统研究，克服影响制造业生存的各种共性问题，使生产基础技术真正成为人类共同财富和国际公认标准，以推动世界制造业的发展。

（4）中国

我国1986年制订国家高技术发展计划（863计划），CIMS是其中一个主题。我国的

863/CIMS 主题发展战略目标是：根据我国制造业发展需求，首先建立 CIMS 工程研究中心及相应的单元技术研究实验基地，进行 CIMS 关键技术研究；同时选择有条件、有需求的若干个企业开展 CIMS 应用示范工程，并使之取得经济与社会效益。在上述基础上，逐步推广并实现 CIMS 产业化工程。

3. CIMS 的定义

计算机集成制造（Computer Integrated Manufacturing，CIM）的概念是 1973 年由美国学者 Joseph Harrington 率先提出的，它包含两个基本观点。

① 系统的观点。企业生产的各个环节，即从市场分析、产品设计、加工制造、经营管理到售后服务的全部生产活动是一个不可分割的整体，要紧密连接，统一考虑。

② 信息的观点。整个生产过程实质上是一个数据采集、传递和加工处理的过程，最终形成的产品可以看作是信息的物质表现。计算机在整个制造过程中起着重要的作用。

计算机集成制造系统体现了 CIM 的理念，是在自动化技术、信息技术和制造技术的基础上，通过计算机及其软件，将制造企业全部生产活动所需的各种分散的自动化系统有机地集成起来，是适合于多品种、中小批量生产的总体高效益、高柔性的智能制造系统。

CIMS 的一个重要概念就是集成。它把企业的全部经营活动作为一个整体，对企业内部的各种信息进行加工处理，借助信息处理工具——“计算机”进行“集成化”的制造、生产和管理。“计算机”是工具，“制造”是目的，“集成”是 CIMS 别于其他生产方式并将计算机与制造和生产连接在一起的关键，是这种生产方式的核心。

由于 CIM 和 CIMS 内涵是不断发展的，至今还没有一个全世界公认定义。在不同时期、不同国家、不同专家学者曾提出过各种不同的定义，表达了不同的认识和看法。1985 年前，美、德等国均强调 CIM 的信息和集成，美国制造工程师学会提出的 CIMS 结构是以数据库为核心的，而到 1993 年，则变成了以用户的需求为核心。我国 1988 提出的 CIMS 的定义，比此前的定义发展之处在于考虑了人的因素，并且明确了 CIMS 的目标：提高企业对多变竞争环境的适应能力，使企业经济效益取得持续稳步的发展。

1998 年，我国制订的 CIMS 的定义为：将信息技术、现代管理技术和制造技术相结合，并应用于企业产品全生命周期（从市场需求分析到最终报废处理）的各个阶段；通过信息集成、过程优化及资源优化，实现物流、信息流、价值流的集成和优化运行，达到人（组织、管理）、经营和技术三要素的集成，以加强企业新产品开发的时间（T）、质量（Q）、成本（C）、服务（S）、环境（E），从而提高企业的市场应变能力和竞争能力。这实质上已将计算机集成制造发展到了现代集成制造。

4. CIMS 的效益

CIMS 的应用对象主要是制造业，包括连续型制造业（如化工、石油、电力）、离散型制造业（如电子设备、机床、汽车、飞机、鼓风机）和混合型制造业（如食品、纺织、冶金、半导体）。根据国内、外实施 CIMS 工程的成绩和经验，只要在设计和实施中各主要环节处理得科学合理，CIMS 可获得显著的经济效益和社会效益。调查分析的实例有以下几个。

(1) 美国

美国国家科研委员会对 CIMS 实施方面处于领先地位的五家公司，包括麦道飞机公司、通用汽车公司、迪尔拖拉机公司、英格索尔铣床公司和西屋电子公司的长期跟踪调查，1985

年的分析表明：①工程设计成本降低了15%～60%；②生产周期缩短了30%～60%；③生产率提高了40%～70%；④在制品数量减少了30%～60%；⑤产品质量提高了2～5倍；⑥工程技术人员工作能力提高了3～35倍；⑦设备利用率提高了2～3倍；⑧人力费用减少了5%～20%。

CIMS在欧、美等发达国家的应用范围也越来越广，已有许多大中型企业实施了CIMS，不少小型企业也在纷纷采用CIM技术。美国不仅企业重视，国家也极为重视，认为CIMS是夺回失去市场、取得竞争成功的关键技术。

(2) 日本

富士通公司的试点工厂运转一年半后，分析效益如下：①生产率提高2倍；②作业日基准数降低50%；③生产人员减少50%；④库存减少35%；⑤废品率降低为原来的1/3。

(3) 我国DFEM-CIMS

DFEM-CIMS提高了产品设计开发与创新能力，设计周期在原来6～12个月的基础上缩短3个月。实现重大质量事故为零的突破，全面提高了产品质量。DFEM-CIMS建立的信息系统，提高了我国大型水轮发电机组的设计和制造水平，使企业具备了设计制造三峡水轮发电机组和700MW巨型水电机组的生产能力。DFEM-CIMS的实施与应用取得了显著的经济效益和社会效益。

DFEM-CIMS有助于提高我国大型水轮发电机组的设计和制造水平，推进了我国与国际先进水平接轨，具备国际交流、合作和竞争的技术基础和条件，提升了我国企业形象和知名度，为传统制造企业向现代制造企业发展起到了良好的示范作用。

4.2.2 CIMS的组成与体系结构

1. CIMS的三要素

根据CIM和CIMS的定义，通常认为系统集成包括经营、技术及人（机构）三个要素（图4-10），这三个要素相互作用、相互支持，使制造系统达到优化。根据这三个要素相互间的关系，可以看出存在四类集成的问题。

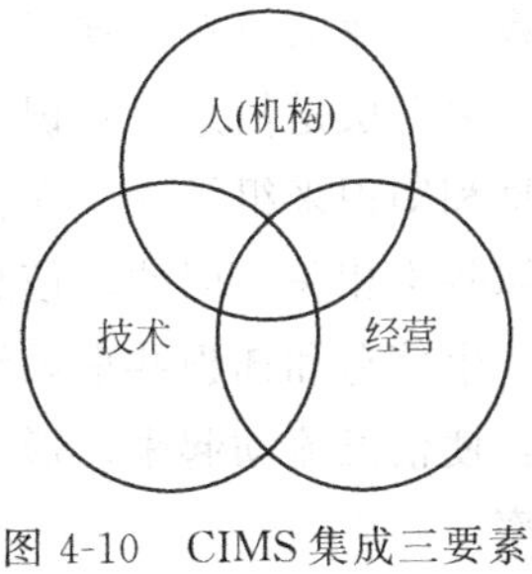

图4-10 CIMS集成三要素

① 利用计算机技术、自动化技术、制造技术及信息技术等支持企业达到预期的经营目标。如缩短产品设计与开发周期，提高产品质量，减少库存量等。即经营目标是企业建立集成的目的，而技术则仅仅是一种手段。

② 利用技术支持企业中各种人员的工作，能互相配合，协调一致，例如通过共享数据库使产品设计人员能及时了解产品制造的可行性。

③ 通过改进组织机构、培训人员及提高人员素质，支持企业达到经营目标，即人（机构）和技术一样也是实现集成的一个重要手段。

④ 统一管理并实现经营、人（机构）及技术三者的集成。

2. CIMS的基本结构

尽管各个制造企业的类型不同、规模不等、生产经营方式各异、CIMS的具体实现方式存在差别，但其基本结构是相同的。1993年，美国提出了新版的CIMS轮图来表示其结构（图4-11）。

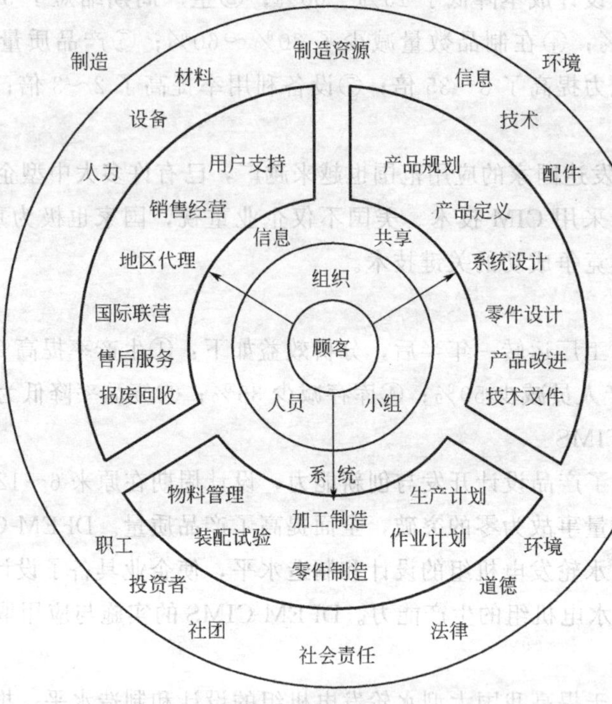

图 4-11 CIMS结构轮图

第一层是驱动轮子的轴心——顾客。企业任何活动的最终目的应该是为顾客服务，迅速而圆满地满足顾客的愿望和要求。市场是企业获得利润和求得发展的基本点。

第二层是企业组织中的人员和群体工作方法。传统的管理概念，认为仅有供销人员是面向用户和市场的，但是在多变的、竞争激烈的市场中，企业中的每个人都必须具有市场意识，每个职工都要了解市场的变化，以及企业在市场中的地位、本职工作和市场竞争能力的关系。企业的成败关键不是技术，而是人和组织。

第三层是信息（知识）共享系统。信息是企业的主要资源，现代企业的生产活动是依靠信息和知识来组织的。在传统的生产方式下，各个部门都有自己的信息处理方式，所采用的知识各不相关。因此，信息冗余量大，传递速度慢，共享程度很低。现代制造企业一定要建立一个信息和知识共享系统，它是以计算机网络为基础的，并且有使用操作方便和可靠的系统，使信息流动起来，形成一个连续不断的信息流，才有可能大大提高企业的生产和工作效率。

第四层是企业的活动层，可划分为三大部门和 15 个功能区。这 15 种功能都是企业在市场竞争中必不可少的。

第五层是企业管理层，它的功能是合理配置资源，承担企业经营的责任。这一层应该是很薄的、但卓有成效的一层，是企业内部活动和企业所在环境的接口。企业管理层是把原料、半成品、资金、设备、技术信息和人力资源作为投入，去组织和管理生产，并将产品推出到市场销售。企业管理层还要承担一系列责任，如员工的利益和安全、投资者的合理回报、社团公共关系、政府法规和行业道德以及环境保护等。

第六层是企业的外部环境。企业是社会中的经济实体，受到用户、竞争者、合作者和其他市场因素的影响。例如老用户和新用户的各种需求，原料和外购件的供应渠道，推销和代理商的组织，能源、交通和通信基础设施的好坏，劳动力和金融市场的变动，大专院校和研究所的支持，政府的经济法规和政治形势的变化等。企业管理人员不能孤立地只看到企业内部，必须置身于市场环境中去运筹帷幄、高瞻远瞩地作出企业发展的决策。

3. CIMS的组成分系统

从系统功能的角度考虑，一般认为CIMS可由生产经营管理信息系统、工程设计自动化系统、制造自动化系统和质量保证系统四个功能分系统，以及计算机网络和数据库两个支撑分系统组成，如图4-12所示。然而这并不意味着任何一个企业在实施CIMS时必须同时实现这六个分系统。由于每个企业原有的基础不同，各自所处的环境不同，因此应根据企业具体的需求和条件，在CIMS思想指导下进行局部实施或分步实施。各个系统的功能分述如下。

(1) 管理信息系统 (MIS)

管理信息系统通常以MRPⅡ为核心，从制造资源出发，考虑了企业进行经营决策的战略层、中短期生产计划编排的战术层，以及车间作业计划与生产活动控制的操作层。它包括预测、经营决策、各级生产计划、生产技术准备、销售、供应、财务、成本、设备、工具、人力资源等各项管理信息功能。

管理信息系统对企业生产经营的主要作用是：

① 合理安排生产，提高企业生产率；

② 降低产品的生产成本；

③ 提高对客户的服务质量；

④ 提高企业的管理水平和管理素质；

⑤ 增加企业的应变能力和竞争能力。

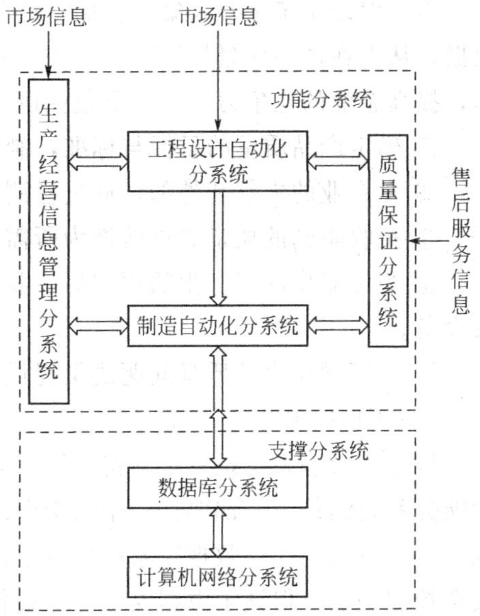

图4-12 CIMS的组成框图

(2) 工程设计自动化系统

工程设计自动化系统实质上是指在产品开发过程中引入计算机技术，使产品开发活动更有效、更优质、更自动化地进行。产品开发活动包括产品的概念设计、工程与结构分析、详细设计、工艺设计以及数控编程等设计和制造准备阶段的一系列工作，即通常所说的CAD、CAE、CAPP和CAM四大部分。

由于CAD、CAE、CAPP、CAM长期处于独立发展的状态，它们在各自的活动领域内发挥着重要作用。CIM的出现与发展使得CAD/CAPP/CAM/CAE的集成已成为基础性工作，其中产品数据格式的标准化，以及相互之间数据的可交换性与共享尤其重要。基于产品模型的CAD/CAPP/CAM/CAE集成化系统，将取代基于工程图纸和独立数据文件的CAD、CAPP、CAM、CAE分离式系统。在产品数据共享的基础上，人们正在探索以并行工程模式替代传统的串行式产品开发模式，从而在产品开发的早期阶段就尽量考虑后续活动的需求，提高产品开发的一次成功率。

(3) 制造自动化系统

制造自动化系统是CIMS的信息流和物料流的结合点，是CIMS最终产生经济效益的聚集地。通常由数控机床、加工中心、清洗机、测量机、运输小车、立体仓库、多级分布式控制计算机等设备及相应支持软件组成。制造自动化系统在计算机控制和调度下，按照NC代码将一件件毛坯加工成合格的零件，再装配成部件直至产品，并将制造现场的各种信息实时地或经过相应处理后反馈到相应部门，以便及时进行调度和控制。

制造自动化系统的主要作用可归纳为如下。

① 实现多品种、小批量产品制造的柔性自动化。制造过程应包括加工、装配、检验等各生产阶段。目前的制造自动化分系统，大部分只实现了加工制造这一个局部的自动化，能实现加工制造、装配及检验全部自动化的系统还很少。

② 实现优质、低成本、短周期及高效率生产，提高企业的市场竞争力。

③ 为作业人员创造舒适而安全的劳动环境。

(4) 质量保证系统

质量保证系统主要采集、存储、评价和处理存在于设计、制造过程中与质量有关的大量数据，从而在产品质量控制环的作用下有效促进产品质量的提高，实现产品的高质量、低成本，提高企业的竞争力。其主要包括以下功能。

① 确定产品质量的目标与标准，制订质量计划与检测计划。

② 在企业的内部和外部，通过检测和试验设备以及其他数据源收集质量数据。

③ 把收集到的质量数据转换为所需形式，以评价产品质量，诊断缺陷及其原因。

④ 当诊断出缺陷产生的原因后，将有关纠正措施的控制信息传送给相应的部门、人员及设备。

⑤ 为不同层次的质量问题决策提供依据，进行质量优化与决策。

(5) CIMS数据库系统

数控库管理系统是一个支持系统，它是CIMS信息集成的关键之一。组成CIMS的各个功能分系统的信息，都要在一个结构合理的数据库系统里进行存储和调用，以实现整个企业数据的集成与共享。数据库系统提供了定义数据结构和方便地对数据进行操纵的功能；具有安全控制功能，保证了数据安全性；提供完整性控制，保证数据的正确性和一致性；提供并发控制，保证多个用户操作数据库数据的正确性。所以，数据库技术是管理数据、实现共享的最通用的方法。

(6) CIMS计算机网络系统

计算机网络主要由计算机系统（包括终端设备）、通信传输设备和网络软件组成。计算机系统可以是大型机、中型机、小型机、工作站和个人计算机。终端设备包括各种输入/输出设备。通信传输设备包括传输介质、通信设备和通信控制设备。

计算机通信网络技术采用国际标准和工业标准规定的网络协议，可以实现异种机互联、异构局部网络及多种网络的互联。通过计算机网络能将物理上分布的CIMS各个功能分系统的信息联系起来，以达到共享的目的。

4.2.3 CIMS的现状与发展

1. CIMS的现状

(1) 国外

国外开展CIMS的研究与应用已有40多年历史。世界各国十分重视CIMS等制造系统集成技术的研究与开发，欧美等发达国家将CIMS技术列入其高技术研究发展战略计划，给予重点支持。目前，国外关于CIMS的研究和推广应用正向纵深发展。欧美国家的重要理工科大学大都建立了与CIMS有关的研究所或实验室；有些大学还开设了CIMS相关技术的课程。

在制造系统模式方面，国外的研究人员对各种新的制造系统模式，如大批量定制生产模式、敏捷制造模式和可持续发展的制造系统模式等进行了深入的研究。这些研究成果充实、丰富了CIMS的内涵。

各种CIMS单元技术，如现代产品设计技术、虚拟制造、并行工程、产品建模技术、面向产品全生命周期的设计分析技术、先进的单元制造工艺、新型数控系统、制造资源计划MRPⅡ、企业资源计划ERP、敏捷供应链管理、企业过程重组BPR、集成质量保证系统和面向产品全生命周期的质量工程等的研究与开发也取得了长足的进步。

随着信息技术的发展，系统集成技术领域发展十分迅速。如基于Web技术的制造应用系统的集成、面向对象和浏览器/客户机/服务器及CORBA和COM/OLE规范的企业集成平台和集成框架技术、以因特网和企业内部网及虚拟网络为代表的企业网络技术、异构分布的多库集成和数据仓库技术等。

(2) 国内

当前，我国CIMS的试点推广应用更进一步，已经扩展到机械、电子、航空、航天、轻工、纺织、冶金、石油化工等诸多领域，正得到各行各业越来越多的关注和投入。在CIMS产业化方面，国产CIMS产业已经崛起，初步形成了多个系列的CIMS目标产品，覆盖了企业信息化工程所需软件产品的85%以上。863/CIMS目标产品，已在50%的CIMS应用示范企业得到应用。国内领先的CIMS目标产品开发单位联合形成了一支在市场上可与国外软件竞争的主力军，在国内形成了一支高水平的产品开发队伍。

在CIMS的应用方面，我国已在多个省市、多个行业的多个企业实施或正在实施CIMS应用示范工程，其中已有50多家通过验收并取得显著效益。863/CIMS主题在实践中形成了一支工程设计、开发、应用骨干队伍，总结出了一套适合我国国情的CIMS实施方法、规范和管理机制。

2. CIMS的发展

20世纪80年代中期以来，CIMS逐渐成为制造业的热点。CIMS以生产率高、生产周期短，以及在制品数量少等极有吸引力的优点，给一些大公司带来了显著的经济效益。世界上很多国家和企业，都把发展CIMS定为全国制造工业或企业的发展战略，制订了很多有政府或企业支持的计划，用以推动CIMS的开发应用。

在我国，尽管制造工业的技术和管理总体水平与工业发达国家还有较大差距，但也已将CIMS技术列入我国的高技术研究发展计划（863)。其目的就是要在自动化领域跟踪世界的发展，力求缩小与国外先进制造技术水平的差距，为增强我国的综合国力服务。

CIMS是现代信息技术、计算机技术、自动控制技术、生产制造技术、系统和管理技术的综合集成系统。CIMS是一项投资大、涉及面广、实现时间长和技术上不断演变的系统工程，其中各项单元技术的发展，部分系统的运行都成功地表明CIMS工程的巨大潜力。

近些年，并行工程、人工智能及专家系统技术在CIMS中的应用，大大推动了CIMS技术的发展，增强了CIMS的柔性和智能性。随着信息技术的发展，在CIMS基础上又提出了各种现代先进制造系统，诸如精益生产、敏捷制造、全球制造等。与此同时，人们不但将信息技术引入到制造业，而且将基因工程和生物模拟技术引入制造技术中，试图建立一种具有更高柔性的开放的制造系统。

4.2.4　CIMS 在企业的实施方法

CIMS 的实施是一项技术综合性强、投资大而复杂的系统工程，企业在实施 CIMS 过程中通常采用分步或分阶段实施方法。CIMS 的设计是自顶向下逐步分解、不断深入细化的过程，系统的实施则是由底向上逐步集成的过程。根据这些特点，CIMS 开发过程按其生命周期一般可分为 6 个阶段：明确用户需求、可行性论证、初步设计、详细设计、工程实施、系统运行和维护。

1. 明确用户需求

建立 CIMS 的需求和目标不明确，就难免走弯路，造成巨大浪费。因此，这一阶段的主要工作是要明确需求和目标，分析并确定企业建立 CIMS 的必要性，以及能否从中获益。其工作流程是：

①组成工作小组 → ②市场分析和变化趋势分析 → ③确定企业发展方向，提出初步的具体定量指标 → ④确定方针政策 → ⑤编写报告

2. 可行性论证

可行性论证的主要任务是研究企业建立集成制造系统的必要性和可行性，需要了解企业/系统的战略目标及内外现实环境；确定系统的总体目标和主要功能；拟定集成的总体方案和实施的技术路线，并从技术、经济和社会条件等方面论证总体方案的可行性；制订投资规划和开发计划；编写可行性论证报告。其工作流程有以下几步：

①组织工作队伍，拟定工作计划 → ②分析企业的市场环境，提出经营目标和应采取的市场策略 → ③调查和分析企业的内部资源情况，找出瓶颈 → ④提出系统建设/改造选型的需求确定目标及主要功能 → ⑤拟定 CIMS 总体集成方案和技术路线 → ⑥提出系统开发过程中的关键技术项目及解决途径 → ⑦明确组织机构调整或变革需求及可能造成的影响 → ⑧进行投资概算及初步成本效益分析 → ⑨拟定系统开发计划 → ⑩编写可行性论证报告

3. 初步设计

初步设计是可行性报告的进一步深化和具体化。其主要任务是确定 CIMS 的需求，建立目标，设计系统的功能模型和初步确定信息模型的实体和联系，探讨经营过程的合理化问题，提出系统实施的主要技术方案。在系统需求分析和主要技术方案设计方面，应深入到各子系统，对各子系统内部的功能需求进一步明确，并产生相应的系统需求说明。其工作流程有以下几步：

①建立初步设计组织 → ②系统需求分析 → ③设计系统的总体结构 → ④确定分系统技术方案 → ⑤设计系统的功能模型 → ⑥初步确定信息模型的实体和联系 → ⑦建立过程模型和提出的其他模型 → ⑧提出系统集成的内部、外部接口需求 → ⑨提出拟采用的开发方法和技术路线 → ⑩提出关键技术及解决方案 → ⑪确定系统配置 → ⑫规划集成环境下的组织机构 → ⑬经费预算 → ⑭技术经济效益分析 → ⑮确定详细设计任务、实施进度计划 → ⑯编写初步设计报告

4. 详细设计

对初步设计的进一步完善和具体化，主要任务是在分系统和子系统水平上对关键技术组

织研究、试验；对应用软件系统的开发要给出软件结构、算法、代码编写说明，细化到能够开始编写程序；对硬件设备要完成所有说明书和图纸工作以及安装施工设计；对数据库系统应完成概念、逻辑和物理结构设计；对通信网络要完成接口、协议及管线施工图等。此外，还要确定系统实施组织机构、人员配置和培训计划。总之，详细设计要提出子课题实施任务书。其成果是各个分系统开始实施的基本依据。其工作流程有以下几步：

①建立详细设计组织 → ②确定系统的详细需求 → ③细化系统功能模型 → ④完成系统信息模型 → ⑤应用软件系统设计 → ⑥接口设计 → ⑦数据库系统设计 → ⑧系统设备资源设计 → ⑨信息分类编码设计 → ⑩关键技术的研究、试验 → ⑪调整与确定系统组织机构 → ⑫修正投资预算和效益分析，进行资金规划 → ⑬拟定系统实施计划 → ⑭编制详细的系统测试计划 → ⑮编写详细设计报告和文档

5. 工程实施

工程实施阶段的主要任务是把设计变为现实，产生一个能被用户接受的可运行系统。在这一阶段，主要工作是按照已经确定的总体方案进行环境建设、子系统和分系统的实施，由下而上地逐步安装、调试、测试和集成，以及组织机构落实和人员定岗等。其工作流程有以下几步：

①修订落实工程实施计划 → ②建立集成环境 → ③应用系统实施 → ④数据库系统实施 → ⑤组织机构的调整落实 → ⑥文档编制和完善

6. 系统的运行和维护

其主要工作是保证 CIMS 的正常运行和必要的维护，达到 CIMS 设计的目标。系统的维护工作有主动维护和被动维护两方面，有发现问题进行修改的改正性维护、客观条件变化需要扩大功能的适应性维护以及性能改善的完善性维护等。其工作流程有以下几步：

①完善各种操作规程和维护规程 → ②做好后备工作 → ③技术培训 → ④系统运行状况记录 → ⑤制订维护手册 → ⑥软、硬件资源维护 → ⑦数据库，网络系统软件的维护 → ⑧数据和数据文件维护 → ⑨机构和人员调整 → ⑩定期进行系统运行评价

4.3 智能制造系统

4.3.1 智能制造系统的内涵

1. 智能制造系统的产生与发展

智能制造系统（Intelligent Manufacturing System，IMS）是一种由智能机器和人类专家共同组成的人机一体化智能系统，它在制造过程中能进行智能活动，诸如分析、推理、判断、构思和决策等。其研究过程大致经历了三个阶段：起始于 20 世纪 80 年代人工智能在制造领域中的应用；发展于 20 世纪 90 年代智能制造技术、智能制造系统的提出；成熟于 21 世纪以来新一代信息技术条件下的“智能制造”。

（1）概念的提出

1998 年，美国赖特（Paul Kenneth Wright）、伯恩（David Alan Bourne）正式出版了智能制造研究领域的首本专著《制造智能》，就智能制造的内涵与前景进行了系统描述，将智能制造定义为“通过集成知识工程、制造软件系统、机器人视觉和机器人控制来对制造技工

们的技能与专家知识进行建模，以使智能机器能够在没有人工干预的情况下进行小批量生产”。在此基础上，英国技术大学 Williams 教授对上述定义作了更为广泛的补充，认为“集成范围还应包括贯穿制造组织内部的智能决策支持系统”。麦格劳—希尔科技词典将智能制造定义为：采用自适应环境和工艺要求的生产技术，最大限度地减少监督和操作，用于制造物品的活动。

(2) 概念的发展

在智能制造概念提出不久，智能制造的研究就获得了欧、美、日等工业发达国家的普遍重视，围绕智能制造技术（IMT）与智能制造系统（IMS）开展了国际合作研究。日、美、欧在共同发起实施的“智能制造国际合作研究计划”中提出：“智能制造系统是一种在整个制造过程中贯穿智能活动，并将这种智能活动与智能机器有机融合，将整个制造过程从订货、产品设计、生产到市场销售等各个环节，以柔性方式集成起来、能发挥最大生产力的先进生产系统”。

(3) 概念的深化

进入 21 世纪以来，随着物联网、大数据、云计算等新一代信息技术的快速发展与应用，智能制造被赋予了新的内涵，即新一代信息技术条件下的智能制造。2010 年 9 月，美国在华盛顿举办的“21 世纪智能制造的研讨会”上指出，智能制造是对先进智能系统的强化应用，使得新产品的快速制造、产品需求的动态响应，以及对工业生产和供应链网络的实时优化成为可能。2013 年 4 月，德国正式推出工业 4.0 战略，虽然没明确提出智能制造概念，但包含了智能制造的内涵，即将企业的机器、存储系统和生产设施融入到虚拟网络——信息物理融合系统（Cyber-Physical System，简称 CPS)。在制造系统中，这一虚拟网络包括智能机器、存储系统和生产设施，能够相互独立地自动交换信息、触发动作和控制。根据我国工信部的定义，智能制造是基于新一代信息技术，贯穿设计、生产、管理、服务等制造活动各个环节，具有信息深度自感知、智慧优化自决策、精准控制自执行等功能的先进制造过程、系统与模式的总称。

综上所述，智能制造系统是将物联网、大数据、云计算等新一代信息技术与先进自动化技术、传感技术、控制技术、数字制造技术结合，实现工厂和企业内部、企业之间和产品全生命周期的实时管理和优化的新型制造系统。

2. IMS 的特征

智能制造系统的特征在于数据的实时感知、优化决策、动态执行等三个方面。

① 数据的实时感知。智能制造系统需要大量的数据支持，通过利用高效、标准的方法实时进行信息采集、自动识别，并将信息传输到分析决策系统。

② 优化决策。通过面向产品全生命周期的海量异构信息的挖掘提炼、计算分析、推理预测，形成优化制造过程的决策指令。

③ 动态执行。根据决策指令，通过执行系统控制制造过程的状态，实现稳定、安全的运行和动态调整。

3. IMS 的构成

(1) 智能装备

智能装备是发展智能制造的基础与前提，它由物理部件、智能部件和联接部件构成。智能部件由传感器、微处理器、数据存储装置、控制装置和软件，以及内置操作和用户界面等构成；连接部件由接口、有线或无线连接协议等构成；物理部件由机械和电子零件构成。智能部件能加强物理部件的功能和价值，而连接部件进一步强化智能部件的功能和价值，使信息可以在产品、运行系统、制造商和用户之间传递，并让部分价值和功能脱离物理产品本身存在。

智能装备具有监测、控制、优化和自主四个方面的功能。监测是指通过传感器和外部数据源对产品的状态、运行和外部环境进行全面监测，在数据的帮助下，一旦环境和运行状态发生变化，智能装备就会向用户或相关方发出警告；控制是指可以通过其内置或云中的命令和算法进行远程控制；算法可以让智能装备对条件和环境的特定变化做出反应；优化是指对实时数据或历史记录进行分析，植入算法，从而大幅提高产品的产出比、利用率和生产效率；自主是指将检测，控制和优化功能融合到一起，能实现前所未有的自动化程度。

(2) 智能生产

智能生产是指以智能制造系统为核心，以智能工厂为载体，通过在工厂和企业内部、企业之间，以及产品全生命周期形成以数据互联互通为特征的制造网络，实现生产过程的实时管理和优化。智能生产涵盖产品、工艺设计、工厂规划的数字设计与仿真，以及底层智能装备、制造单元、自动化生产线、制造执行系统、物流自动化与管理等企业管理系统。

(3) 智能服务

通过采集设备运行数据，并上传至企业数据中心（企业云），利用系统软件对设备实时在线监测、控制，经过数据分析判定设备运行状态，并提早进行设备维护。例如维斯塔斯通过在风机的机舱、轮毂、叶片、塔筒及地面控制箱内，安装传感器、存储器、处理器以及SCADA系统，实现对风机运行的实时监控。还通过在风力发电涡轮中内置微型控制器，可以在每一次旋转中控制扇叶的角度，从而最大限度捕捉风能，还可以控制每一台涡轮，在能效最大化的同时，减少对邻近涡轮的影响。维斯塔斯通过对实时数据进行处理，预测风机部件可能产生的故障，以减少可能的风机不稳定现象，并使用不同的工具优化这些数据，达到风机性能的最优化。

4. IMS的作用

智能制造的核心是提高企业生产效率，拓展企业价值增值空间，主要表现在以下几个方面。

① 缩短产品的研制周期。通过智能制造，产品从研发到上市、从下订单到配送时间可以得以缩短。通过远程监控和预测性维护，为机器和工厂减少高昂的停机时间，生产中断时间也得以不断减少。

② 提高生产的灵活性。通过采用数字化、互联和虚拟工艺规划，智能制造开启了大规模批量定制生产，乃至个性化小批量生产的大门。

③ 创造新价值。通过发展智能制造，企业将实现从传统的“以产品为中心”，向“以集成服务为中心”转变，将重心放在解决方案和系统层面上，利用增值服务在整个产品生命周期中实现新价值。

4.3.2 智能制造系统的关键技术

要实现一个生产系统的智能制造，必须在信息实时自动化识别处理、无线传感器网络、信息物理融合系统、网络安全等方面得到突破，这其中涉及如下智能制造的关键技术。

1. 射频识别技术

射频识别（Radio Frequency Identification，RFID）技术又称为无线射频识别，是一种无线通信技术，可以通过无线电信号识别特定目标，并读写相关数据，而无需识别系统与特定目标之间进行机械或光学接触。常用的无线射频有低频（125～134.2kHz）、高频（13.56MHz）和超高频 3 种，而 RFID 读写器分为移动式和固定式两种。射频识别是一种自动识别技术，它将小型的无线设备贴在物件表面，并采用 RFID 阅读器进行自动的远距离读取，提供了一种精确、自动、快速的记录和收集目标的工具。

随着射频识别技术的巨大进步，RFID 成为了业务流程精益化的基本使能器，可以减少生产库存，提高生产效率和质量，从而提高制造企业的竞争力。

2. 实时定位系统

实时定位系统（Real Time Location System，RTLS）由无线信号接收传感器和标签无线信号发射器等组成。一般将被跟踪目标贴上有源 RFID 标签，在室内布置 3 个以上阅读器天线，使用有源 RFID 标签来发现目标位置；3 个阅读器天线接收到标签的广播信号，每个信号将接收时间传递到一个软件系统，使用三角测量来计算目标位置。

在实际生产制造现场，需要对多种材料、零件、工具、设备等进行实时跟踪管理；在制造的某个阶段，材料、零件、工具等需要及时到位和撤离；生产过程中，需要监视在制品的位置行踪，以及材料、零件、工具的存放位置等。这样，在生产系统中需要建立一个实时定位网络系统，以完成生产全程中角色的实时位置跟踪。

3. 无线传感器网络

无线传感器网络（Wireless Sensor Network，WSN）是由许多在空间分布的自动装置组成的一种无线通信计算机网络，这些装置使用传感器监控不同位置的物理或环境状况（如温度、声音、振动、压力、运动或污染物等）。

在生产系统中，要合理利用无线网络，根据任务的实时性、数据吞吐量大小、数据传输速率、可靠性等特点，实施不同的无线网络技术，如监督通信、分散过程控制、无线设备网络、故障信息报警、实时定位，可分别采用 WLAN、RFID、ZigBee/Bluetooth、GPRS、UWB 等网络技术。

4. 信息物理融合系统

信息物理融合系统（Cyber-Physical System，CPS），也称为"赛博物理系统"，将彻底改变传统制造业逻辑。在这样的系统中，一个工件就能算出自己需要哪些服务。通过数字化逐步升级现有生产设施，这样生产系统可以实现全新的体系结构。它不仅可在全新的工厂得以实现，而且能在现有工厂步步升级的过程中得到升华。

在当前的工业制造环境中，已经可以看到将要改变的迹象，从僵化的工业控制转变到分布式智能控制。大量的传感器以令人难以置信的精度记录着它们的环境，并作为一个独立于中心生产控制系统的嵌入式处理器系统做出自己的决策。现在还缺少综合无线网络组件，它能实现永久的信息交换，在复杂事件、临界状态和情景感知中，综合不同传感器来评估识别，基于这些感知处理并制定进一步的行动计划。

CPS 是一个综合计算、网络和物理环境的多维复杂系统，通过 3C（Computation、Communication、Control）技术的有机融合与深度协作，实现大型工程系统的实时感知、动态控制和信息服务。CPS 实现计算、通信与物理系统的一体化设计，可使系统更加可靠、高效、实时协同，具有重要而广泛的应用前景。CPS 系统把计算与通信深深地嵌入实物过程，使之与实物过程密切互动，从而给实物系统添加新的能力。

5. 人工智能

人工智能（Artificial Intelligence，AI）是研究、开发用于模拟、延伸和扩展人的智能的理论、方法、技术及应用系统。它企图了解智能的实质，并生产出一种新的能与人类智能相似的方式做出反应的智能机器。该领域的研究包括机器人、语言识别、图像识别、自然语言处理和专家系统等。

人工智能是对人的意识、思维的信息过程的模拟。人工智能虽然不是人的智能，但能像人那样思考，也可能超过人的智能。

6. 增强现实技术

增强现实技术（Augmented Reality，AR）是一种将真实世界信息和虚拟世界信息“无缝”集成的新技术，是把原本在现实世界的一定时间空间范围内很难体验到的实体信息（视觉、声音、味道、触觉等信息），通过电脑等科学技术，模拟仿真后再叠加，将虚拟的信息应用到真实世界，被人类感官所感知，从而达到超越现实的感官体验。真实的环境和虚拟的物体实时地叠加到了同一个画面或空间同时存在。增强现实技术，不仅展现了真实世界的信息，而且将虚拟的信息同时显示出来，两种信息相互补充、叠加。增强现实技术包含了多媒体、三维建模、实时视频显示及控制、多传感器融合、实时跟踪及注册、场景融合等新技术与新手段。

7. 基于模型的企业

基于模型的企业（Model-Based Enterprise，MBE）是一种制造实体，它采用建模与仿真技术对其设计、制造、产品支持的全部技术和业务流程进行彻底改进、无缝集成以及战略管理。利用产品和过程模型来定义、执行、控制和管理企业的全部过程，并采用科学的模拟与分析工具，在产品生命周期（PLM）的每一步做出最佳决策，从根本上减少产品创新、开发、制造和支持的时间和成本。

8. 物联网

物联网（Internet of Things，IOT）是物物相连的互联网，其核心和基础仍然是互联网，是在互联网基础上的延伸和扩展的网络，其用户端延伸和扩展到了任何物品与物品之间，进行信息交换和通信。因此，物联网是通过射频识别（RFID）、红外感应器、全球定位系统、激光扫描器等信息传感设备，按约定的协议，把任何物品与互联网相连接，进行信息交换和通信，以实现对物品的智能化识别、定位、跟踪、监控和管理的一种网络。

9. 云计算

云计算（Cloud Computing，CC）是一种按使用量付费的模式，这种模式提供可用的、便捷的、按需的网络访问，进入可配置的计算资源共享池（资源包括网络、服务器、存储、应用软件、服务），这些资源能够被快速提供，只需投入很少的管理工作，或与服务供应商进行很少的交互。

10. 工业大数据

工业大数据（Industrial Big Data，IBD）是将大数据理念应用于工业领域，将设备数据、活动数据、环境数据、服务数据、经营数据、市场数据和上下游产业链数据等原本孤立、海量、多样性的数据相互连接，实现人与人、物与物、人与物之间的连接，尤其是实现终端用户与制造、服务过程的连接。通过新的处理模式，根据业务场景对时序性的要求，实现数据、信息与知识的相互转换，使其具有更强的决策力、洞察发现力和流程优化能力。

相比其他领域的大数据，工业大数据具有更强的专业性、关联性、流程性、时序性和解析性等特点。

11. 预测与健康管理

预测与健康管理（Prognostics and Health Management，PHM）是综合利用现代信息技术、人工智能技术的最新研究成果而提出的一种全新的管理健康状态的解决方案。一般而言，PHM系统由六个部分构成：数据采集、信息归纳处理、状态监测、健康评估、故障预测决策、保障决策。

12. 工厂信息安全

工厂信息安全是将信息安全理念应用于工业领域，实现对工厂及产品使用维护环节所涵盖的系统及终端进行安全防护，所涉及的终端设备及系统包括工业以太网、数据采集与监控(SCADA)、分布式控制系统（DCS）、过程控制系统（PCS）、可编程逻辑控制器（PLC）、远程监控系统等网络设备及工业控制系统的运行安全，确保工业以太网及工业系统不被未经授权的访问、使用、泄露、中断、修改和破坏，为企业正常生产和产品正常使用提供信息服务。

这些技术有些已经成熟，并进入实用阶段；有的理论已初步完善，处于攻关开发阶段；有的还处于理论探讨阶段。总之，伴随智能制造系统不断的深入，将会有更多的新技术不断涌现。

4.3.3 智能制造系统的架构

自美国 20 世纪 80 年代提出相关概念以来，智能制造一直受到众多国家的重视和关注，纷纷将智能制造列为国家级计划并着力发展。目前，在全球范围内具有广泛影响的是德国的“工业 4.0”战略和美国的工业互联网计划。

1. 德国的工业 4.0

2013 年 4 月，德国在汉诺威工业博览会上正式推出了“工业 4.0”战略（图 4-13），其核心是通过信息物理融合系统（CPS），实现人、设备与产品的实时连通、相互识别和有效交流，构建一个高度灵活的个性化和数字化的智能制造模式。在这种模式下，生产由集中向分散转变，规模效应不再是工业生产的关键因素；产品由趋同向个性转变，未来产品都将完全按照个人意愿进行生产，极端情况下将成为自动化、个性化的单件制造；用户由部分参与向全程参与转变，用户不仅出现在生产流程的两端，而且广泛、实时地参与生产和价值创造的全过程。

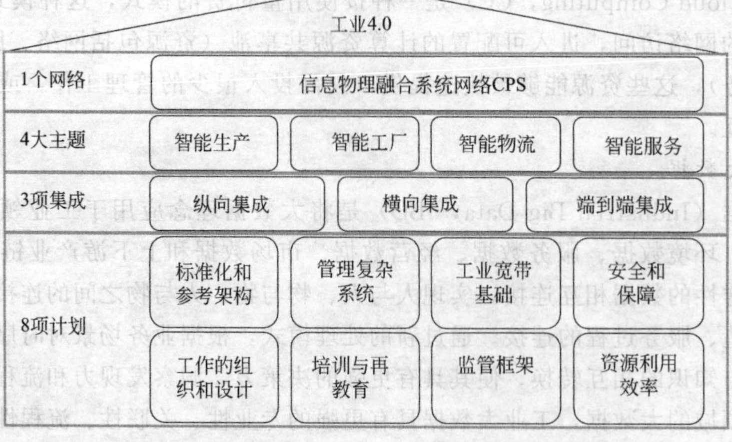

图 4-13 工业 4.0 体系框架

德国工业4.0战略提出了三个方面的特征：一是价值网络的横向集成，即通过应用CPS，加强企业之间在研究、开发与应用协同推进，以及在可持续发展、商业保密、标准化、员工培训等方面的合作；二是全价值链的纵向集成，即在企业内部通过采用CPS，实现从产品设计、研发、计划、工艺到生产、服务的全价值链的数字化；三是端对端系统工程，即在工厂生产层面，通过应用CPS，根据个性化需求定制特殊的IT结构模块，确保传感器、控制器采集的数据与ERP管理系统进行有机集成，打造智能工厂。

2013年12月，德国电气电子和信息技术协会发表了《德国“工业4.0”标准化路线图》，其目标是制定出一套单一的共同标准，形成一个标准化的、具有开放性特点的标准参考体系，最终达到通过价值网络实现不同公司间的网络连接和集成。德国“工业4.0”提出的标准参考体系是一个通用模型，适用于所有合作伙伴公司的产品和服务，提供了“工业4.0”相关技术系统的构建、开发、集成和运行的框架，目的是将不同业务模型的企业采用的不同作业方法统一为共同的作业方法。

工业4.0项目主要分为两大主题，一是“智能工厂”，重点研究智能化生产系统及过程，以及网络化分布式生产设施的实现；二是“智能生产”，主要涉及整个企业的生产物流管理、人机互动，以及3D技术在工业生产过程中的应用等。该计划将特别注重吸引中小企业参与，力图使中小企业成为新一代智能化生产技术的使用者和受益者，同时也成为先进工业生产技术的创造者和供应者。

由此可见，工业4.0的核心是智能制造，精髓是智能工厂，精益生产是智能制造的基石，工业机器人是最佳助手，工业标准化是必要条件，软件和工业大数据是关键大脑。

2. 美国的工业互联网计划

(1) 工业互联网

“工业互联网”的概念最早是由通用电气公司于2012年提出的，与工业4.0的基本理念相似，倡导将人、数据和机器连接起来，形成开放而全球化的工业网络，其内涵已经超越制造过程以及制造业本身，跨越产品生命周期的整个价值链。工业互联网和“工业4.0”相比，更加注重软件、网络和大数据，目标是促进物理系统和数字系统的融合，实现通信、控制和计算的融合，营造一个信息物理融合系统的环境。

美国工业互联网体系由智能设备、智能系统和智能决策三大核心要素构成，如图4-14所示，它可以实现数据流、硬件、软件和智能的交互。由智能设备和网络收集的数据存储之后，利用大数据分析工具进行数据分析和可视化，由此产生的“智能信息”，可以由决策者在必要时进行实时判断处理，成为大范围工业系统中工业资产优化战略决策过程的一部分。

智能设备：将信息技术嵌入装备中，使装备成为智能互联产品。为工业机器提供数字化仪表是工业互联网革命的第一步，使机器和机器交互更加智能化，这得益于以下三个要素。

① 部署成本下降。仪器仪表的成本已大幅下降，从而有可能以一个比过去更经济的方式装备和监测工业机器。

② 微处理器芯片的计算能力提升。微处理器芯片持续发展已经达到了一个转折点，即使得机器拥有数字智能成为可能。

③ 高级分析技术日趋成熟。“大数据”软件工具和分析技术的进展，为了解由智能设备产生的大规模数据提供了手段。

智能系统：将设备互联形成的一个系统。智能系统包括各种传统的网络系统，但广义的定义包括了部署在机组和网络中，并广泛结合的机器仪表和软件。随着越来越多的机器和设

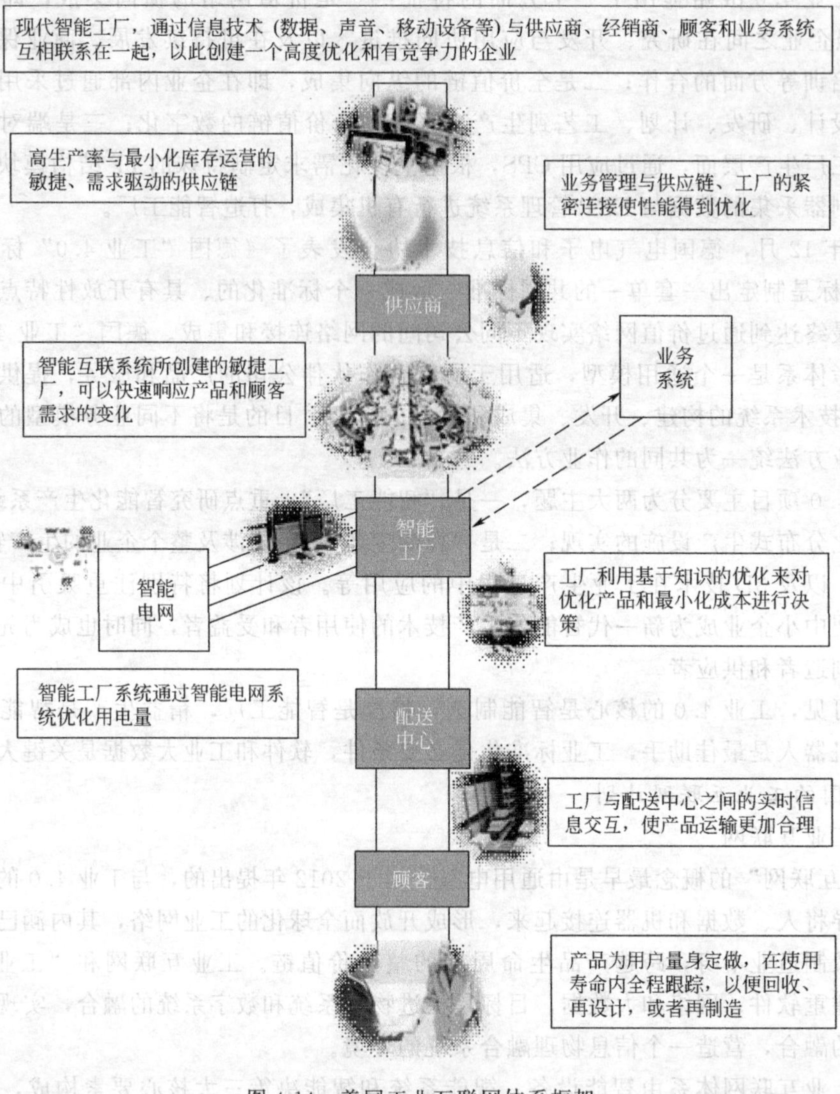

图 4-14　美国工业互联网体系框架

备加入工业互联网，可以实现跨越整个机组和网络的机器仪表的协同效应。智能系统的构建整合了广泛部署智能设备的优点。将越来越多的机器连接在一个系统中，最终结果将是系统不断扩大并能自主学习，而且越来越智能化。

智能决策：即在大数据和互联网基础上实时判断处理。当从智能设备和系统收集到了足够的信息来促进数据驱动型学习的时候，智能决策就发生了，从而使一个小机组网络层的操作功能从运营商传输到数字安全系统。

2014 年 3 月，美国通用电气、IBM、思科、英特尔和 AT&T 五家行业龙头企业，联手组建了工业互联网联盟 (IIC)，其目的是通过制定通用标准，打破技术壁垒，使各个厂商设备之间可以实现数据共享，利用互联网激活传统工业过程，更好地促进物理世界和数字世界的融合。工业互联网联盟已经开始起草工业互联网通用参考架构，该参考架构将定义工业物联网的功能区域、技术以及标准，用于指导相关标准的制定，帮助硬件和软件开发商创建与物联网完全兼容的产品，最终目的是实现传感器、网络、计算机、云计算系统、大型企业、车辆和数以百计其他类型的实体得以全面整合，推动整个工业产业链的效率全面提升。

（2）智能制造

2011 年 6 月 24 日美国智能制造领导联盟（Smart Manufacturing Leadership Coalition，SMLC）发表了《实施 21 世纪智能制造》报告。该报告认为智能制造是先进智能系统强化应用、新产品快速制造、产品需求动态响应，以及工业生产和供应链网络实时优化的制造。智能制造的核心技术是网络化传感器、数据互操作性、多尺度动态建模与仿真、智能自动化，以及可扩展的多层次的网络安全。智能制造企业将融合所有方面的制造，从工厂运营到供应链，并且使得对固定资产、过程和资源的虚拟追踪横跨整个产品的生命周期。最终结果，将是在一个柔性的、敏捷的、创新的制造环境中，优化性能和效率，并且使业务与制造过程有效串联在一起。

3. 中国制造 2025 与智能制造系统架构

（1）中国制造 2025

2015 年 5 月，国务院印发了《中国制造 2025》，强调信息技术与制造技术的深度融合是新一轮产业竞争的制高点，而智能制造则是抢占这一制高点的主攻方向。《中国制造 2025》明确指出：加快机械、航空、船舶、汽车、轻工、纺织、食品、电子等行业生产设备的智能化改造，提高精准制造、敏捷制造能力，统筹布局和推动智能交通工具、智能工程机械、服务机器人、智能家电、智能照明电器、可穿戴设备等产品研发和产业化。

发展基于互联网的个性化定制、众包设计、云制造等新型制造模式，推动形成基于消费需求动态感知的研发、制造和产业组织方式；建立优势互补、合作共赢的开放型产业生态体系；加快开展物联网技术研发和应用示范，培育智能监测、远程诊断管理、全产业链追溯等工业互联网新应用。

工业与信息化部部长苗圩解释说，德国工业 4.0 着眼高端装备，提出建设“信息物理融合系统”，并积极布局“智能工厂”，推进“智能生产”。而中国制造 2025 则提出以推进信息化和工业化深度融合为主线，大力发展智能制造，构建信息化条件下的产业生态体系和新型制造模式。

（2）我国智能制造系统架构

我国智能制造系统研究起步较晚，目前还没有统一的架构标准。一些企业借鉴德、美等国智能制造的发展经验，建立了自己的智能制造系统架构。根据现代智能制造的理论，智能制造工厂是系统的核心环节，有研究者根据系统工程的分析理论，对智能生产线的系统构成及内在逻辑关系进行了自上而下的综合梳理和分析，并总结出一套适用性较强的智能制造工厂的总体架构，如图 4-15 所示。

该架构自上而下包括业务层、运作层、功能系统、功能单元、支撑技术五个层次。智能制造工厂各个层次间相辅相成，联系密切，其中系统以需求订单为输入端，以信息系统为核心，集成自动化上下料等多个子功能系统，以基本功能单元及支撑技术为依托，推动智能制造工厂的正常运作，实现大批量产品定制及个性化客户服务的目标，从而最大化地满足客户和市场需求。其中各个层次的内容及构成如下。

① 系统业务层：即系统目标，是为客户提供大批量定制产品及个性化的客户服务。

② 系统运作层：应用柔性化、可重构、精益化、数字化及敏捷化等技术。

③ 功能系统层：包括自动化上下料、均衡化混流生产、加工参数优化、生产过程实时监控、数字化物流跟踪、在线高精度检测、设备故障预警等，并且通过信息系统（PDM、

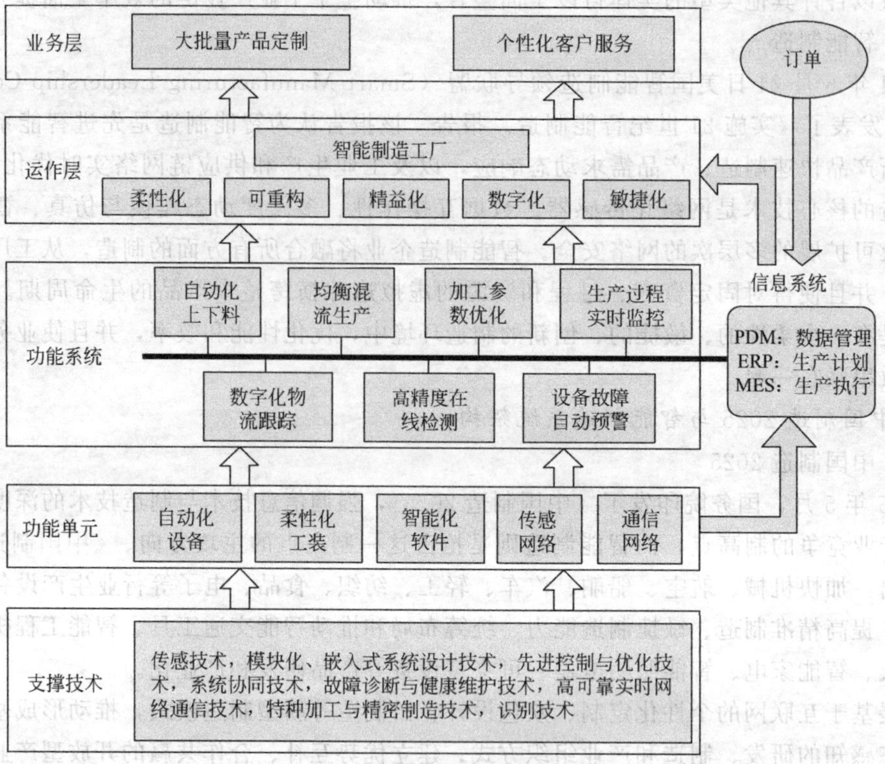

图 4-15　智能制造工厂总体架构

ERP、MES 等）进行整体集成。

④ 功能单元层：包括自动化设备、柔性化工装、智能化软件、传感网络、通信网络等。

⑤ 支撑技术层：包括传感技术，模块化、嵌入式系统设计技术，先进控制与优化技术，系统协同技术，故障诊断与健康维护技术，高可靠实时通信网络技术，功能安全技术，特种加工与精密制造技术，识别技术等。

4.4 应用案例

4.4.1 带自动输送刀具的箱体零件加工 FMS

1. 概述

本例将介绍一个世界上第一批出现的计算机控制之下，具有完全自动输送刀具与零件能力的 FMS，输送还可以充分混流的方式进行。该 FMS 是由捷克 VUOSO 机床与加工研究所和捷克的主要机床制造厂合作开发的。

当前市场的要求是：能对订货作出快速响应，产品品种要求频繁更换。这种要求导致必须在中、小批量生产方式下采用 FMS。FMS 的基本设想是按成组工艺原则组成相似零件群来进行加工，并在生产中很少由人工进行干预。高度自动化的 FMS 可提供混流生产，也就是说，进入系统的按成组工艺组织的零件不需要停机调整时间。因此小批量生产可以达到最大的柔性度和高生产率。高度自动化的 FMS 要求采用能实现无人化运转的具有高效率的全自动 CNC 机床。由这些全自动化机床组成的用自动化零件与刀具输送系统连接起来的系统可以在日班以最少的人员进行运行，而在夜班则几乎达到无人化进行。

为了能满足FMS具有自动化零件混流生产的特点，系统设计还要考虑一种新的子系统，那就是刀具的自动输送。没有以刀具寿命监控和刀具破损检测为基础的刀具自动输送和交换，在无人化运行期间的混流生产是不可能的。

基于上述分析，VUOSO机床与加工研究院和捷克的主要机床制造厂的合作，建造了能加工旋转体和箱体零件的新的典型加工系统。以混流生产方式加工箱体形零件的FMS，已经有两个投入运行，其中一个系统的加工零件装在500mm×500mm托板上；另一个系统的零件装在800mm×800mm托板上。大规模的研究与开发计划，涉及六种有选择的工艺加工模块，把它们连接成各种FMS。

2. 加工工件与制造工艺

PVS400制造系统专供加工灰铸铁箱体形零件之用，零件最大尺寸为边长是400mm的立方体。系统使用于一个加工精度要求较高的工厂。孔的最高精度为IT6级，各孔的定位公差为±0.015mm。一个典型工件的加工需要三次装夹（每次装在不同的托板夹具上）。每道工序平均需要40～70min，使用20～25把刀具。

加工技术是以无人化生产为基础的，尽量排除人工干预。工件的夹紧使用了被称为SUS50的模块化夹具系统。各种夹具由SUS50的元件和组件组成，并固定在500mm×500mm灰铸铁托板上。夹具的主要要求是刚性好和按照加工工序的需要，能以多种方式安装加工工件。经过反复装夹，夹具在托板上的定位必须保持不变，基础元件托板的加工必须非常精确。

在PVS400加工系统中，加工八个零件族零件，它们代表着40种不同的工件。零件系统的特征是具有相似的加工工艺复杂性及相似的工件形状和尺寸。

工件以铸件毛坯进入系统，没有经过任何的预加工工序。全部零件加工过程在系统中完成。制造工艺所包括的所有基本加工都在卧式加工中心上完成，使用了改进的铣刀和镗刀。加工精密轴承孔时，使用铰刀或可自动调整直径的镗刀。加工较大的孔使用了圆弧插补运动的铣刀。在箱形零件的两个或三个箱壁上镗孔时使用了具有减振器的细长镗杆。典型分布的孔，使用多轴头钻孔。该多轴头装入主轴锥孔内与其他刀具完全相同。系统很少使用其他特殊的刀具。

加工工艺原则是：对一个零件来说要装在最少数量的托板夹具上，以及一次装夹，在保证质量的前提下要进行最多数量的零件加工。这样可以尽量减少夹具的数量。

在FMS中加工的零件要进行工艺性审查。审查的目的是为了在加工循环中免去人工干预。因此某些加工工艺甚至某些零件设计需要更改。引入标准直径系列来最大限度地减少在系统中使用的刀具种类。

3. 制造的基本原理

所介绍的FMS由人工区和无人化区组成。系统基本部分的布置如图4-16所示。无人化区采用三班制。所使用的刀具与工件则来自人工区，人工区主要在第一班和第二班由人工进行工作。

无人化区包括八个加工模块、刀具与托板搬运和输送系统、两个自动工件清洗站、两台成品零件自动测量机和切屑输送系统。

人工区包括工件装卸站、托板夹具准备站、两台轮廓测定机以测量进入的铸件、四个重装站、夹具库、刀具调定室和维修站。

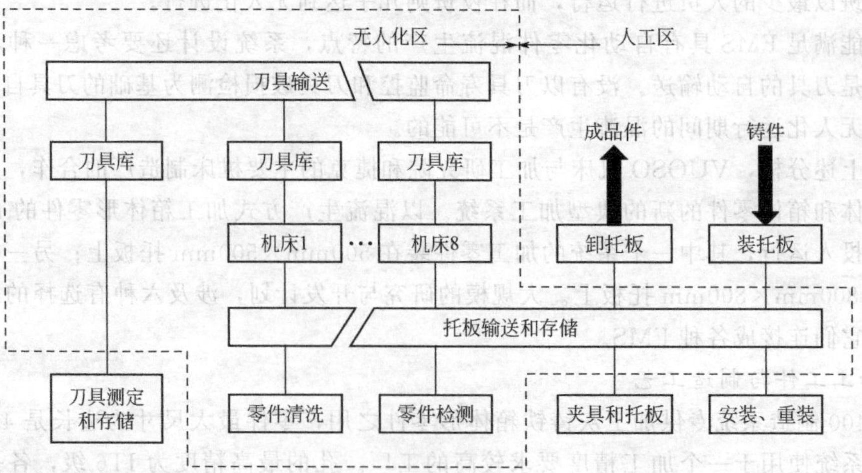

图 4-16 具有自动输送刀具功能的 FMS 布置图

PVS400 系统的生产基本原则有以下几条。

① 制造管理的策略应保持机床利用率愈高愈好，但必须考虑系统的实际情况。生产是在一个固定时间内有计划地进行，但按照新的情况改变计划是没有困难的。有特别优先权的零件可以比其他零件较快地通过系统，不必等待排队。

② 机械装备的负荷要均匀，可以使用两台或两台以上相同型号的加工中心，所有设备的可靠性要高。系统中的任何一台机床，都能够由其他机床代替。当一台机床失灵时，加工可以在其他机床上继续进行。计算机发生故障时，可以使用机床备用控制机。

③ 在同一个时期，可以有几种零件进入系统。系统制造的特征是“混流”，它是相对于批量加工而言。在系统中零件与刀具的流动不按成批进行而按个别零件进行。按照工艺要求，相同工件的最后精密加工要送到同一机床上进行，并在同一个托板上，以保证加工精度。

④ 在刀具室内的全部刀具由所有机床与刀库分享。所有刀库通过自动刀具输送系统连接起来。每把刀具都是单独的单元，大多数刀具常存在机床的刀库内作为永久性的刀具供应。其他刀具可以在机床之间流动，按照控制的要求运送。

⑤ 对刀具寿命进行监控。当刀具进入制造系统时，起始寿命是已知的。加工中使用的每把刀具切削时间也是已知的。刀具更换的合适时间，由中央计算机确定。

4. 加工模块、系统布置及其运行

在 FMS 中几乎所有的设备（加工用和输送用的）都是捷克生产的设备。只有自动化测量机是从英国进口的。

(1) 加工模块

该系统具有八个加工模块。每个模块都以卧式加工中心为主体，配备了托板搬运设备和大容量刀具库。加工模块和托板与刀具输送系统以及切屑传送装置相连接。它接受由输送系统送来的编码托板和编码刀具。

加工中心有四个控制坐标轴（X、Y、Z 与主轴角位移 A 坐标），同时还有控制两个移动刀具搬运装置的坐标轴 U 和 V。托板的旋转式工作台可以实现分度运动或者任选的连续角位移运动。

加工时为了免除人工干预，加工模块具备有效控制和适应控制功能。有效控制功能可以对自动调整直径的镗杆所调预定值进行自动测量。主轴轴向定位可以由 CNC 系统控制。控制增量为一转的万分之一（即 0.036°）。刀尖测量信息由 CNC 装置进行处理，用来补偿刀具磨损。

（2）刀具管理

各种刀具均采用 ISO50 锥度，为了便于输送和储存，都固定在塑料托架内以免弄脏刀具锥柄，刀具在装入主轴前才从托架取出。刀具组件包括切削刀具、刀夹、识别元件和输送托架，被存放在具有 144 个位置容量的刀具库内。存入刀具库的最大刀具直径是 180mm，最大刀具组件重量是 25kg。

刀具组件通过光阅读特殊的穿孔卡而得到识别。刀具识别码由十位数组成，识别卡固定在刀夹上，并且在任何时候用刀具搬运装置搬运刀具时均可以读出。识别卡的阅读实际上是一种安全措施，因为所有刀具组件的位置已写入 CNC 装置的存储器之中。

在加工的同时，刀具搬运装置可以重新组合在刀具库中的刀具组件。它接受新入库的刀具，并取走已磨损刀具或准备运送到另外加工模块的刀具。

需要用来加工的刀具，由刀具搬运装置从刀具库搬运到主轴工位，在该处等待换刀以便装入主轴内。在主轴工位，输送托架脱开，在主轴上的刀具被交换，并把来自主轴的刀具装入托架，而后送回刀具库。

钻削典型分布孔使用多轴头，对于已知典型分布的孔，多轴头是固定型式的。一个多轴头最多可使用四把钻头。

5. 系统布置及其运行

系统位于一个新建厂房内，150m（长）×30m（宽）。工作站沿托板输送线配置，输送线由运行于仓库两排货架之间的堆垛机实现。仓库有三层，最底层用来与工作站相连接，连接通过短程往返的工作台，由于所选择的生产管理策略，存储托板的容量很大，托板存储容量接近 300 处。因此无人化夜班的工作供应有了保障。刀具输送由高架小车来完成，每次可以输送 5 个刀具组件。

铸件被存储在入口存放处。按照主计算机规定的时间，铸件被导入系统。第一次配置适当夹具的托板被输送到入口处，在这里与合适的铸件相遇，于是铸件被固定在托板夹具上并进行轮廓测定工序。同时检查铸件在托板夹具上的位置，并借助于计算机把位置校正信息告知操作人员。完成轮廓测定后，把装有工件的托板用堆垛机输送到货架仓库。

系统管理策略是以产生托板的队列和它们的服务为基础的。对于一组相等的工作站（如加工模块、检验站等）由制造管理计算机制订排队顺序。排队的产生和它们的服务有关的托板流动图如图 4-17 所示。主要思路是按照实际情况以实时安排的方式来管理生产制造。

所有的加工模块是同一类型的，只是代表着两个主要机组——高精密机床和其他机床。在系统中托板的路径实际上是固定的，由工艺操作顺序确定的：轮廓测定、第一道加工工序、清洗（检查）、工件在托板夹具上重新安装、第二道加工工序、清洗、最后检查和从系统送走。

等待送往同一组工作站的托板放在仓库货架中形成一个队列。在有关的机组中有一个工作站变为空机之后，从适当的队列中提取第一个合适的托板，将其移到输送队列并附有工作站地址。输送队列有堆垛机连续地为其服务。离开工作站的托板则被运送到仓库，并按照下一步工艺操作将其放置于另一个队列，以便等待送到下一个工作站组。

任何加工操作必须得到加工所需刀具。因此当一机组中一台机床空闲后，选择模块（软件）为该机从托板队列中选择最合适的托板，主要是使刀具的输送减少到最低程度，最佳选择是不需要输送任何刀具，即所有必要的刀具组件都已在该加工模块的刀库之中。除非所有必需的刀具已配置在刀库之中和它们的寿命足够，否则加工模块不会启动加工操作。

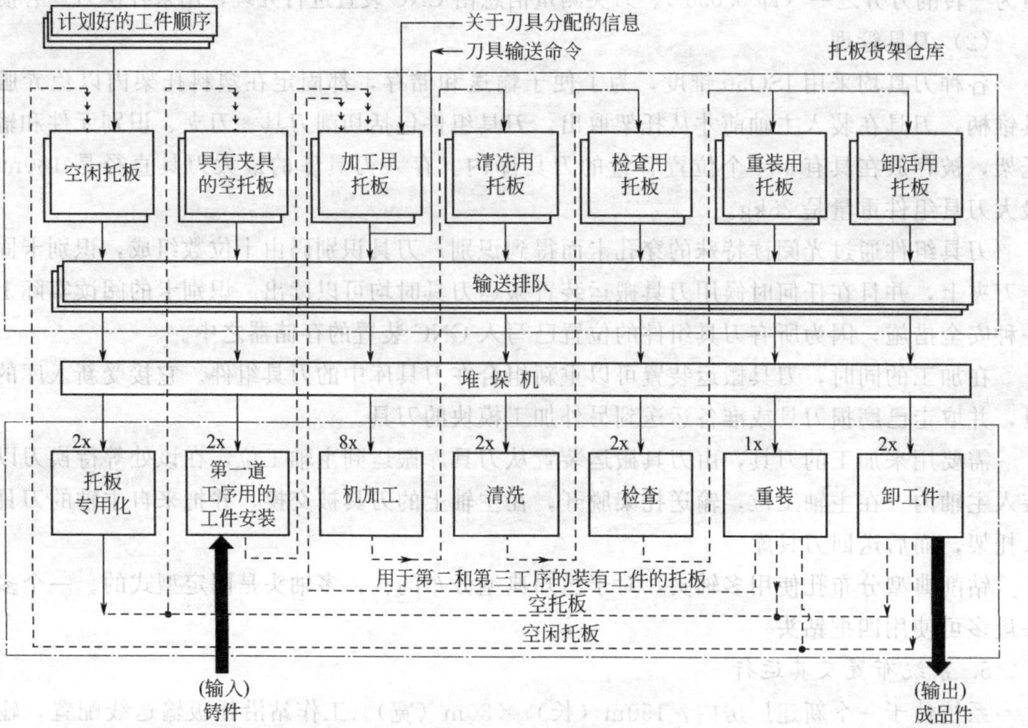

图 4-17　FMS 中与排队的产生和它们的服务有关的托板流动图

根据制造计算机的控制要求，新刀具可以进入系统。在第一班时间内，FMS 在 24h 运转所需的所有刀具组件都已进入 FMS，并且把报废和超过寿命极限的刀具从系统中取走。刀具流动图如图 4-18 所示。

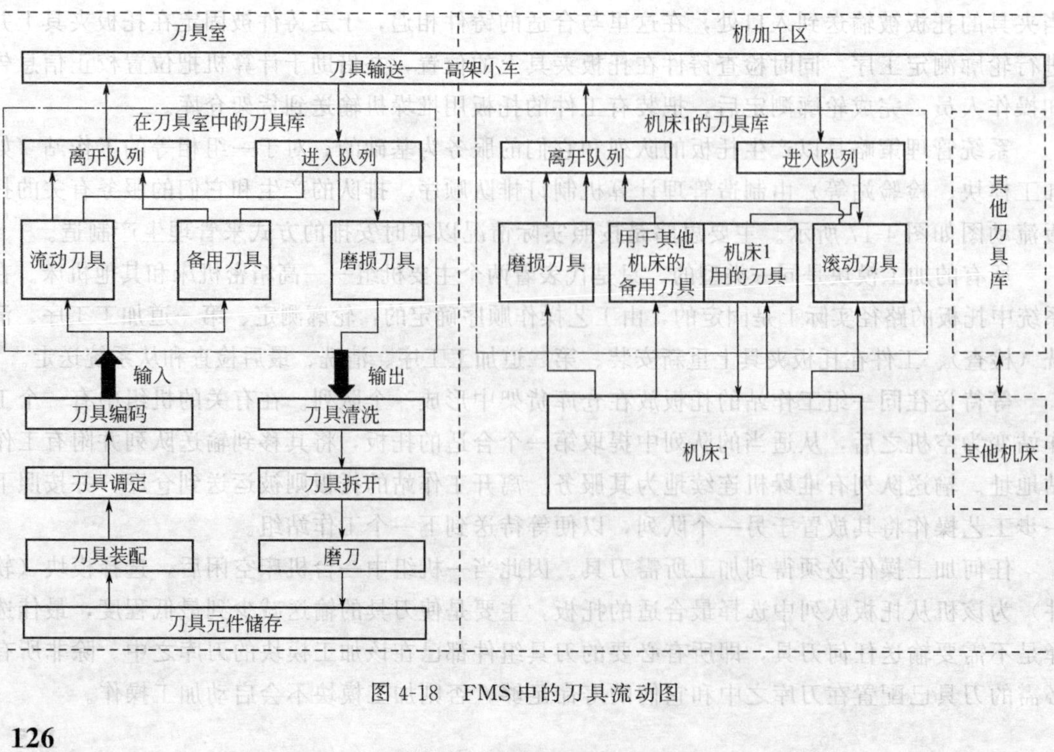

图 4-18　FMS 中的刀具流动图

从图 4-18 中可以看出，制造管理策略是重视混流加工的，刀具和加工模块并不是专门对应成批相同工件的。

6. 系统控制

PVS400 制造系统是由分级控制结构的小型计算机控制的。计算机分级控制结构图如图 4-19 所示，使用了捷克生产的 ADT4500 型小型计算机。计算机分级结构的最高位是制造管理计算机，它管理这个系统的运行和数控库。其中汇集了系统的全部信息。

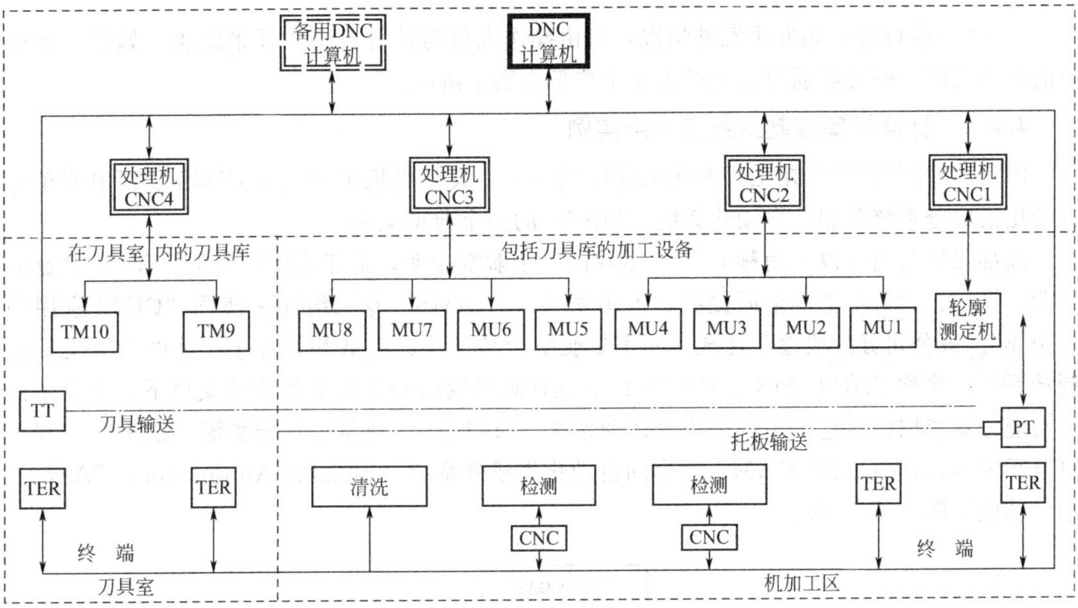

图 4-19 PVS400 计算机分级控制结构图

输入信息是几个星期内工件供应的计划数据，用它来制订五天的工件供应计划，然后对 24h 运行进行模拟，并提出新刀具、铸件和托板夹具的需求清单。这些清单被传送到刀具室和夹具安装与坯料供应室，模拟程序可以重复进行好几次，以便得到机床最佳利用率的结果。在人工区，由于它们对命令的响应时间较长，所以提前 24h 给出指令。

制造系统在接受一个新零件之前，所有工艺信息（工件生产的操作顺序、零件顺序、加工操作用的刀具组、托板夹具安装用信息、检查用信息和轮廓测定操作用信息等）都必须存入数控库，所存储的数据得到连续不断地更新，确保主计算机收集到制造系统的最新情况。加工设备采用群控方式，四台加工设备用一个 CNC 控制。CNC 从制造管理计算机 DNC 那里接受数据并向其返送数据，CNC 得到加工操作所需的所有工艺数据（包括零件程序、刀具补偿、原点偏置等）。在加工的时候，DNC 计算机可以输出命令给 CNC，令其更换刀具组件，由机床组 CNC 控制的刀具搬运装置搬运刀具库接收和取走的刀具组件。这种命令与加工操作所需的刀具搬运命令相比属于较低优先权。

除了与 CNC 计算机和终端通信之外，DNC 计算机直接控制刀具组件和托板的输送。运用被称为 NS750、NS850 的特别装置和可编程序控制器 NS920 来实时控制加工设备、刀具输送小车、堆垛机和清洗机。

两台检测机使用从储存库自动交换来的接触式测头，自动工作，由惠普公司生产的小型计算机控制。该小型机包含在控制网络之中。自动检测机测得的结果被传送到 DNC 计算机，很有可能要影响到FMS中的托板和刀具流动。

所有人工区通过终端网络与DNC计算机连接。工件装卸、重新安装和夹具组装指令被传送到适当的工作点，指挥工人操作。工作人员完成任务后，从终端键盘向DNC计算机作出回答。

为了提高系统运行的可靠性，使用了备用计算机。备用计算机采用“冷备用”方式，任一在用计算机都可以由备用计算机在短时间内代替。在正常情况下，备用计算机用于零件的工艺设计和自动编程。

在FMS运行时，如发生意外情况，可由操作人员与计算机室主任来解决。如发生意料中的典型问题，则可以通过已知的若干个典型方案来解决。

4.4.2 计算机集成制造系统应用实例

国家“863/CIMS”在工厂的典型应用之一——成都飞机工业公司CIMS工程中的车间自动化集成分系统是制造自动化系统（MAS）的一个典型案例。

成都飞机公司（以下简称CAC）是我国骨干航空企业。近年来因实施了CIMS，企业的经营、设计、制造水平等全面提高，被国家“863/CIMS”专家组评为我国“CIMS应用领先企业”。该公司分阶段逐步建成了一个集航空产品设计、制造和管理于一体的计算机集成制造系统（简称CAC-CIMS）。CAC-CIMS在计算机网络和分布数控库的支撑下，主要由四大功能分系统构成。它们是制造资源计划系统（MRPⅡ）、质量信息分系统（QIS）、工程信息分系统（CAD/CAPP/CAM）及车间自动化集成分系统（Flexible Automation，FA），该系统功能如图4-20所示。

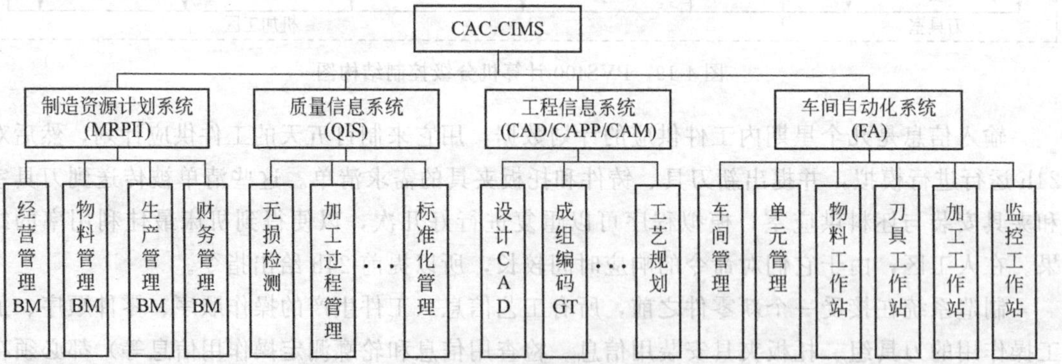

图 4-20 CAC-CIMS系统功能示意图

1. 成都飞机公司CIMS自动化集成分系统的总体结构

（1）CAC-CIMS的车间自动化系统

车间自动化集成系统是CAC-CIMS中的制造自动化系统（MAS）。为了叙述方便，在后文中将其称为CAC-CIMS/FA。

成都飞机公司CAC-CIMS/FA由平行的4个柔性加工单元组成，分别称为FDNC1、FDNC2、FMS1和FMS2。其中FDNC1和FDNC2是以DNC系统构成的柔性加工制造单元，FMS1和FMS2则是两个以柔性制造系统为主构成的加工制造单元。这里主要介绍FDNC1的车间布置、控制结构及功能（FDNC2情况相似）。图4-21是CAC-CIMS/FA-FDNC1的车间布置示意图；图4-22为CAC-CIMS/FA-FDNC1的控制系统结构图；CAC-CIMS/FA-FDNC1的通信系统结构如图4-23所示。

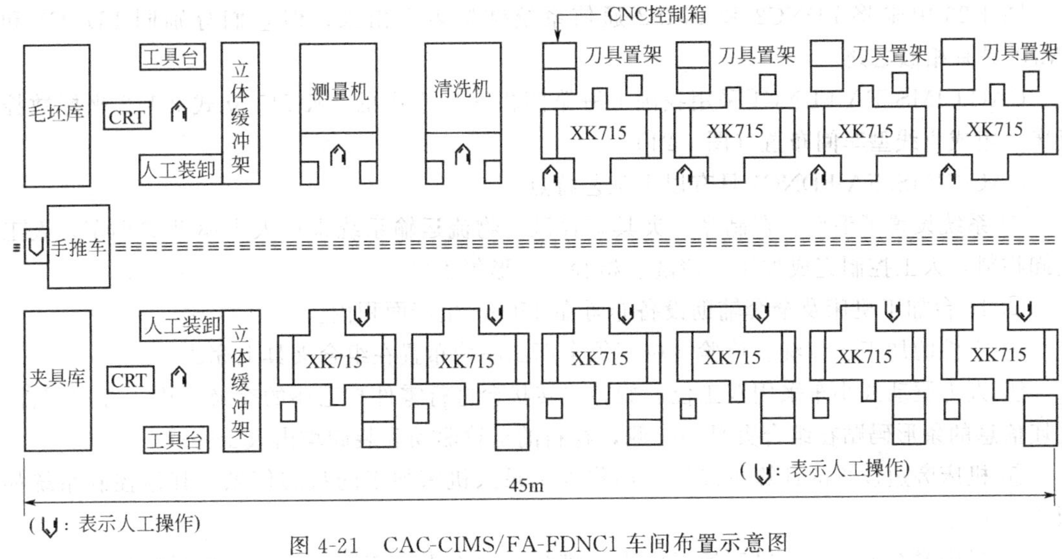

图 4-21 CAC-CIMS/FA-FDNC1 车间布置示意图

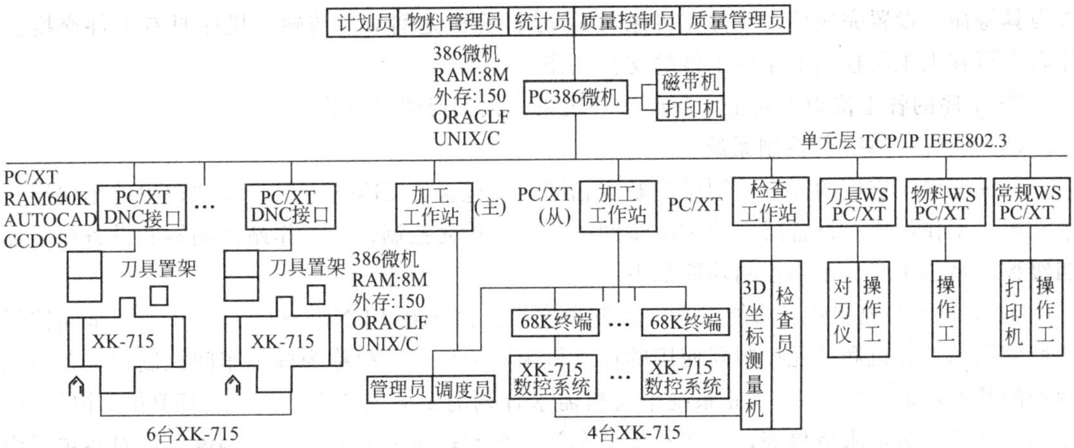

图 4-22 CAC-CIMS/FA-FDNC1 控制系统示意图

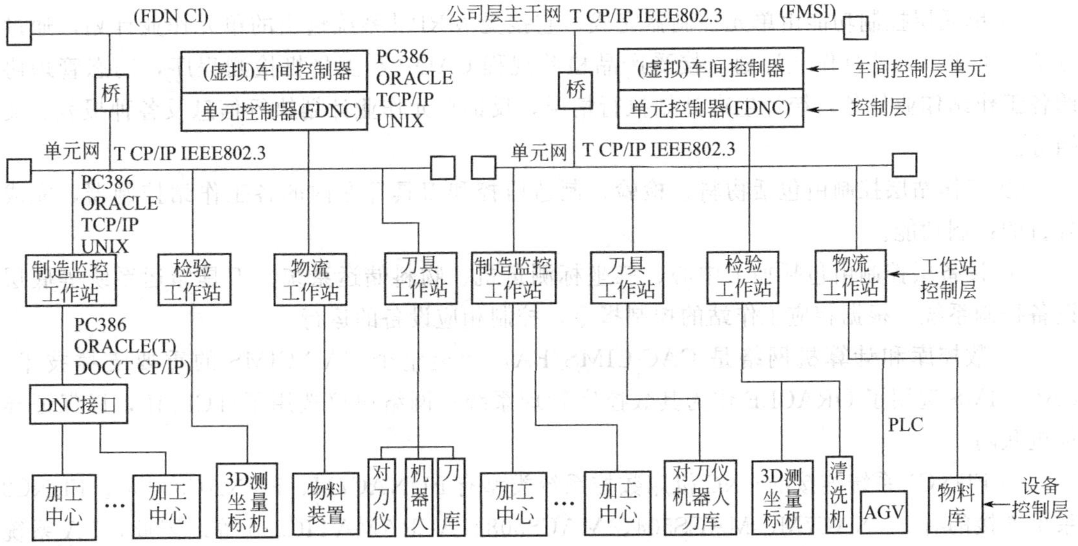

图 4-23 CAC-CIMS/FA-FDNC1 通信系统结构示意图

图 4-23 中未将 FDNC2 和 FMS2 通信系统结构表示出来，但它们分别同 FDNC1 和 FMS1 具有相似之处。

CAC-CIMS/FA-FDNC1 采用我国上海第四机床厂生产的 XK-715 立式 3-1/2 坐标数控机床，组成直线型车间布置（图 4-21）。

CAC-CIMS/FA-FDNC1 具有以下工艺特点。

① 系统设置了毛坯、在制品、夹具缓存区，物流运输系统采用人力驱动式小车，人工装卸物料，人工控制完成加工、清洗、检验、校形等工序。

② 10 台加工机床及全套辅助设备布置在 450m² 生产面积内。

③ 零件的加工、清洗、检验、校正等全部工序均布置在组合夹具上完成。

④ 人力驱动式小车采用双工位、旋转式转接台进行零件与毛坯的交换，用于存取零件/毛坯信息的条形码贴在组合夹具的一侧，物料的运输驱动和装卸均由人工完成。

⑤ 机床旁边设置的计算机终端是用作人工录入机床加工的状态信息。其他控制系统如图 4-22 所示。

⑥ 机床没有刀具库，机床换刀由人工进行并由人工操作读入刀具条形码信息，人工预置刀具寿命。设置完成后，文件在机床与 DNC 计算机之间双向传输。机床具有工件交换工作台，可在人工的控制下完成工件的交换工作。

⑦ 工序的各工位均由人工参与操作和决策，人工反馈系统状态。

（2）CAC-CIMS 的控制系统

从纵向看，它们的递阶控制结构基本相同，即包含了 CIMS 五层递阶结构中的车间层—单元层—工作站层—设备层。分别由车间控制器、单元控制器、工作站控制器和设备控制器四级控制系统组成。主要控制功能如下。

① 车间层的控制管理功能由车间控制器完成。由于在 FDNC1 和 FDNC2 中，车间控制器所使用的计算机和单元控制器使用的计算机为同一机器，故称为虚拟车间控制器。车间控制器的基本功能是接受 MRPⅡ系统中物料需求计划的工装交检单，并向 MRPⅡ反馈刀具、专用量具及工装需求清单等，完成对整个车间 4 个制造单元的生产管理调度。如对各单元作业协调与资源配置，对各单元的物料、刀具等工件站进行管理等。

② 单元层控制功能由单元控制器完成。它接受 MRPⅡ系统输出的单元作业计划，通过分解后生成单元的日作业计划，接受产品检验规程 CAQP 和测量机检测程序，动态管理协调各工作站作业任务，统计生产计划执行情况，反馈单元作业计划执行信息及各种报表、文档等。

③ 工作站层控制由包括物料、检验、制造监控和刀具等在内的各工作站控制器，完成各自的控制功能。

④ 设备层控制由包括加工中心、三坐标测量机、物料储运系统、刀具储运系统等底层设备控制系统。根据相应工作站的控制指令，控制相应设备的运行。

⑤ 数控库和计算机网络是 CAC-CIMS/FA，乃至整个 CAC-CIMS 的重要支撑技术。CAC-CIMS 选用了 ORACLE 作为其数控库管理系统；网络协议选用了 TCP/IP，以保证异种机联网。

⑥ FDNC1 系统连接的 CNC 机床数控系统类型有 FUNAC7M、FUNAC3000C。FDNC2 系统连接的有 FUNAC7M、MACS504、MACS508、ACRAMATIC950 等。因此，FA 系统内的 DNC 硬件接口平台分两类：一类用 PC/XT 机通过 LINK 板连接到 TCP/IP 网上，而

PC/XT与下层设备通过异步串行通信接口RS-232C或用专业硬件接口连接；另一类的接口平台为PLC控制器，它通过RS-232C上接工作站控制器计算机上的RS-232C，而PLC的输出/输入控制节点则直接下达相应设备的执行指令和状态反馈信息。两类连接方式的示意图如图4-24所示。

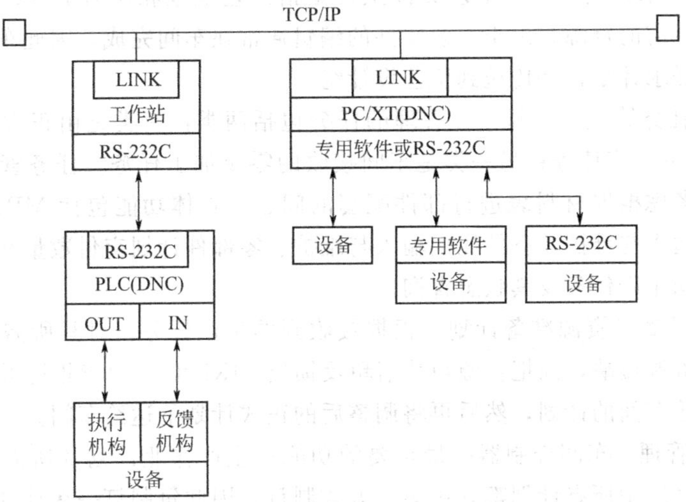

图4-24 CAC-CIMS/FA中的硬件设备连接方式

⑦ FA内物料的流动。FA中的物料流充分利用了工程现有条件和资源，不过分追求高度自动化。例如使用“组合化”数控机床（即机床不设刀具库，换刀由人工进行；机床具有工件交换工作台，在人工的控制下完成工件的交换工作）。另外，人直接控制运输小车。把人引入系统，充分利用了人-机组合的优越性。

2. CAC-CIMS/FA功能

CAC-CIMS/FA可分为两个子系统，即CAC-CIMS/FA车间控制器、CAC-CIMS/FA中的FDNC单元控制器。

(1) CIMS/FA车间控制器功能

① CAC-CIMS/FA车间控制器工作过程。车间控制器作为FA分系统递阶控制结构的最高层，是FA生产计划、管理与控制的总控系统。CIMS中的车间控制器一般功能较为简单，通常只起着制造单元层与工厂层级MRPⅡ系统之间的桥梁作用，如接受MRPⅡ下达的任务，对其进行分解与分配。但CAC-CIMS/FA中的车间控制器除具备一般车间控制器功能外，还与车间的技术改造相结合，切实解决目前车间亟待解决的实际问题。例如车间管理水平低、设备利用率不高、零件延期交货、停工待料、计划均衡性差、计划调整频繁、零件生产周期长、车间在制品多、工件的制造精度不稳定等。因此车间控制器首先接受厂级MRPⅡ下达的半年生产计划，检查工艺规程和NC程序的准备情况，将缺少工艺规程和NC程序制订的需求计划，下达给工艺设计组。车间控制器再接收MRPⅡ下达的月度生产计划，检查物料资源（包括毛坯、原材料、夹具、刀具、量具和样板等）的库存有效性，并把物料资源的短缺情况反馈给MRPⅡ，以便MRPⅡ对原计划进行调整，并把调整后的月计划下达给车间。车间制订各单元生产作业计划、相应的刀/量具需求计划和物料/工装需求计划，分别下达给单元控制器、刀具工作站和物料工作站等。车间控制器还要对各单元的计划执行情况进行监控，必要时对车间作业计划进行调整。

② CAC-CIMS/FA 车间控制器的主要功能。

a. 基础数据管理功能。包括建立、组织和维护车间的各种基础数据、工程技术数据和生产要素数据。如车间目录的生成和维护管理、单元状态信息管理、设备信息管理、职工信息管理、工时定额管理等。

b. 工艺文件需求计划制订。工艺文件主要是指工艺规程和所需的 NC 程序，是工件加工和生产管理所必需的资源。由于工艺文件的编辑通常在车间完成，因此车间控制器需要提前制订工艺文件需求计划，并传送到工艺设计组。

c. 车间生产任务管理。车间任务管理的任务包括两类：一类是由正常渠道（主要是上层 MRPⅡ）下达的生产任务；另一类是车间接收的零星加工任务。任务管理时，如加工的是部件，则必须考虑根据材料表进行部件配套的问题。具体功能包括 MRPⅡ任务的接收、零星生产任务的输入与维护、备件比例输入与维护、零部件计划交付数量和计划投入数量的确定与调整、车间生产任务及其状态查询。

d. 资源短缺检查及资源准备计划。根据接收到的生产任务，对其所需的各种资源进行检查。如发现有资源短缺，则把资源短缺清单反馈给 MRPⅡ。MRPⅡ将根据反馈的资源短缺情况调整下达给车间的计划，然后再将调整后的正式计划下达给车间。

e. 车间计划管理。车间控制器中最重要的功能是生产作业计划及所需物料资源计划的制订与调整。本系统中所有计划都采用滚动方式制订，因此每制订一次计划都包含对上一次计划的调整，故计划的编制与调整过程合二为一。

f. 生产统计与生产信息查询。生产统计与查询是车间生产管理的基本功能，它覆盖了车间计划和车间各类生产管理人员所需的信息。其功能是：月计划执行情况统计；车间生产任务完成情况统计；车间在制品统计；设备工况统计；产品质量统计；工时统计；生产异常情况统计；车间生产任务和作业计划查询；生产准备情况查询；刀具、量具、工装、工件库存查询；工艺规程、NC 程序、刀具、量具、物料与工装需求查询；生产作业任务完成情况查询；车间生产任务完成情况查询；在制品情况查询；投入产出进度查询；设备工况查询；产品质量情况查询；工时查询；生产异常情况查询等。

（2）CAC-CIMS/FA 中的 FDNC 单元控制器功能

FDNC 单元控制系统是指 CAC-CIMS/FA 中具有柔性地、分布式数字控制生产线的控制系统总称。加工设备由 10 台数控机床组成，由单元控制器直接将派工单传送到加工设备处的计算机终端，并由加工工作站计算机管理机床的运行。它是 CAC-CIMS/FA 生产自动化的基础之一，从结构上看，包含 CIMS 递阶控制结构的底三层，即单元、工作站和设备控制层。

① 单元控制器的功能。单元控制器是底层 FDNC 单元的最高一级控制器，一方面它全面控制、管理和调度整个单元的加工制造过程，是 FDNC 与其他系统进行信息通信的纽带；另一方面它完成生产计划调度、资源计划调度等，向加工工作站、刀具工作站、物料工作站、各 DNC 接口计算机发送控制和管理指令，并向车间控制器反馈系统状态信息。

② 工作站控制器功能。在 CAC-CIMS 中的 FDNC 环境下，制造工作站保持逻辑层次，有相应的控制软件。但在物理配置上，制造工作站控制软件和单元控制器软件运行在同一台计算机上。制造工作站具体功能如下。

a. 审查日生产数据。包括派工单数据和工艺路线卡数据。

b. 统计日生产数据。记录出勤情况，统计班产量。

c. 制订派工单。生成派工单，指定操作人员，查询派工单。

d. 查询日生产数据。查询每班计划完成情况，查询每日职工出勤情况，查询每日设备工况，查询每日职工完成工时。

在FDNC中，除制造工作站外还有刀具工作站和物料工作站，它们与FDNC单元的运行与控制密切相关，它们的主要功能如下。

a. 计划管理。根据MRPⅡ和车间控制器下达的物料和刀/量具需求计划，制订物料和刀/量具订购计划，并且上报资源准备情况。

b. 资源调度。根据单元控制器下达的双日/班次资源需求计划和资源入库信息进行资源调度，控制资源的入库和出库。

c. 立体仓库管理。控制和操纵各种资源在立体仓库中的存、取和停放位置。

d. 综合管理。进行资源的在线管理、库存管理、提供统计、查询等功能。

③ 设备控制器功能。设备控制器是CIMS最底层的控制器。FDNC设备控制器包括机床数控系统CNC、坐标测量机控制系统。它们在计算机网络支持下，采用了先进的客户机/服务器体系结构，使异构系统互联成功，实现了分布式数据处理和资源共享。它们能够接受零件加工及检测程序、控制数控机床加工及检测，采集加工及检测数据、反馈这些信息及生产异常信息等，具体包括以下功能。

a. 数据采集。显示派工单、工艺规程、记录派工单、工艺路线卡、临时资源、故障及恢复信息，登录刀具、量具、毛坯、工装、原材料，在制品到达现场信息。

b. 工序检查。检查零件工序。

c. 通信接口。发送文件，块文件，批文件，接受文件，自诊断，显示日志文件，获取NC程序。

d. 产生异常信息处理。产生临时资源需求报文，产生故障报文，产生故障恢复报文。

e. 有关信息的图形显示。

CAC-CIMS/FA的系统分析与设计采用了IDEFO方法。以“自顶向下逐层求精”为原则来设计车间控制器、单元控制器、工作站控制器及DNC接口控制器的系统功能，并“自底向上逐层检验”完善和检验系统功能描述的正确性。

在数据库设计中采用了IDEF1X方法，对数据流程图和数据字典中的数据存储结构进行规范化设计，从而得到了能够实现数据共享性、一致性和可扩充性的信息模型。系统实现的环境是：单元控制器和制造工作站控制器。采用了386以上微机，UNIX操作系统，TCP/IP网络协议，ORACLE RDBMS，C语言及ORACLE开发工具。DNC接口控制器开发和运行环境为DOS操作系统、ORACLE数控库管理系统开发工具。

3. CAC-CIMS/FA实施效果与效益分析

(1) 实施效果

本成果作为CAC-CIMS/FA的一个子系统，应用于CAC数控车间的民机转包、军机批生产和型号工程零件生产的计划、调度、管理与控制，效果良好；解决了非一致性硬件、操作系统环境下的复杂异构系统互联问题和CIMS纵向信息集成问题；提高了车间的生产控制和管理水平，使底层FDNC单元实现了制造过程自动化，能够做到零件的无纸加工；在提高计划均衡性、按期交货率、设备利用率、增加产量、改进产品质量和提高生产率等方面取得显著效果。

① 该系统主要特色如下。

a. 在计算机网络、进程通信、双向通信功能和分布式数控库支持下，部分采用了客户机/服务器体系结构，使复杂的非一致性硬件、操作系统互联，保证了资源共享，信息集成，使系统具有先进性、开发性。

b. 提出了二阶段计划法，可提高生产作业计划的有效性。

c. 采用进程通信的方法实现二阶段计划编制的自动连续进行。

d. 采用顺排与逆排结合法、组合优先规则和变异的有限能力法来编制生产作业计划。

e. 实现了备件需求的自动生成。

f. 采用 EDD（Earliest Due Date）和 SPT（Shortest Processing Time）启发式规则进行单元生产计划调度，系统能自动对设备负荷进行平衡，合理地安排生产任务。

g. 通过设置工序状态，系统可自动跟踪零件从计划到加工、完成的全过程，为计划调度提供零件的当前状态信息，能进行人/机交互式动态调度，使生产作业计划的制订更合理。

h. 对数控机床技术改造成功，DNC 接口控制器可与数控机床和单元控制器进行双向通信，可从多个计算机节点取派工单、工艺规程、NC 程序和刀具参数等信息，能实时反馈故障信息，记录多种生产数据，实现了 CIMS 全面信息集成。

i. 能实时处理临时资源需求及设备故障等生产异常信息，提高生产管理与控制的柔性。

j. 本系统与 CAD/CAPP/CAM 系统及其他子系统紧密集成，两条 FDNC1-2 生产线实现了无纸加工，使我国飞机整体件制造技术能与国际飞机制造技术接轨。

在我国制造业现有条件下，项目的研究与开发走出了一条由数控机床组成柔性制造加工单元与 CIMS 其他分系统进行集成的成功之路，这种方式经济、先进、可行。

② 国内、外情况对比如下。

a. 国外对车间控制器和单元控制器的研究较多，主要集中在生产计划、调度和仿真等方面。将车间、单元、制造工作站、DNC 接口作为整体系统进行研究与开发的并不多见。

b. 国外对数控机床的改造，主要是在控制系统上，而不在 CIMS 环境下的信息集成方面。国内已有数控机床的企业，多数设备利用率低，生产自动化程度不高，没有考虑系统集成问题。

c. 国内关于车间控制器、单元控制器或者车间生产管理系统的研究与开发也不少，但许多是作为单项研究，并未集成在 CIMS 环境下，因而不可能达到企业整体效益最优。

d. 本系统是 CIMS 集成环境下的车间加工自动化系统，它采用的管理思想先进、功能强，既能满足 CIMS 集成需要，也能满足非集成环境下车间生产管理的需要，是一个集车间生产计划、控制和管理于一体的系统，可应用于各种类型的车间（包括 FMS 车间、DNC 车间和普通车间）。

e. 与现有的 MRPⅡ底层生产计划功能相比，本系统在日生产计划调度、资源计划调度和生产异常情况处理方面明显优于前者，主要表现在：生产作业计划可分解到每日、每班次，提供友好的作业计划调度界面，实时处理临时资源需求及故障信息。

本项目的研究与开发应用 CIMS 原理，着重全方位的 CIMS 信息集成。系统设计方案符合国情，结构合理，逻辑正确，使用效果良好。该项成果具有国内、国际先进水平。

（2）推广应用情况、效益分析

车间、单元、工作站与 DNC 接口系统自投入由两个 FDNC1-2 单元和两个常规单元组成的数控车间使用以来，在其运行期间里，车间、单元、工作站和 DNC 接口系统用于军机批量生产、民机转包和型号工程 200 多项零件生产的计划、调度、管理与控制，效果良好，并产生了明显的经济效益和社会效益。具体情况如下。

① 可实现车间—单元—工作站—设备生产计划的逐级分解、下达和计划执行情况的逐级数据采集统计和反馈。

② 能自动生成合理可行的生产作业计划，生产计划编制时间由原来的 3 天缩短为 2h，班计划制订和派工速度提高 30 倍以上。可实现零星急件的插入与计划的动态调整；实现了生产现场的准确跟踪，大大减轻了生产统计和作报表的工作量。

③ 刀具、量具、物料、工装需求计划的合理制订，大大减少了停工待料现象。刀具、量具、物料、工装到位准确率提高到 95%以上。

④ DNC 接口使 NC 程序传输效率提高了上百倍，且提高了程序可靠性，产生直接经济效益 30 万，现在数控加工完全甩掉了穿孔纸带和软盘。

⑤ 本系统与刀具站、物料站、CAD/CAPP/CAM 等集成，使生产率大大提高，设备利用率由 65%提高到 85%以上；零件生产周期缩短 30%；减少了车间在制品；提高了产品质量，废品率下降 25%；系统深受工厂和工人欢迎。

⑥ 车间、单元站、工作站和 DNC 接口系统的应用，增强了 CAC 在国内、国际市场的竞争力，使其在制造技术上已具备了与国际接轨的条件，为国外飞机制造厂商和专家所认可。

⑦ 提高了车间生产技术和管理水平，培养了一批跨世纪的、掌握高新技术的人才。

⑧ 车间、单元、工作站和 DNC 接口系统功能全面，适应性强，容错性和可扩充性好，使用方便，信息自动化程度高，系统既可集成运行，也可独立运行，能满足车间实际生产的需要，值得大力推广使用。

4.4.3 智能制造系统在飞机装配中的应用

以飞机制造为代表的航空制造业是国家工业的尖端产业，具有技术密集度高、产业关联范围广、辐射带动效应大等特点，也是国家工业发展、科技能力，以及国防水平的重要标志和综合体现。对于飞机装配过程而言，由于其高复杂性和高精度的特点及其高质量和低周期的研制目标，对智能制造技术的应用需求已十分迫切。飞机装配智能制造系统必将对飞机装配水平的提升，以及航空制造业的创新发展起到重要的推动作用。

1. 飞机装配智能制造体系构建

飞机装配智能制造将物联网、大数据、云计算、人工智能等技术，引入到飞机装配的设计、生产、管理和服务中，建立飞机智能装配体系，有效提升了飞机装配系统的自感知、自诊断、自优化、自决策和自执行能力。

针对飞机装配所具有的装配工艺复杂、零部件数量众多、装配质量和精度要求高等特点，以及推进精益生产的需求，飞机智能装配系统主要侧重于面向飞机装配智能车间的应用技术和智能装配工具的开发与集成，以解决飞机装配过程数字化与自动化程度低、车间管理技术手段落后等问题。

以物联网、人工智能、大数据、云计算、计算机仿真，以及网络安全等关键共性技术作为支撑技术，提供飞机装配过程中的智能装配设备、制造要素动态组网、制造信息实时采集与管理、飞机装配过程自主决策与执行优化的集成方案，解决面向飞机装配过程的智能技术应用集成问题，形成可扩展、可配置的“飞机智能装配”应用系统，实现飞机装配过程和管理的自动化、数字化与可视化，从价值链、企业层、车间层和设备层 4 个层面，提升航空装备制造系统的状态感知、实时分析、自主决策和精准执行水平，为航空制造业推进智能制造技术奠定坚实的技术基础。面向飞机装配的智能制造体系架构如图 4-25 所示，主要由智能设备载体层、数据采集分析层、执行与优化层和信息系统集成层等构成。

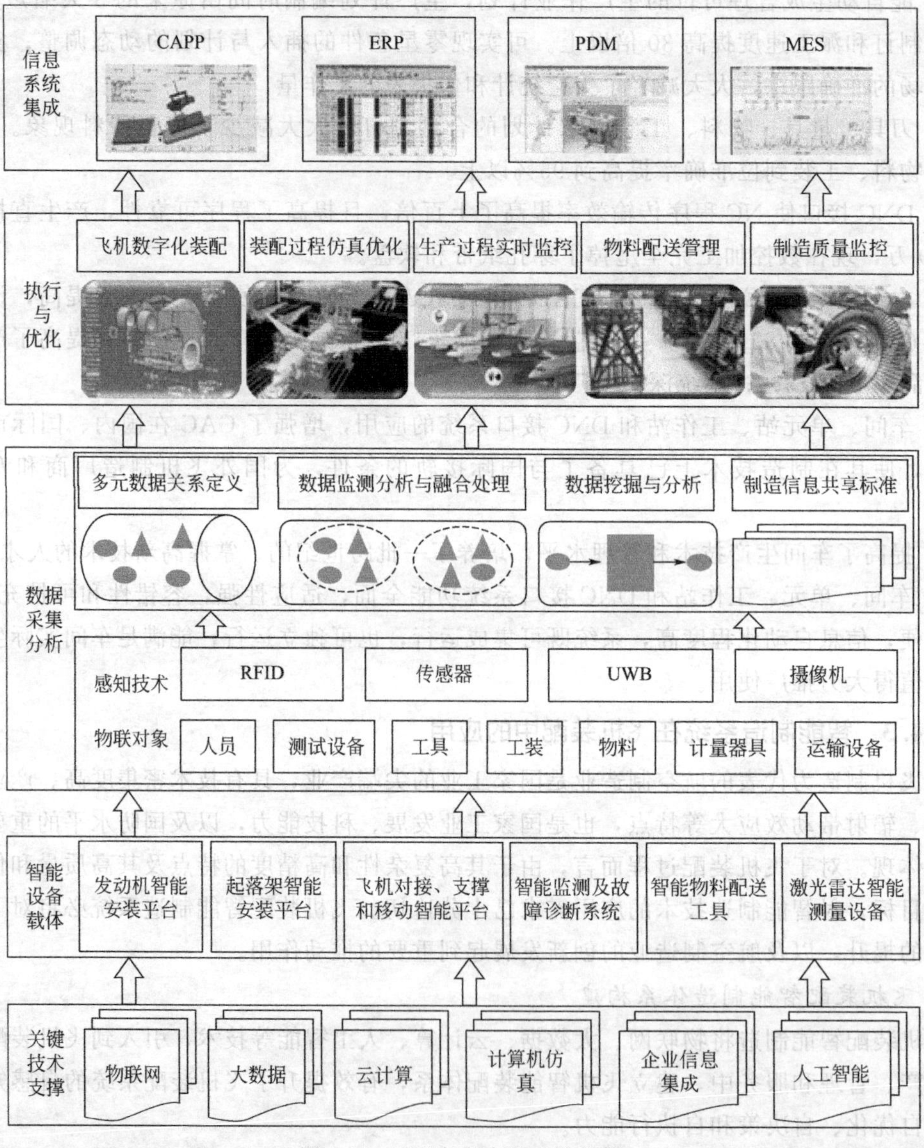

图 4-25 飞机智能制造系统框架

（1）智能设备载体层

智能设备载体层包括飞机智能对接平台、智能牵引及支撑平台、智能发动机安装平台、智能座椅安装平台、智能起落架安装平台、智能检测及故障诊断系统、智能工具管理系统、智能物料配送系统和激光雷达测量系统等，为飞机的智能装配、智能测量、智能管理等提供必备设施，是飞机智能装配的硬件载体。

（2）数据采集分析层

数据采集分析层针对要采集的多源制造数据，通过配置符合飞机装配需求的各类传感器、电子标签，实现对装配现场制造要素的各类状态、运行、控制等参数的采集，实现物理制造资源的互联、互感，确保飞机装配过程多源信息的实时、精确和可靠获取。另外，在获得生产过程制造数据的基础上，将源自异构传感器上多源、分散的现场数据，转化为可被制造执行过程决策利用的标准制造信息。通过定义多源数据关系，构建实时数据模型，建立信息整合规则，完成多源数据在制造执行环境中的融合处理，实现多源数据在制造执行环境中的最终整合，并转换为可直接为制造执行过程监控与优化服务的标准制造信息。

(3) 执行与优化层

制造执行与优化层基于采集到的各类制造数据，进行多种制造活动，包括飞机数字化装配、装配过程建模与仿真优化、生产过程实时监控、设备运行监测控制、物料的配送管理、飞机装配质量的实时检测等。

(4) 信息系统集成层

信息系统集成层是实现与企业现有的CAPP、ERP、PDM、MES等系统的集成，达到所有资源、数据、知识的高度共享。

2. 飞机装配智能制造关键技术

它包括飞机数字化装配技术、飞机装配过程建模与仿真优化技术、智能物料配送技术、基于物联网的飞机装配车间智能感知技术、面向飞机协同设计装配的云服务技术、PDM/ERP/CAPP/MES等信息系统的无缝集成技术等。

(1) 飞机数字化装配技术

飞机数字化装配技术是数字化装配工艺技术、数字化柔性装配技术、光学检测与反馈技术及数字化集成控制技术等多种先进技术的综合应用，以实现装配过程的数字化、柔性化、信息化、模块化和自动化，目的是提高产品质量、适应快速研制和生产、降低制造成本。

根据复杂航空产品具有的结构复杂、零部件组成数量庞大、装配精度高等特点，构建了飞机数字化装配体系如图4-26所示。飞机数字化装配技术主要实现4个基本功能：飞机装

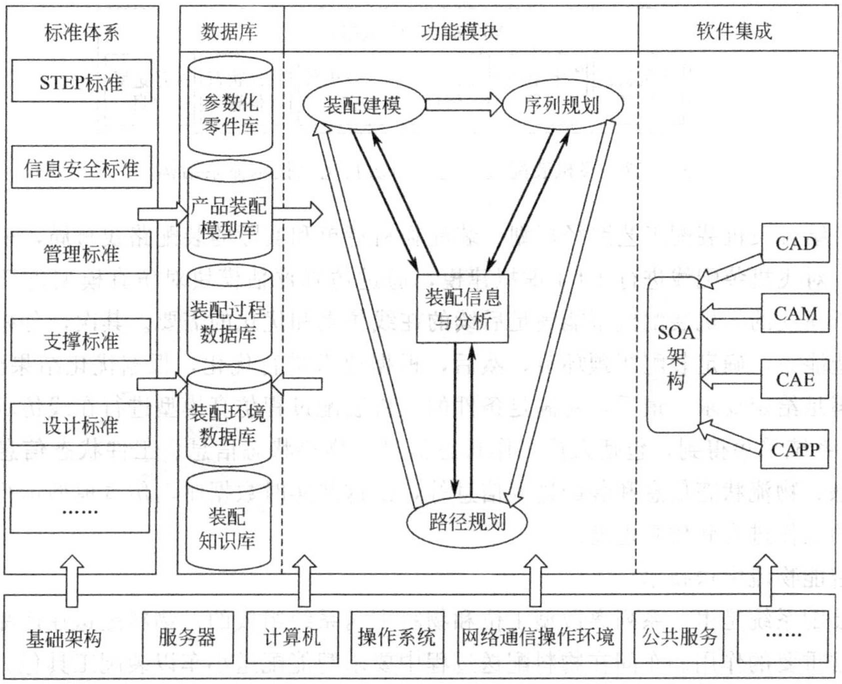

图4-26 飞机数字化装配体系结构

配建模、装配序列建模、装配路径规划和装配过程分析。在飞机装配建模模块中，首先要建立飞机的三维装配模型，然后进行公差、约束和装配力分析；其次，建立飞机装配体的初始装配序列，规划飞机装配路径；再次，以飞机某个关键零件为参照，对其余零部件进行运动仿真，从而使得飞机装配过程可视，以此检验飞机装配过程是否合理，进而实现装配过程的优化。

(2) 飞机装配过程建模与仿真优化技术

根据飞机装配过程的实际需求，提出其制造过程建模与仿真优化技术的体系结构，如图 4-27 所示。飞机装配过程建模与仿真优化技术，作为先进的系统评价与优化工具，可对整个制造系统进行深入分析、评价与优化。

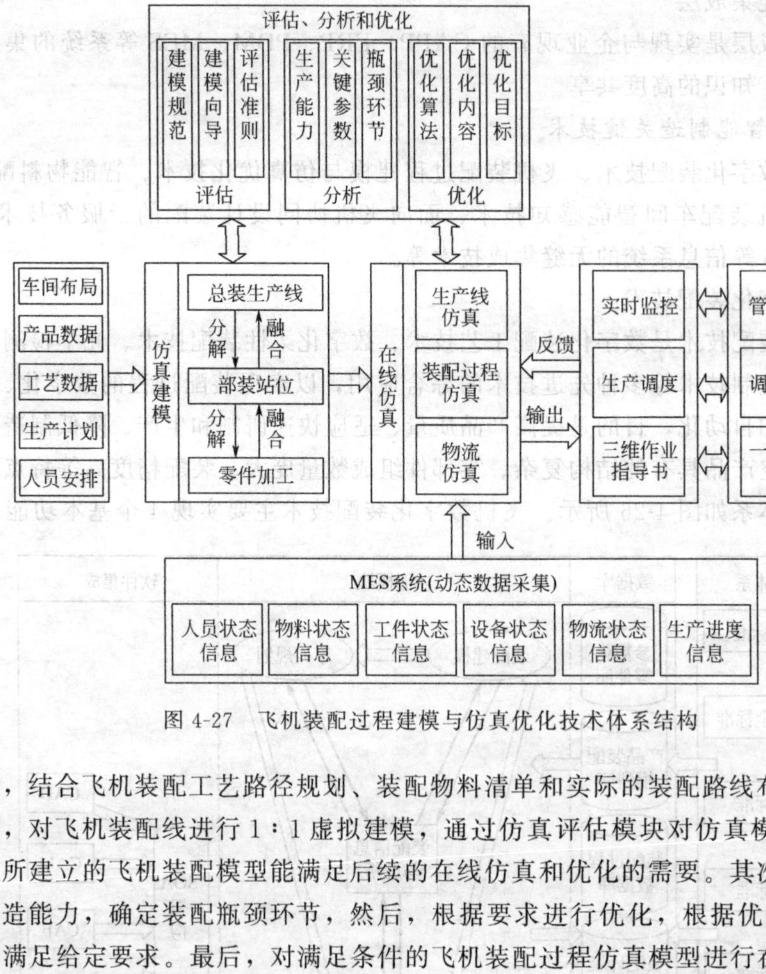

图 4-27 飞机装配过程建模与仿真优化技术体系结构

首先，结合飞机装配工艺路径规划、装配物料清单和实际的装配路线布局，采用多粒度建模方式，对飞机装配线进行 1∶1 虚拟建模，通过仿真评估模块对仿真模型进行有效性评估，保证所建立的飞机装配模型能满足后续的在线仿真和优化的需要。其次，分析和评估该装配的制造能力，确定装配瓶颈环节，然后，根据要求进行优化，根据优化结果修改模型，直到方案满足给定要求。最后，对满足条件的飞机装配过程仿真模型进行在线仿真，实时数据由 MES 系统采集得到，包括人员工作状态信息、物料状态信息、工件状态信息、测试设备状态信息、物流状态信息和装配进度信息等，由这些实时数据驱动仿真模型运行，并实时比对当前的工作进度和仿真进度。

(3) 智能物流配送技术

飞机装配系统是由一系列离散型工位和物料配送系统组成的，物料配送在产品装配过程中具有非常重要的作用。车间在物料配送过程中要求智能配送小车以装配工具包为单元，并选择最短移动路径运输。为实现物料的自动配送和配送路径的智能选择，提出了采用基于实时定位的物料配送技术，其结构如图 4-28 所示。

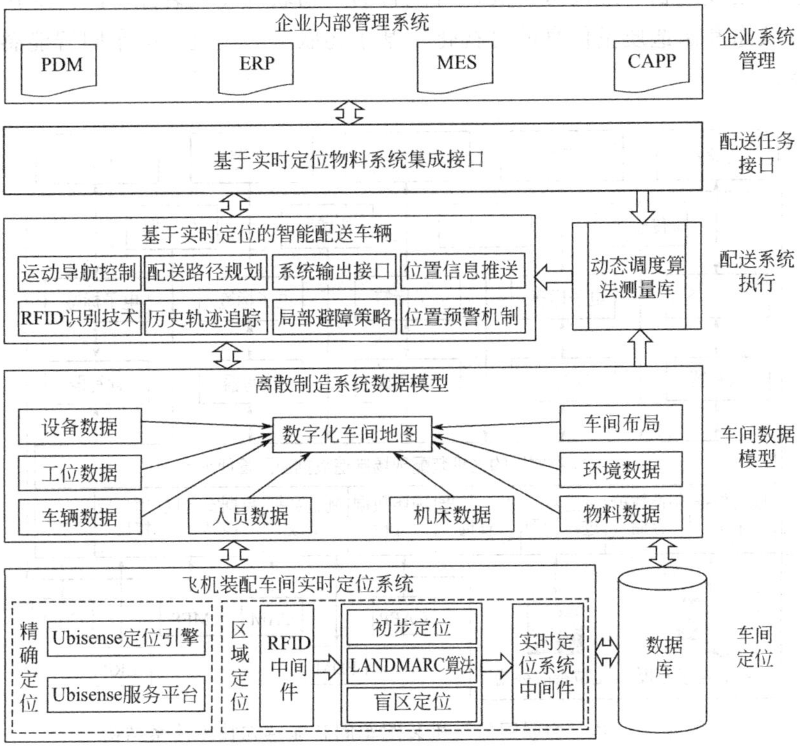

图 4-28 智能物料配送技术体系结构

① 车间定位：飞机装配车间定位采用区域定位和精确定位相结合的方式，利用区域定位技术采集物料、工装等的区域位置信息，精确定位信息实现物料配送车辆的导航和追踪。

② 车间数据模型：车间数据模型主要将车间装配过程中数据进行分类与匹配，建立标准化模型，形成有效的生产系统数据管理模型，通过属性特征来表征基础数据，动作特征来反映产品装配过程的动态数据，并将这些数据实时反馈在数字化车间电子地图中，为物料配送系统的功能执行层提供实时可靠的数据支持。

③ 配送系统执行：基于实时定位的物料配送的功能执行是实现物料动态配送优化的一个关键点。通过接收配送任务，根据数字化车间地图提供的实时数据信息，规划出物料配送的最优路径，并在配送过程中及时响应车间生产要素的临时变动，通过调用不同的动态优化策略，实现物料配送过程的二次优化配置。

④ 配送任务接口：配送任务接口实现与企业现有的信息化系统进行集成，如 ERP 系统、MES 系统、CAPP 系统等。

⑤ 企业系统管理：企业系统管理主要负责根据生产任务和订单，生成相应的生产计划和工艺路径等信息，并将这些信息下发到配送任务接口层，利用集成接口将工艺数据转换为可识别的配送任务数据。

(4) 基于物联网的飞机装配车间智能感知技术

针对目前飞机装配车间现场制造数据采集手段落后、生产状态反馈滞后、装配过程不透明等问题，将物联网技术融入到飞机装配车间，提供飞机装配过程中的装配要素动态组网、装配信息实时采集与管理、装配过程状态对应评估的集成方案，解决面向飞机装配过程自动化的物联网应用集成问题，形成可扩展、可配置的“物联网飞机装配车间”应用系统，实现飞机装配过程状态和制造质量信息的可视化。基于物联网的飞机装配车间智能感知技术结构如图 4-29 所示。

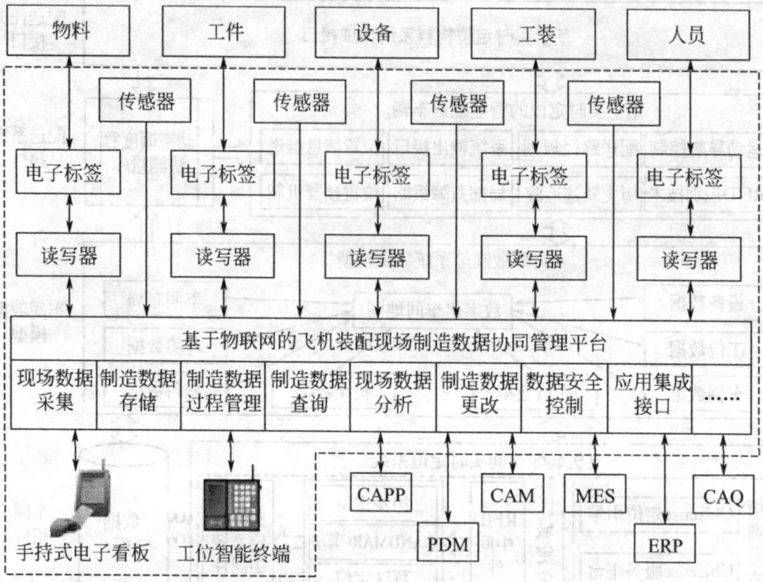

图 4-29　基于物联网的飞机装配车间智能感知技术体系结构

基于物联网的飞机装配车间智能感知技术，为车间提供基于物联网的飞机装配现场制造信息采集、建模、存储、查询、交换、分析和使用的系统解决途径和工具，有效实现装配现场装配要素的实时监控、飞机装配全过程的跟踪与追溯，以及完整和准确的装配现场信息的提供，对推动企业实现智能化装配具有重要的意义。

(5) 面向飞机协同设计装配的云服务技术

面向飞机协同设计装配的云服务技术，结合现有信息化制造（信息化设计、生产、试验、仿真、管理和集成）技术与云计算、物联网、服务计算、智能科学和高效能计算等新兴信息技术。将各类制造资源和制造能力虚拟化、服务化，构成制造资源和制造能力的服务云池，并进行统一、集中的优化管理和经营，用户只要通过云端就能随时随地按需获取制造资源与能力服务，进而智慧地完成其制造全生命周期的各类活动，其体系结构如图 4-30 所示。

面向飞机协同设计装配的云服务技术的重点，在于支持飞机装配资源的动态共享与协同。飞机装配资源包括设计分析软件、仿真试验环境、测试试验环境、各类测试设备、高性能计算设备和企业单元制造系统等。面向飞机协同设计装配的云服务技术，能够支持样机设计装配一体化，各部门通过企业网络，可随时随地按需获取云制造系统中的各类设计和生产服务资源，实现基于流程的跨阶段协同装配。

(6) PDM/ERP/CAPP/MES 等信息系统的无缝集成技术

基于物联网的飞机装配车间智能感知技术，为 PDM、ERP、CAPP 和 MES 系统提供原始数据。根据典型应用系统的集成需求，设计基于 XML 技术的信息集成方案，以统一、可扩展的方式解决跨语言、跨应用的应用系统间集成问题，降低其系统集成的耦合度，提高集

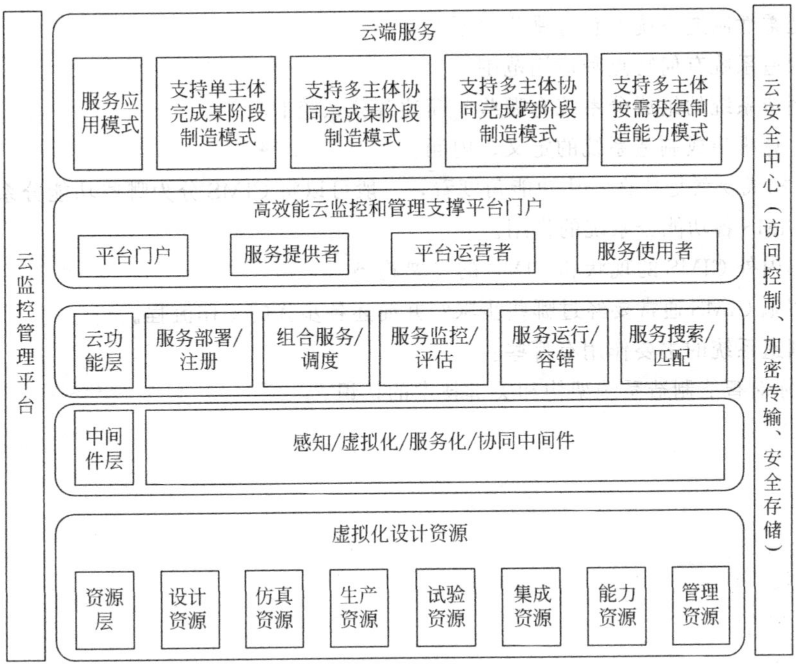

图 4-30　面向飞机协同设计装配的云服务技术体系结构

成的适应性。如图 4-31 所示为飞机装配车间数字化平台集成系统。

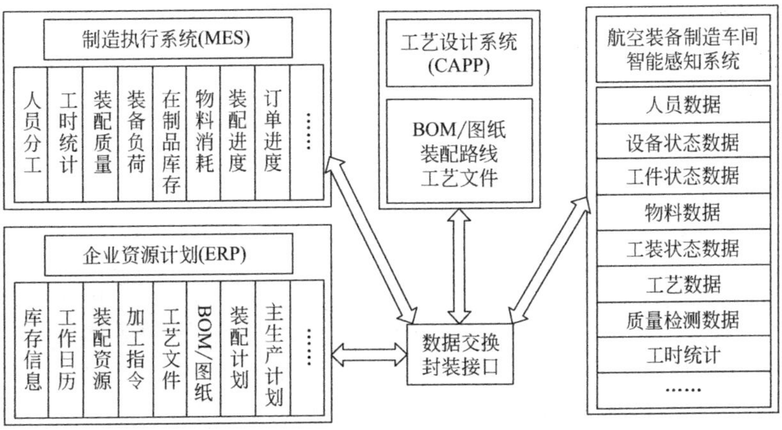

图 4-31　飞机装配车间数字化平台集成系统

根据集成层次的不同，可以将应用系统与信息化平台的集成模式，划分为封装模式、接口模式和紧密集成模式。紧密集成模式是最高层次的集成，在这一层次中，各应用程序被视为信息化平台系统的组成部分，对所有类型的信息，信息化平台都提供了全自动的双向相关交换，使用户能够在前后一致的环境里工作，真正实现一体化。采用紧密集成模式，需要对应用工具的数据和集成工作平台的产品结构数据进行详细分析，制定统一的产品数据之间的结构关系，只要其中之一的结构关系发生了变化，另一个会自动随之改变，始终保持应用工具和集成平台的产品数据的同步。

习题与思考题

1. 什么是柔性制造系统？它有哪些类型？
2. 柔性制造系统有何特点和适用范围？
3. 柔性制造系统的组成分系统有哪些？简述各分系统的功能。
4. 简述计算机集成制造系统的定义、内涵。
5. CIMS 构成要素是什么？从功能角度看，一般可以将 CIMS 分为哪些功能分系统？
6. 叙述 CIMS 各功能分系统的作用。
7. 简述国内外 CIMS 的现状和 CIMS 的发展趋势。
8. 企业实施 CIMS 通常要经过哪些步骤？并简述各步骤的工作流程。
9. 智能制造系统的主要作用有哪些？
10. 谈谈你对智能制造系统架构和关键技术的认识。

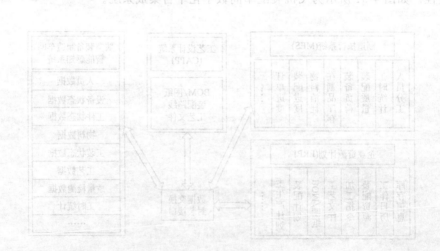

第 5 章　现代生产与管理模式

5.1　成组技术（GT）

成组技术（Group Technology，GT）是一种制造的哲学和理念。它起源于 20 世纪 50 年代，从制造工艺领域的应用开始，并逐步发展成为一种提高多品种、中小批量生产水平的生产与管理技术。目前，随着现代制造系统的发展，GT 被认为是 FMS 及 CIMS 等现代先进制造系统的技术基础。

5.1.1　成组技术原理与相似性

1. 成组技术原理

机械制造业中，小批生产占有较大的比重，各类机器生产中大约 70%～85%属于单件、小批生产。由于国内、外市场竞争日益加剧和科学技术的飞跃发展，要求产品不断改进和更新，因此，多品种、小批量生产方式已经成为当前生产的主流。传统生产管理模式在组织多品种、小批量生产时会带来以下一些问题：

① 生产计划、组织管理复杂化；

② 零件从投料至加工成成品的总生产时间（生产周期）较长；

③ 生产准备工作量极大；

④ 产量小限制了先进生产技术的采用。

鉴于上述情况，与大批、大量生产相比，小批量生产水平和经济效益都是很低的。据报道，在美国，产量小于 50 件的机械产品，其成本比大批量生产的成本高 10～30 倍；在日本机械制造业中，多品种、小批量生产企业的总产值比大批、大量生产的企业高一倍，但人均产值却仅及后者的一半。

成组技术的科学理论及其实践表明，它能从根本上解决生产中由于品种多、产量小而带来的矛盾。成组技术是一门生产技术科学，研究如何识别和发掘生产活动中有关事物的相似性，并充分利用它，即把相似的问题归类成组，寻求解决这一组问题相对统一的最优方案，以取得所期望的经济效益。

成组技术的基本原理就是充分挖掘和利用零件之间的“相似性”，如图 5-1 所示。具体地说，成组技术就是将在制品按照结构形状和工艺特征进行分类成组，同一组内的零件可以采用同一台机床或一个机床组（成组生产单元），或者在一条成组加工流水线上来完成。这样就使得原来分布在不同产品中的零部件，可按照结构要素、尺寸和加工工艺的相似性集合在一个组内，从而扩大了零件的生产批量，使得“多品种、小批量”生产方式可以获得接近大批量生产的经济效益。

成组技术是通过挖掘产品之间的潜在相似性来帮助消除管理中的若干差异，成组原理是符合辩证法的，因而能够成为指导产品设计、工艺和生产全过程的一般性方法。在制造领

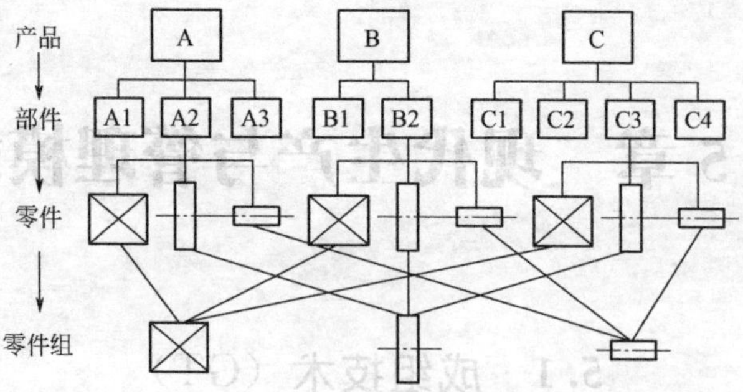

图 5-1　成组技术的基本原理

域，成组可以定义为一种制造哲理：确定相似零件，并把它们分在共同的零件组内，在制造和设计中充分利用它们相似性的优点。

2. 零件相似性

零件的相似性，包括零件的功能相似性和结构相似性。功能相似性可从零件间的装配关系及零件图纸的某些信息来推断。而零件的结构相似性则可根据零件图的信息来确定，它又可划分为结构、材料和工艺三个类别。原联邦德国的奥匹兹教授等人首先对零件相似性进行了系统研究，阿亨工业大学的机床与生产工程实验室在他领导下，对机床、发动机、矿山机械、仪表、纺织机械等 26 个产品中的 45000 种零件进行了统计分析，得出了有关零件相似性的几个重要规律。

① 在机械制造业中，尽管产品功能、结构要素、几何尺寸等各不相同，但组成产品的各种零部件都可分为特殊件、相似件和标准件三大类。其中相似件约占零件种类的 70%，是实施成组技术的主要零件。

② 每类零件在同类产品中所占的数量存在一定稳定性，即零件种类与其数量的相关性。

③ 在一定时期内，同类零件的最大尺寸不会有大的变动。

上述关于零件相似性的统计规律，打破了人们以产品为生产对象的大批量生产观念，为以零件为生产对象的“多品种、小批量”生产管理模式提供了事实依据。

尽管工厂生产的每种产品的数量不多，但产品的品种较多，即“多品种、小批量”生产，就可以把这些具有相似性的零件组合在一起，形成“叠加批量”。更进一步，就算这种“叠加批量”仍然不够大，人们还可打破工厂界限，进行行业、甚至跨行业联合，实施所谓的“大成组技术”，从而形成足够大的生产批量。这就相当于把小批量生产的性质改变为大批量生产，因而许多在大批量生产中行之有效的先进工艺、先进设备可以应用到“多品种、小批量”生产当中，从而提高了小批量生产的工艺水平、产品质量、生产率及经济效益。

5.1.2　零件的分类编码系统

零件分类编码系统已经成为成组技术原理的重要组成部分，也是有效实施成组技术的重要手段，因此在实施成组技术过程中，建立相应的零件分类编码系统就成为一项首要的技术准备工作。

1. 零件分类编码系统的作用

零件分类编码系统的主要作用，就在于能够检索零件从设计到工艺和生产全过程的各种信息。具体可细分为以下几条。

① 利用零件分类编码系统能够得出企业生产零件的频谱和特征信息，为企业进行生产合理化改造和制订技术改造措施等提供重要的原始资料。

② 零件分类编码系统提供了十分有效的零件检索手段，能够使大量已有的，并被证明十分可靠的资料，得到重复利用；为计算机辅助设计（CAD）和计算机辅助工艺设计（CAPP）提供技术支持。

③ 零件分类编码系统是实现设计-工艺标准化的基础。通过整理零件分类编码，能汇集出相似结构、或相似工艺的零件组。

④ 零件分类编码系统的推广应用有利于实现专业化生产，成组技术是真正实现企业间、甚至行业间横向联系的可靠纽带，可以带来有效的经济效益和社会效益。

⑤ 零件分类编码系统的应用有助于生产信息管理和使用的合理化。

2. 零件分类编码系统的结构

(1) 零件分类编码系统的总体结构

从总体结构来看，零件分类编码系统有整体式和分段式两种结构形式。

① 整体式结构。整个系统为一整体，中间不分段。通常功能单一，码位较少的分类编码系统常用这种结构形式。

② 分段式结构。整个系统按码位所表示的特征性质不同，分成 2～3 段，通常有主辅码分段式和子系统分段式两种形式。分段式结构的分类编码系统在使用上具有较好的灵活性，能适应不同的应用需要。

(2) 零件分类编码系统码位之间的结构

分类编码系统各码位间的结构有三种形式。

① 树式结构［图 5-2(a)］。码位之间是隶属关系，即除第一码位的特征码外，其他各码位的确切含义都要根据前一码位来确定。这种分类编码系统所包含的特征信息量较多，能对零件特征进行较详细的描述，但结构复杂，编码和识别代码不太方便。

② 链式结构［图 5-2(b)］，也称为并列结构或矩阵结构。每个码位的特征码都具有独立的含义，与前后位无关。链式结构所包含的特征信息量比树式结构少，但结构简单，编码和识别也比较方便。OPITZ 系统的辅助码就属于链式结构形式。

③ 混合式结构［图 5-2(c)］，指系统中同时存在以上所说的两种结构。大多数分类编码系统都利用混合式结构，例如德国的 OPITZ 系统、日本的 KK 系统等。

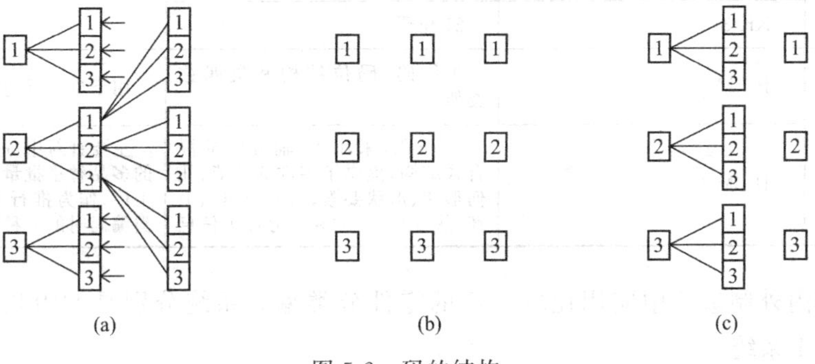

图 5-2 码的结构

3. 常见零件分类编码系统

国内外公开发表的分类编码系统多达百余种，其形式和内容也是多种多样，码位从 3～

80 位不等。其中具有一定影响力的分类编码系统如表 5-1 所示。

表 5-1　国内外已发表的部分零件分类编码系统简介

国　别	系统名称	码位情况	特点与应用简介
前捷克斯洛伐克	乌奥索(VUOSO)	4 位码。1～3 形状码及尺寸码,4 材料码	初期用于统计,后来又应用于成组加工
	乌斯特(VUSTE)	4 位码。1～2 形状码,3～4 加工特征码	分类较粗,侧重于非回转体零件的分类
英国	威廉安母逊(WILLIAMSON)	2 位码。如 02(凹齿),03(轴类),08(支架)	码位太少,分组较粗。故只能用于标识
	布里施(BRISCH)	4～6 位主码,另有一组辅码。码位数可按需而定	是一种企业全面管理系统。面向设计与生产全过程
瑞士	苏尔泽(SULZER)	分三个子系统。工件子系统:10 位主码,5 位辅码;工序子系统:5 位码;设备子系统:4 位主码,5 位辅码	三个子系统可组合,应用于设计和生产全过程
荷兰	米克拉斯(TNO-MICLASS)	12～30 位码。1～12 基本码,13～30 辅码	用于设计生产全过程
前联邦德国	奥匹兹(OPITZ)	9 位码。1～5 形状码,6～9 辅码。此外还有一套次要码	广泛应用于许多国家的机械制造业。面向设计与生产全过程
	斯图加特(STUTTGART)	8 位码。1～2 夹具码,3～4 尺寸、材料码,5～6 刀具码。7～8 工艺码	面向制造,为生产合理化提供良好的基础
美国	艾利斯-查麦斯(ALLIS-CHALMERS)	8 位码。但其每位可以有 16 个字码(数字和字母顺序)	始于设计检索,也可用于 GT
前苏联	米特洛范诺夫(MIITPOφAHOB)	45 位(回转体) 80 位(非回转体)	
	利特摩穿孔卡(JIHTMO)	用 80 栏穿孔卡。记录零件的实际信息和编码信息	可用来组织成组加工和实现设计合理化
日本	KC-1	5 位码。1～3 形状码,4 材料码,5 精度、表面粗糙度码	以中小企业为对象,机械加工为重点
	KC-2	9 位码。1～3 形状码,4 热处理码,5 材质码 6～9 次要编码	同 KC-1,且比它更完善
	KK-1	13 位码	可用语统计分析和 GT,但以中型以上规模的工厂为对象
	KK-2	13 位码	
	KK-3	21 位码	
中国	JCBM-1	9 位码、码位结构和奥匹兹类似	用于机床行业实施 GT
	JLBM-1	15 位码,采用主、辅分段的混合式结构,提供了零件的功能、几何形状、形状要素、尺寸、材料、毛坯、热处理、精度和部分加工信息	主要针对中等或中等以上规模的多品种小批量生产的机械加工工厂,作为推行 GT 进行零件分类编码时的一种指导性文件

目前，国内外制造业中应用比较广泛的零件分类编码系统分别是 OPITZ 系统、KK-3 系统和 JLBM-1 系统。

(1) OPITZ 系统

其总体结构如图 5-3 所示，由 9 位十进制数字代码组成。前 5 位为几何码（又称主码），分别代表零件的种类、基本形状、回转表面加工、平面加工、辅助孔、轮齿、型面加工。后

4 位为辅助码，分别代表主要尺寸（直径或边长）、材料类型、毛坯形状、加工精度。每一码位有 10 个特征码。该代码对回转体形状描述比较简略，但对非回转体及零件外部尺寸的描述比较简略，尤其是对工艺特征描述不够。使用这种编码系统可能会使一部分零件的代码具有不确定性。

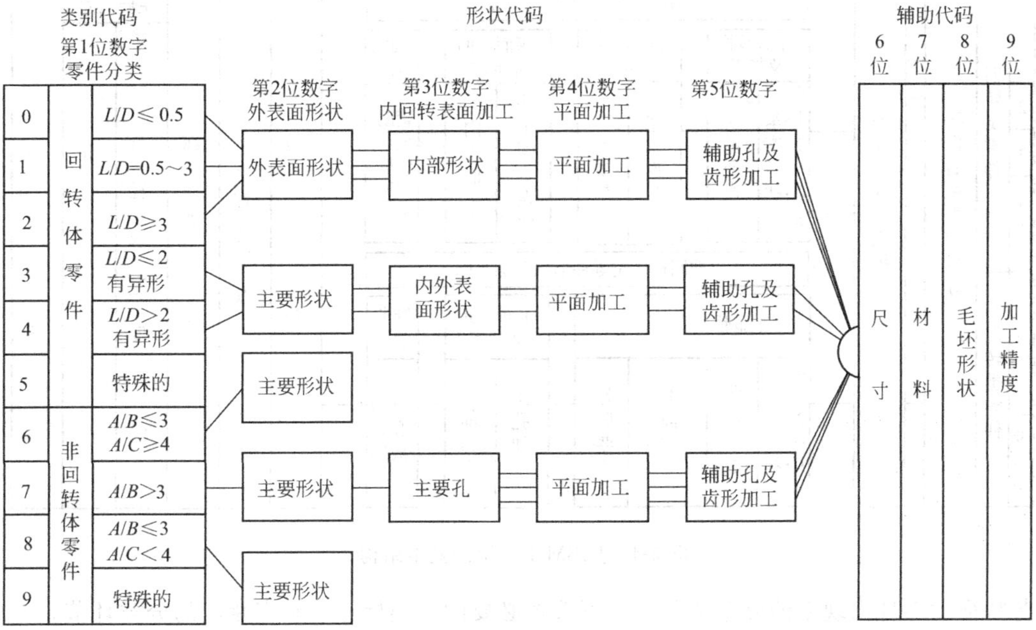

图 5-3　OPTIZ 系统总体结构

L，A—长度；D—直径；B—宽度；C—宽度

（2）KK-3 系统

它由 21 位十进制数字代码组成，代码含义比较明确，但位数太多，编码困难，采用手工编码几乎不可能完成。

（3）JLBM-1 系统

JLBM-1 系统是我国机械工业部门为在机械加工中推行成组技术而开发的一种零件分类编码系统，它采用混合式代码结构（图 5-4），由 15 位代码组成。第 1、2 位码代表零件名称类别；第 3～9 位是形状与加工码（为主码）；第 10～15 位代码为辅助码，分别代表材料、毛坯原始形态、热处理、主要尺寸、加工精度，每一码位有 10 个特征码。该编码系统吸收了以上两个编码系统的优点，但存在位数偏多的缺点。

4. 企业零件分类编码系统的建立

建立一个符合企业产品特点和生产条件的零件分类编码系统是企业实施成组技术的关键。通常一个企业（或行业）使用的分类编码系统，应能简便而有效地反映本企业所有产品零件的有关特征。要获得本企业（或行业）零件特点及分布的资料，就要对零件进行统计分析，这是建立分类编码系统的一个重要步骤。在零件统计分析所获取资料的基础上，一般有以下三种方法。

（1）企业自主研发

企业自主研发零件分类编码系统，首先要从企业的产品中找出结构、工艺均有代表性的产品，或从投产的产品零件中随机抽样，然后根据代表产品中的零件或随机抽样得到的样本零件，进行有关零件的结构工艺特征信息的统计分析，即可得到零件频谱。根据每一结构-

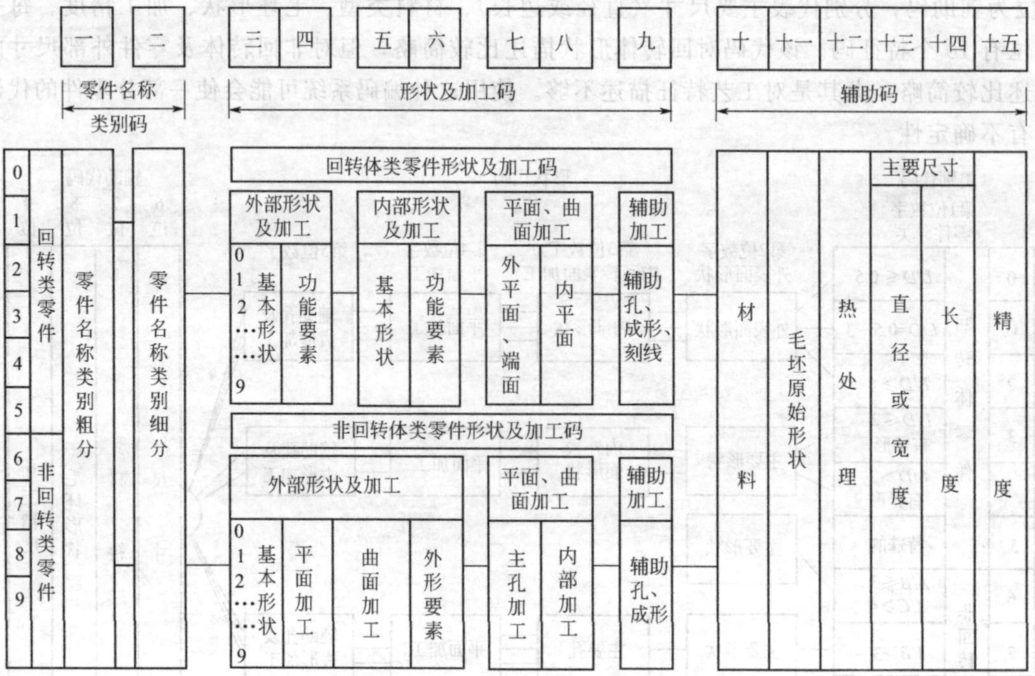

图 5-4 JLBM-1 系统的基本结构

工艺特征的零件出现率的分布情况，便可选择必要的分类标志，确定相应的分类环节，并最终设计出零件分类编码系统；然后再选一批产品零件按此分类编码系统进行测试，对测试得到的分类编码结果进行频率分析，并审查其合理性。若不合理，则对上述分类编码系统进行修改。多次循环直到得到满意的结果为止。

企业自主研发零件分类编码系统通常只适用于资金和技术力最都比较雄厚的大企业，一般的中小型企业用这种方法并不经济实用。

（2）采用商品化的系统

直接采用商品化系统需要比较大的投资，但比企业自主研发投人的时间要少些，它使企业能够迅速、可靠地应用零件分类编码系统。

（3）改进公开出版的系统

目前在世界范围内已经有许多公开发表和出版的分类编码系统，但对企业而言，这种系统并非拿来直接可用，而必须根据企业的具体情况，制订适合本企业需求的零件分类编码系统，相对于第一种方式，它使企业能比较快地获得一种实用的分类编码系统。现在很多企业都采用这种方式来开发自己的分类编码系统。

5.1.3 零件分类成组

所谓零件分类成组，就是按照一定的相似性准则，将品种繁多的产品零件划分为若干个具有相似特征的零件族（组）。一个零件族（组）是某些特征相似的零件的组合。零件分类成组时，正确地规定每一组零件的相似性程度是十分重要的。相似性要求过高，则会出现零件组数过多，而每组内零件种数又很少的情况，相反，如果每组内零件相似性要求过低，则难以取得良好的技术经济效果。

零件分类成组的方法很多，主要有视检法、生产流程分析法和编码分类法三类，其他方法大都是以上三种类型的衍生物。

1. 视检法（目测法）

该方法是由具有一定经验的人员，直接观测零件图或实际零件，以及零件的制造过程，并依靠其经验作出判断，对零件进行分类成组。这种方法十分简单，在生产零件品种不多的情况下，可取得成功。但当零件种数比较多时，由于受人的观测和判断能力的限制，往往难以获得满意的结果。据国外资料报道，当零件种数大于 200 时，要取得完全成功是比较困难的。

2. 生产流程分析法

生产流程分析（Production Flow Analysis，PFA）是另一种零件分类成组方法。它以零件的加工工艺过程为依据，把工艺过程相近似的零件归为一类，形成加工族，并安排在一个加工单元内加工。

应用生产流程分析法进行零件的分类成组时，首先要定义分类成组零件的范围和数量，是生产的所有零件还是一些典型零件需要分类。一旦确定了零件的范围，就可以按照下述步骤来进行分类：

① 数据收集。所收集的数据包括零件号、加工工艺。这些都可以从工厂现有的工艺规程卡和工序卡中获得。每一个工序都有相应的加工机床，因此确定加工顺序就是确定所采用的加工机床的顺序。此外，生产批量、时间定额等也是确定生产能力的必需数据。

② 工艺路线分类。即将零件按照其工艺路线的相似性分类。为了简化分类工作，所有加工工序都用代码表示。对每一个零件，其加工的工序代码按照其加工工艺路线的顺序排列。

③ 绘制机床-零件相关矩阵。将每个零件的工艺表示在零件-机床关联矩阵中。矩阵中的元素 $x_{ij}=1$ 表示零件 i 需要在机床 j 上加工；$x_{ij}=0$ 表示零件 i 不需要在机床 j 上加工。

④ 分类成组。对零件-机床关联矩阵进行分析，使具有相似加工顺序、相同加工机床的零件组合在一起。

⑤ 检查并平衡机床负荷。

生产流程分析法的缺点在于它所依据的零件-机床关联矩阵的数据来源于零件的现有加工工艺数据。由于零件的加工工艺往往是由不同的工艺人员制订的，其工艺不一定是最优的、最合理的和必需的。因此，应用生产流程分析法得出的机床组合可能是局部最优。尽管如此，相对于零件分类编码法，应用生产流程分析法进行零件的分类成组具有更高的效率。

3. 编码分类法

编码分类是根据零件的编码来进行分类成组。在分类之前，首先要确定一个零件分类编码系统，并利用该系统对需要分类的零件进行编码。然后制订各零件族的相似性标准，根据这一相似性标准进行零件的归组。为制订零件族相似性标准，又有特征码位法、码域法和特征位码域法三种方法。

（1）特征码位法（表 5-2）

这一方法是由德国亚深工业大学的 Opitz 教授首先提出的。即从零件整个分类编码中选择和划分出与结构相似或工艺相似零件组有密切关系的部分代码作为分组的依据，凡零件编码中相应码位的代码相同者归属于一组。这种分类方法的关键是要根据待选零件来确定特征码位，可借助零件的特征频数分析、其他分类成组方法的结果等来选定。

（2）码域法（表 5-3）

表 5-2　特征码位法

码值＼码位	1	2	3	4	5	6	7	8	9
0	√						√		
1									
2			√						
3									
4									
5					√				
6									
7									
8									√
9									

表 5-3　码域法

码值＼码位	1	2	3	4	5	6	7	8	9
0		√	√	√	√	√		√	√
1	√	√		√		√	√	√	√
2	√	√		√		√	√		
3		√		√			√		
4							√		
5							√		
6							√		
7									
8									
9									

规定每一码位的码域（码值），凡零件编码中每一码位值均在规定的码域内，则归属于一组，称之为码域法。用码域法分组，零件组数和同组零件的相似性程度与所规定的码域大小密切相关。码域规定很小，则同组零件相似性程度高，但零件组数也多。

（3）特征码位码域法（表 5-4）

表 5-4　特征码位码域法

码值＼码位	1	2	3	4	5	6	7	8	9
0		√				√			
1	√	√				√	√		
2	√	√				√	√		
3		√					√		
4							√		
5							√		
6							√		
7									
8									
9									

这种方法是上述两种方法的综合，既考虑了零件分类的主要特征，同时又适当放宽了相似性要求。用特征码位码域法分组，由于针对不同的具体情况，可以选取不同的特征码位和规定不同的码域，因此分组的灵活性大，适用性广。

5.1.4 成组技术的应用

在多品种、中小批量生产企业中实施成组技术，能够带来诸多方面技术经济效益。下面结合成组技术在实际生产中的应用，分析实施成组技术的效果以及给企业带来的效益。

1. 产品设计方面

产品的“三化”（标准化、系列化、通用化）是减少重复设计、减少基本零件种数的基本方法。成组技术的思想与产品“三化”的目标不谋而合。成组技术要求在新产品设计中尽量采用已有产品的零件，减少零件形状、零件上的功能要求以及尺寸的离散性。成组技术要求各种产品间的零件尽可能相似，尽可能重复使用，不仅在同系列产品之中如此，在不同系列产品之间也尽可能如此。

由于用成组技术指导设计，赋予各类零件以更大的相似性，这就为在制造管理方面实施成组技术奠定了良好的基础，使之取得更好的效果。此外，由于新产品具有继承性，使往年累积并经过考验的有关设计和制造的经验再次应用，有利于保证产品质量的稳定。以成组技术为指导的设计合理化和标准化工作，将为实现计算机辅助设计（CAD）奠定良好的基础；为设计信息最大限度地重复使用，加快设计速度作出贡献。据统计，当设计一种新产品时，往往有75%以上的零件可参考借鉴或直接引用原有的产品图样。这不仅可免除设计人员的重复性劳动，也可以减少工艺准备工作和降低制造费用。

2. 制造工艺方面

成组技术最早用于成组工序，即把加工方法、安装方式和机床调整相近的零件归结为零件组，设计出适用于全组零件加工的成组工序。这样，只要能按零件组安排生产调度计划，就可以大大减少由于零件品种更换所需要的机床调整时间。此外，由于零件组内诸零件的安装方式和尺寸相近，可设计出应用于成组工序的公用夹具——成组夹具。只要进行少量的调整或更换某些零件，成组夹具就能适用于全组零件的工序。为此，应将零件按工艺过程相似性分类，以形成加工族，然后针对加工族设计成组工艺过程。成组工艺过程是成组工序的集合，能保证按标准化的工艺路线，采用同一组机床加工同组内的各零件。以成组技术指导的工艺设计合理化和标准化为基础，不难实现计算机辅助工艺过程设计（CAPP），以及计算机辅助成组夹具设计。

3. 生产组织与管理方面

成组加工要求将零件按工艺相似性分类形成加工组，加工同一组零件有其相应的一组机床设备。因此，成组生产系统要求按模块化原理组织生产，即采取成组生产单元的生产组织形式。在一个生产单元内由一组工人操作一组设备，生产一个或若干个相近的加工组，在此生产单元内可完成各零件全部或部分生产。零件成组后，成组批量比原来的批量扩大很多，因此可以经济、有效地采用可调的高效机床或数控机床进行加工，迅速提高生产率。

成组技术同时也是计算机辅助管理系统的基础之一。因为运用成组技术的基本原理将大量信息分类成组，并使之规格化、标准化，这有助于建立结构合理的生产系统公共数据库，可以大量压缩信息的储存量，可使设计程序优化。此外，采用编码技术是计算机辅助管理系统得以顺利实施的关键性基础技术。

4. 成组技术与 FMS、CIMS 关系

以成组技术思想建立的零件族为加工对象建立 FMS，既可以使系统能加工足够多的零件品种，又可简化系统的结构。因此可以把成组技术作为建立 FMS 的基础。同时，在成组技术基础上建立的 FMS 相当于一个生产单元。这种 FMS 的生产单元实现了工艺过程的全部柔性自动化，从而把成组技术的实施提高到一个新的水平。

CIMS 是通过企业的信息集成以取得企业整体效益的计算机综合应用系统，信息集成是实施 CIMS 的基础。企业的信息包括从产品设计制造到生产经营与管理的所有信息，为了实现范围如此广泛的信息集成，需要对信息进行分类编码。因此，可以应用成组技术的基本原理，建立面向企业的信息分类编码系统，从而把系统中的有关环节连接到一起。我国 CIMS 实验工程及各 CIMS 应用工程，都在不同层次上应用了成组技术，并取得了一定的经济效益。

5. 成组技术的效益

在多品种、中小批生产企业实施成组技术所能获得的经济效益是多方面的。据国内外的研究表明，实施成组技术的综合技术经济效益如图 5-5 所示。

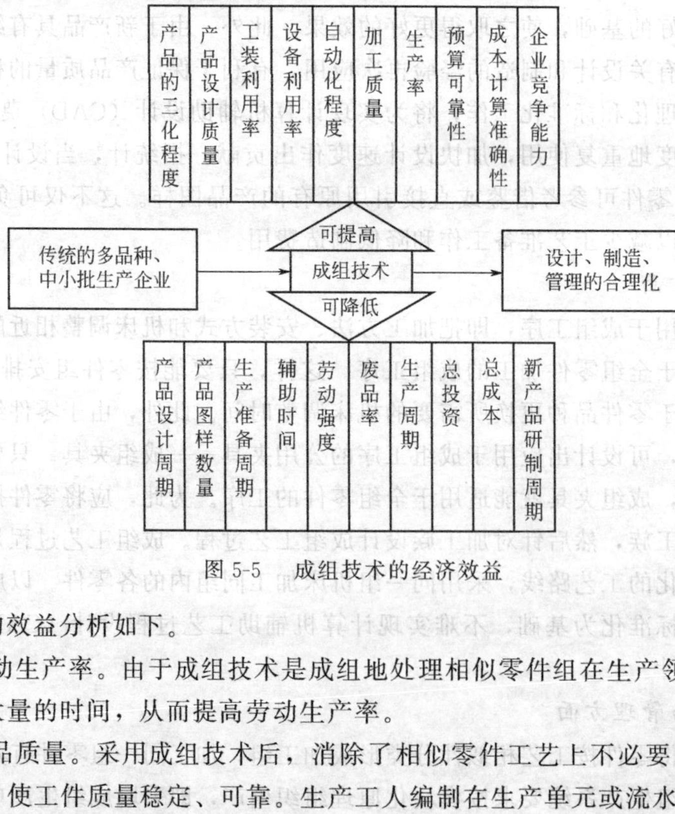

图 5-5　成组技术的经济效益

成组技术的效益分析如下。

① 提高劳动生产率。由于成组技术是成组地处理相似零件组在生产领域中的各种问题，因而可以节省大量的时间，从而提高劳动生产率。

② 保证产品质量。采用成组技术后，消除了相似零件工艺上不必要的多样性，选择合理的工艺方案，使工件质量稳定、可靠。生产工人编制在生产单元或流水线中，工序专业化程度提高，即提高了工人的劳动熟练程度。在成组生产单元内，从组长到工人对零件质量全面负责，增强了生产责任心。采用自动化程度高的设备与工艺装备，减少人为因素对加工质量的影响，使废品率下降，减少零件的磕、碰、划伤。

③ 缩短生产技术准备周期。推行成组技术最先得益的是改进设计，借助于分类编码系统，新产品大部分零件可以沿用原有图纸，减少设计工作量，从而缩短设计周期。由于设计上提高了新、老产品的继承性，因而必然带来工艺设计与制造上的继承性，从而大大简化新产品的技术准备工作，缩短了生产技术准备周期。

④ 减少零件运输工作量，实现物料流合理化。由于成组零件封闭在相应的生产单元或流水线上，所以大大缩短了输送路线，零件不必全车间“旅行”。

5.2 计算机辅助工艺过程设计（CAPP）

5.2.1 CAPP的基本概念

20世纪60年代末，人们开始在工艺过程设计领域应用计算机技术，进行计算机辅助工艺过程设计（CAPP）的开发和研究工作。应用CAPP技术，可以使工艺人员从繁琐的事务性工作中解脱出来，迅速编制出完整而详尽的工艺文件，缩短生产准备周期，提高产品制造质量，进而缩短整个产品开发周期。随着集成技术的发展，CAPP被公认为CAD/CAM真正集成的关键，是FMS及CIMS等现代制造系统的技术基础之一。因此，CAPP技术逐渐引起越来越多人们的重视，世界各国都在大力研究。

尽管CAPP系统的种类很多，但其基本结构都离不开零件信息的输入、工艺决策、工艺数据/知识库、人机界面与工艺文件管理五大部分。

1. 零件信息的输入

计算机目前还不能像人一样识别零件图上的所有信息，所以在计算机内部必须有一个专门的数据结构来对零件信息进行描述。如何描述和输入零件信息是CAPP最关键的问题之一。

2. 工艺决策

工艺决策是整个系统的指挥中心。它的作用是以零件信息为依据，按预先规定的顺序或逻辑，调用有关工艺数据或规则，进行必要的比较、计算和决策，生成零件的工艺规程。

3. 工艺数据/知识库

工艺数据/知识库是系统的支撑工具。它包含了工艺设计所需要的所有工艺数据（如加工方法、切削用量、机床、刀具、夹具、量具、辅具，以及材料、工时、成本核算等多方面的信息）和规则（包括工艺决策逻辑、工艺经验等，如加工方法选择规则、排序规则）。如何表示工艺数据和知识，使知识库便于扩充和维护，并适用于各种不同的企业和产品，是CAPP系统需要迫切解决的问题。

4. 人机界面

人机界面是用户的工作平台。包括系统菜单、工艺设计的界面、工艺数据知识的输入和管理界面，以及工艺文件的显示、编辑、打印输出等。

5. 工艺文件管理

一个系统可能有上千个工艺文件，如何管理和维护这些文件是CAPP系统的重要内容。

5.2.2 CAPP系统中零件信息的描述

目前，CAPP系统中所采用的零件信息描述方法有三类：零件分类编码法、零件表面元素描述法、零件特征描述法。

1. 零件分类编码法

零件分类编码法是派生式CAPP系统采用的主要方法。其缺点是即使采用较长码位的分类编码系统，也只能达到“分类”的目的。对于一个零件究竟由多少形状要素组成，各个形状要素的本身尺寸及相互位置尺寸、精度要求，分类编码法都无法解决。因此，如果需要对零件进行详细描述，就必须采用其他描述方法。

2. 零件表面元素描述法

早期的创成式CAPP系统都采用这种方法。在这种方法中，任何一个零件都被看成是由一个或若干个表面元素所组成，这些表面元素可以是圆柱面、圆锥面、螺纹面等。例如，光滑钻套由一个外圆表面、一个内圆柱表面和两个端面组成。单台阶钻套由两个外圆表面、一个内圆表面和三个端面组成等。

在运用表面元素法时，首先要确定适用的范围，然后着手统计分析该范围内的零件由哪些表面元素组成，即抽取零件表面元素。对于回转体零件，一般把外圆柱表面、内圆柱表面、外锥面、内锥面等称为基本表面元素；把位于基本表面元素上的沟槽、倒角、辅助孔等表面元素称为附加表面元素。在对具体零件进行描述时，不仅要描述各表面元素本身的尺寸及其公差、形状公差、粗糙度等信息，而且需要描述各表面元素之间位置关系、尺寸关系、公差要求等信息，以满足CAPP系统对零件信息的需要。

3. 零件特征描述法

CAPP系统接收到零件信息以后，系统内部必须用一种合理的数据结构来组织这些信息，这是CAPP系统零件信息模型要解决的问题。

在CAPP应用中，常常把单个特征表示为以形状特征为核心，由尺寸、公差和其他非几何属性共同构成的信息实体。针对机械加工工艺过程设计，可以把零件特征定义为：机械零件上具有特定结构形状和特定工艺属性的几何外形域，它与特定的加工过程集合相对应。

零件信息模型是计算机内部对零件信息的一种描述与表达方式，该模型利用计算机进行零件图绘制、工艺决策和推理、尺寸链计算、工序图生成、刀具路径规划以及仿真等工作。在CAPP系统内部如何组织和表达零件信息，使之既便于CAPP系统应用，又便于与CAD/CAM集成，是一个非常重要的课题。目前，CAPP系统中使用最广泛的一种零件信息建模方法，是基于特征的零件信息描述法。这是一种符合工程实际应用的实用方法，它不同于一般CAD系统以图形表达为目的的零件模型，它既适用于回转类零件，又适用于非回转类零件，还适合CAD/CAPP/CAM集成系统。一般以“形状特征二叉树”为主干的数据结构描述回转类零件，而以“方位面+形状特征”为主干的数据结构描述非回转类零件。

5.2.3 CAPP系统的类型及应用

从CAPP系统的工作原理来分，一般将CAPP系统分为三个类型，即派生式CAPP系统、创成式CAPP系统和智能式CAPP系统。

1. 派生式CAPP系统

派生式CAPP系统，也称变异式CAPP系统，它是以成组技术为基础，利用零件的相似性，通过对产品零件的分类归组，可以把工艺相似的零件汇集成零件组，然后编制每个零件的标准工艺，并将其存入CAPP系统的数据库中。这种标准工艺是符合企业生产条件下的最优工艺方案。一个新零件的工艺，是通过检索类似零件的工艺并加以筛选或编辑而成，由此得到了“派生”或“变异”这个术语。

派生式CAPP系统工作原理如图5-6所示。将标准工艺分别存放在标准加工文件和工序计划文件中，输入一个新零件的GT代码，系统可以判断该零件属于哪个零件组，并从数据库中检索调用该组的复合工艺。根据输入零件的结构、工艺特征和加工要求，通过对检索出的复合工艺，进行自动或交互式的修改和编辑，便可得到该零件的加工工艺；利用其他的输入信息，可以计算或选择有关加工参数。

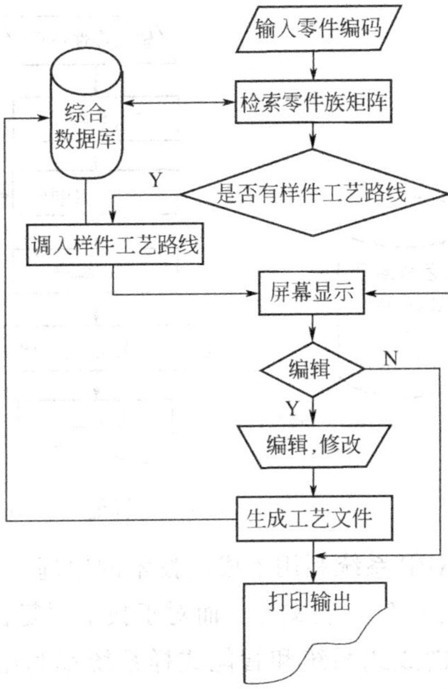

图 5-6 派生式 CAPP 系统工作原理

2. 创成式 CAPP 系统

创成式 CAPP 系统，也称为生成式 CAPP 系统。它不是利用相似零件组的复合工艺修改或编辑生成，不需要派生法中的复合工艺文件，而是依靠系统中的决策逻辑和制造工艺数据信息生成。这些信息主要是有关各种加工方法的加工能力和对象，各种设备及刀具的适用范围等一系列的基本知识。工艺决策中的各种决策逻辑存入相对独立的工艺知识库，供主程序调用。

创成式 CAPP 系统工作原理如图 5-7 所示。该系统可按工艺生成步骤划分为若干个模块，每个模块的程序是按各功能模块的决策表或决策树来编制的，即决策逻辑是嵌套在程序中的。系统每个模块工作时所需的各种数据都是以数据库文件的形式存储。图中有机床、夹具、刀具、工具，以及切削数据文件，有的系统还有标准工时定额文件。CAPP 系统在读取零件制造信息后，能自动识别和分类。此后，系统其他各个模块按决策逻辑，生成零件各待加工表面的加工顺序和各处表面的加工链，并为各表面加工选择机床、夹具、刀具、工具和切削参数。最后系统自动输出工艺规程文件，用户不需或略加修改即可。

3. 智能式 CAPP 系统

传统的创成式系统由于决策逻辑嵌套在应用程序中，系统结构复杂，不易修改。目前的研究工作主要转向智能式 CAPP 系统。在智能式 CAPP 系统中，工艺专家编制工艺的经验和知识存在知识库中，它可以方便地通过专用模块增删和修改，这就使系统适应性的通用性大大提高。

智能式 CAPP 系统工作原理如图 5-8 所示。知识库中工艺生成逻辑可以通过查询和解释模块，以树形等方式显示，便于查询和修改。以自然形式存放的工艺知识通过知识编译模块，成为一种直接供推理机使用的数据结构，以加快运行。推理机按输入模块从文件库中读取的零件制造特征信息，经过逻辑推理生成工艺文件，由输出模块输出并存入文件库。

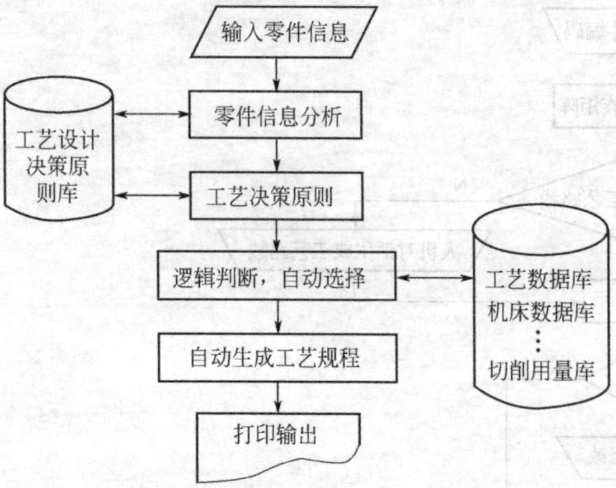

图 5-7 创成式 CAPP 系统工作原理

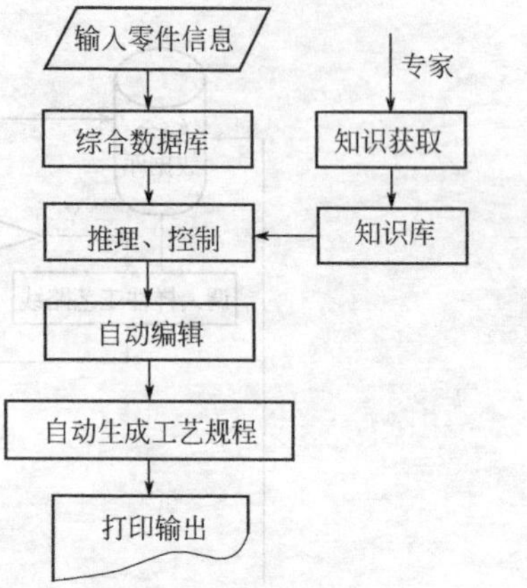

图 5-8 智能式 CAPP 系统工作原理

以上三种 CAPP 系统中，派生式 CAPP 系统利用了成组技术的原理，必须有复合工艺。因此，它只能针对某些具有相似性的零件产生工艺文件。而对于找不到复合工艺的零件，派生式 CAPP 系统就无法生成零件工艺。创成式系统和智能式样系统都利用了决策算法，自动生成工艺文件，但需要输入全面的零件信息，系统要确定零件的加工路线、定位基准、装夹方法等。从工艺设计的复杂性分析，这些知识的表达和推理无法很好地实现。正是由于知识表达的“瓶颈”与理论推理的“匹配冲突”至今无法很好地解决，因此创成式 CAPP 系统和智能式 CAPP 系统，仍停留在理论研究和初步的应用阶段。在 CAPP 的开发和应用过程中，许多 CAPP 系统既应用派生原理，同时又引入较多的决策算法，人们通常称这类系统为半创成式或混合式 CAPP 系统。例如，零件组的复合工艺只是一个工艺路线（加工方法和加工顺序），而各加工工序的内容（包括机床和夹具的选择、工步顺序和内容、切削参数的确定等），则都是用逻辑决策方式生成的。

目前，国内应用的 CAPP 系统多数为派生式。派生式 CAPP 系统开发完成后，工艺人员就可以使用该系统为实际零件编制工艺规程。具体步骤如下。

① 按照采用的分类编码系统对零件编码。

② 检索该零件所在的零件族。

③ 调出该零件族的标准工艺规程。

④ 利用系统的交互式修订界面，对标准工艺规程进行筛选、编辑或自动修订。有些系统能提供自动修订的功能，但这需要补充输入零件的一些具体信息。

⑤ 将修订好的工艺规程存储起来，并按给定的格式打印输出。

派生式 CAPP 系统的应用，不仅可以减少工艺人员编制工艺规程的工作，而且相似零件的工艺过程可达到一定程度的一致性。此外，从技术上讲，派生式 CAPP 系统容易实现。

5.2.4 国内常用的 CAPP 软件

我国从 20 世纪 80 年代初开始 CAPP 技术的研究，90 年代后期才真正进入实际应用阶段。目前以交互式技术为基础、以大型数据库为平台、以工艺数据为核心的 CAPP 产品已经非常成熟，大批企业应用 CAPP 技术和产品解决了自己的问题，包括工艺路线、工艺的快速编制、制造 BOM 转化、定额（材料、工时）的准确核算等。在国内应用比较广泛的

CAPP 软件主要有以下几种。

1. 开目 CAPP 系统

开目 CAPP 系统是武汉开目集成技术有限责任公司的产品。它不仅提供了基于数据库的大型工艺集成设计与管理环境，具备强大的处理复杂工艺数据表格的功能，而且提供了严格的工艺权限和工艺流程管理功能，支持团队并行工艺开发，并提供了二次开发接口和工具。其工艺规程编制以开目 CAD 为平台，具有功能强大的绘图工具和文字编辑功能。在绘图方面除吸收了开目 CAD 的所有特点外，还特别提供了工艺简图外轮廓与加工面的特殊绘制方法。在编辑工艺内容时，可以查询系统提供的各种字符库、工程符号库，以及企业的各种工艺资源库，提供了用于材料消耗定额计算和工时定额计算的公式管理器。

2. 天河 CAPP 系统

天河 CAPP 系统是北京清华京渝天河软件公司开发的工艺设计与管理系统。它主要针对大、中型企业工艺制造信息化的解决方案，构建企业工艺、制造信息网络协同工作平台环境，包括工艺设计、工艺管理、企业数据处理、二次开发框架与接口、与 PDM/ERP 系统集成接口等模块；完全基于网络、数据库，实用、智能、开放、安全，满足各专业的设计要求及系统集成要求。其主要功能特点是：①“所见所得”，高效实用；②实时支持企业卡片标准的更新；③可满足企业的工艺设计要求；④自动汇总及报表；⑤提供二次开发接口，满足集成要求；⑥企业可方便地扩充天河 CAPP 的功能，迅速开发出适合本企业的专用 CAPP 系统；⑦可以方便地建立企业工艺管理模型，快速实现工艺任务流程管理；⑧天河 CAPP 系统提供安全、实用、完善的权限系统，保证用户工艺数据的安全。

3. 西工大 CAPP

西工大 CAPP 是陕西金叶西工大软件股份有限公司开发的集成化 CAPP 应用框架与开发平台。其主要功能包括：产品结构管理、工艺分工计划、材料定额、工艺设计、工艺信息管理、工艺文档管理、工艺审批流程管理、产品工艺配置、工艺文档浏览、工艺/制造资源管理、工艺知识推理、工艺信息建模、工艺卡片定制、用户管理、系统配置管理等。

4. 大天 CAPP（GS-CAPP）

GS-CAPP 是杭州浙大大天信息有限公司的 CAPP 产品。它可进行工艺过程卡及其工序卡的设计，自动统计生成管理用工艺文件，并对整个工艺设计流程进行控制和管理。该系统基于分布式数据库设计，采用自顶向下的工艺设计与管理，支持产品零部件不同工艺的并行设计，内置 GS-ZDDS 二维绘图工具。

5. 思普 CAPP（SIPM/CAPP）

SIPM/CAPP 是上海思普信息技术有限公司的 CAPP 产品。思普工艺设计系统（简称 SIPM 系统）主要包括五个部分：SIPM/BASE 基础数据维护系统、SIPM/CCPM 工艺卡片格式定制系统、SIPM/PPCD 工艺设计系统、SIPM/CAD 工序图绘制系统、SIPM/PPDM 产品数据管理系统。每个系统均能独立运行，整个工艺工作流程受思普产品数据管理系统 SIPM/PPDM 的管理，形成了一个有机整体，为工厂工艺工作提供一个网络化的并行产品设计和工艺设计工作环境。

6. 山大华特 CAPP（WIT-CAPP）

WIT-CAPP 是山东山大华特软件有限公司自主开发的工艺设计与管理系统。它基于产品结构进行工艺数据管理，工艺文件有版本管理，支持分布式协同的工作模式，提供二次开发工具。

5.3 精益生产（LP）

精益生产（Lean Production，LP）是美国麻省理工学院（MIT）的一个研究小组，花了5年时间考察国际汽车工业的发展情况，剖析、总结了日本丰田汽车公司创造的丰田生产方式，并与世界各国的汽车制造方式做了详细比较研究后，于1990提出的一种区别于“福特制”大量生产方式的新的生产模式，并称之为“世界级制造技术的核心”。“精”表示精良、精确、精美，“益”则包含利益、效益等，它突出了这种生产方式的特点。精益生产就是运用多种现代管理手段和方法，以社会需求为依托，以充分发挥人的作用为根本，有效配置和合理使用企业资源，为企业谋求经济效益的一种新型生产方式。

5.3.1 精益生产的特征与体系

1. 精益生产的特征

精益生产强调以社会需求为驱动，以“人”为中心，以“简化”为手段，以技术为支撑，以“尽善尽美”为目标，主张在企业中消除一切不产生附加值的活动和资源，并从系统观点出发，将企业中所有的功能合理组合，以利用最少的资源、最低的成本向顾客提供高质量的产品和服务，使企业获得最大利润和最佳应变能力。

精益生产方式综合了单件生产与大量生产的优点，既避免了前者的高成本，又避免了后者的僵化。概括起来，其主要特征有以下几个方面。

(1) 以“人”为中心

尊重人，充分发挥人的主观作用，把工人组织起来，集体对产品负责。生产线一旦出现问题，每个工人都有权把生产线停下来，以分析问题，解决问题。

(2) 以“简化”为手段

简化企业的组织机构，简化产品的开发过程，简化零部件的制造过程，简化产品的结构。总之，简化一切不必要的工作内容，消灭一切浪费。

(3) 以“技术”为支撑

精益生产方式并不追求制造设备的高度自动化和现代化，而强调对现有设备的改造和根据实际需要采用先进技术，按此原则来提高设备的效率和柔性。在提高生产柔性的同时，并不拘泥于柔性，以避免不必要的资金和技术浪费。

(4) 以“尽善尽美”为最终目标

不断改善、追求完美。在丰田的生产中，从前道工序流到后道工序要求100%的合格率，而绝不允许任何中间环节有不合格的产品流入到后道工序。丰田方式并不一定要求以大规模的技术改造和设备升级来提高生产水平，而注重以不间断的管理改革和技术革新来趋近“尽善尽美”的目标。

2. 精益生产的体系结构

准时生产（JIT）、全面质量管理（TQC）、成组技术（GT）、弹性作业人数和尊重人性是精益生产的主要支柱（图5-9）。

(1) 准时生产（JIT）

准时制作业（Just-in-time）的基本含义是在所需要的时间、按所需要的数量生产所需要的产品（或零部件）。其目的是加快半成品的流动，将资金的积压减少到最低限度，从而提高企业的生产效益。这一点与大批量生产的福特模式有很大的不同，后者是在每一道工序一次生产一大批工件，存放在中间的半成品仓库，然后再运往下一道工序。而在JIT方式下，工序间的零件是小批量流动，甚至是单件流动，在工序间基本不积压或者完全不积压半成品。

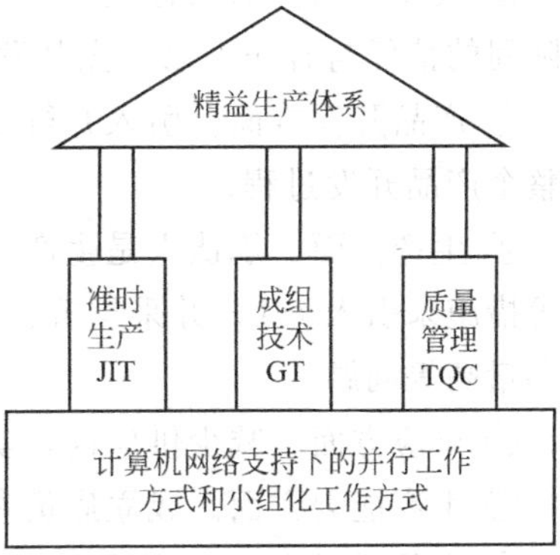

图5-9 精益生产的体系构成

（2）全面质量管理（TQC）

全面质量管理（Total Quality Control，TQC）是保证产品质量、树立企业形象和达到零缺陷的主要措施，是实施精益生产方式的重要保证。从全面质量管理的观点来看，产品质量不是检验出来的，而是制造出来的。它采用预防型的质量控制，强调精简机构、优化管理，赋予基层单位以高度自治权利，全员参与和关心质量工作。质量保证不再作为一个专业岗位，而是职工本职工作的一部分。预防型的质量控制要求尽早排除产品和生产过程中的潜在缺陷源，全面质量管理体现在质量发展、质量维护和质量改进等方面，从而使企业生产出低成本、用户满意的产品。不可否认，ISO 9000国际质量认证标准，为实现全面质量管理提供了十分有效的手段。

全面质量管理（TQC）有以下几层含义。

① 全方位质量管理。不仅对产品的功能质量进行管理，而且对现代质量概念的各个方面进行管理，包括寿命、可靠性、安全性及可负担性等方面的质量管理。

② 全过程质量管理。不仅对加工制造过程进行管理，而且对市场调查、产品设计开发、外协准备、制造装配、检查试验、售后服务等影响产品质量的所有环节进行管理，重在排除上述过程中引起废品的因素，而不是在最终检查中剔除废品。

③ 全员质量管理。全企业的所有人员，上自经理，下至操作工人，全都参与质量管理，自己检查产品，100%地检查，自我纠正误差，不断改进方案。为了便于全员参加质量管理，需要下工夫使产品质量标准变得直观易懂，增强质量“可见性”，强化全员的质量意识。

5.3.2 精益生产的应用

1. 在航空工业的应用

美国洛克希德公司认为精益生产方式适用于战斗机、战术运输机、导弹和卫星生产的所有领域，包括F-22这种主要型号战斗机。为实现F-22项目规定的某些宏伟目标，例如在某些情况下，减少生产车间工作量的80%～90%，公司总经理决定设立“重点工厂”，强调优化流程和消除浪费。这就必须按精益生产的思想进行设计和制造，并开始在现有的一些项目中实现精益生产。洛克希德公司的福特沃思分公司主动向美国空军许诺，每年降低12～24架F-16C战斗机的价格，每架飞机的费用降低300万～2000万美元。

2. 在赛车企业的应用

英国的阿斯顿·马丁（Astom Martin）公司是一家有着60余年豪华名牌赛车生产历史的明星企业，但由于生产与财务方面的问题，在20世纪80年代末90年代初，公司的经营陷入了困境。为了走出困境，该公司1991年开始按照精益生产的思路，采取了一系列改革措施。这些措施的要点如下。

① 领导方面。承认企业根本的变化必须首先从领导层开始。

② 人员方面。消除管理人员与工作人员之间的壁垒，鼓励公司雇员参与管理，并培育人际间的信任与合作关系，充分发挥人的作用。

③ 产品开发方面。引入并行工程的概念，成立并行工程产品开发小组，并将质量贯穿于整个产品开发过程。

④ 生产方面。承认人是生产一线的主体；通过改变车间布置、减少换装时间和生产批量等措施来引入JIT，并采用看板控制生产过程和库存，从而消除了以前的生产秩序混乱、库存量高等问题。

⑤ 供应方面。减少供应商，实行供应商证书制，实行JIT供货。

⑥ 生产能力方面。成立雇员参与的问题解决小组，致力于提高生产率的改进工作。

⑦ 产品质量方面。通过过程质量控制来提高产品质量。

按照以上措施认真改进，仅用两年时间，就使该公司走出了困境，重新获得了新生。这说明：充分发挥人的作用，消除一切浪费，在企业的各个环节实施精益生产，确实能够提高企业的效益；同时也说明持续不断地改进、追求尽善尽美，是实施精益生产获得成功的重要保证。

5.4 敏捷制造（AM）

1991年，美国里海大学亚柯卡研究所提出了敏捷制造（Agile Manufacturing，AM）的概念。他们在美国国会和国防部的支持下会同美国众多工业界的主要决策人在向美国国会提交的“美国21世纪制造战略报告”中对敏捷制造的概念、方法及相关技术作了全面的描述，是美国进行现代制造技术研究的重要里程碑。该报告中有两个最重要的结论：①影响企业生存发展的共性问题是：目前的竞争环境变化太快而制造企业自我调整、与之适应的速度太慢。②依靠对现有大规模生产模式和系统的逐步改进和完善不能实现重振美国制造业雄风的目标。

5.4.1 敏捷制造的内涵及特点

1. 敏捷制造的内涵

敏捷制造（又称为灵捷制造）作为一个新型制造模式，在概念和组成上在不断地更新和发展，目前尚无统一、公认的定义。通常可以这样认为：敏捷制造是在“竞争—合作/协同”机制作用下，企业通过与市场/用户、合作伙伴在更大范围、更高程度上的集成，提高企业竞争能力，最大限度地满足市场用户的需求，实现对市场需求做出灵活、快速反应的一种制造新模式（图5-10）。也可以指企业采用现代通信技术，以敏捷、动态优化的形式组织新产品开发，通过动态联盟（又称虚拟企业）、先进柔性生产技术和高素质人员的全面集成，迅速响应客户需求，及时交付新产品并投放市场，从而赢得竞争优势，获取长期的经济效益。敏捷制造改变了传统的企业设计与制造方式，其设计、制造过程向用户开放，用户可参与从设计至销售业务等各个方面的活动。

敏捷制造思想的出发点是基于对产品和市场的综合分析。敏捷制造的战略着眼点在于快速响应市场/用户的需求，使产品设计、开发、生产等各项工作并行进行，不断改进老产品，迅速设计和制造能灵活改变结构的高质量的新产品，以满足市场/用户不断提高的要求。

企业实施敏捷制造必须不断提高自身的应变能力，实现技术、管理和人员的全面协调集

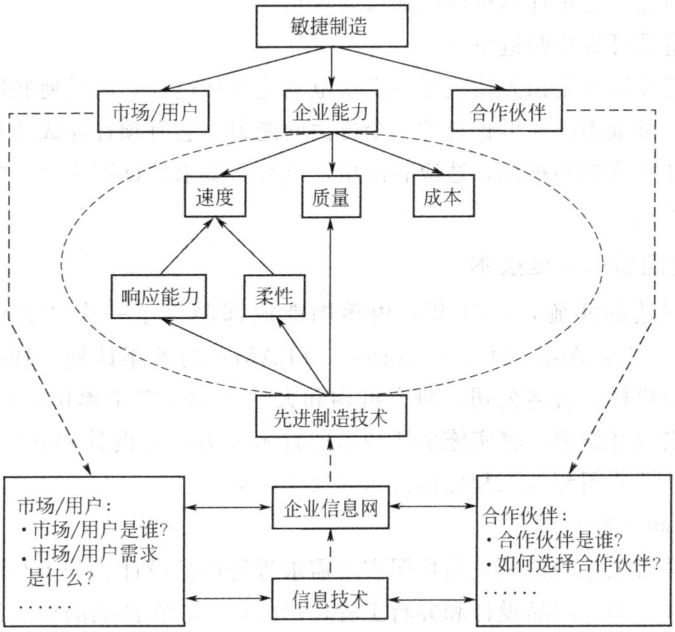

图 5-10 敏捷制造的内涵示意图

成。其敏捷性体现在：企业的应变能力、现代制造技术、企业信息网、信息技术等方面，其中最关键的因素是企业的应变能力。衡量企业的应变能力需要综合考虑市场响应速度、质量和成本，是企业在市场中生存和领先能力的综合体现。敏捷制造企业在纷繁复杂的商务环境中具有极强的应变能力，能够以最快的应度、最好的质量和最低的成本，迅速、灵活地响应市场用户需求，从而赢得竞争。

敏捷制造强调“竞争——合作/协同”，采用灵活多变的动态组织结构，改变过去以固定专业部门为基础的静态不变的组织结构，以最快的速度从企业内部某些部门和企业外部不同公司中选出设计、制造该产品的优势部分，组成一个单一的经营实体。企业制造的敏捷性不主张借助大规模的技术改造来刚性地扩充企业的生产能力，不主张构造拥有一切生产要素、独霸市场的巨型公司，制造的敏捷性提出了一条在市场竞争中获利的清新思路。

2. 敏捷制造的特点

(1) 敏捷制造是自主制造系统

敏捷制造具有自主性，每个工件和加工过程、设备的利用，以及人员的投入都由基本单元自己掌握和决定，使得系统简单、易行、有效。以产品为对象的敏捷制造，每个系统只负责一个或若干个同类产品的生产，易于组织小批或者单件生产，不同产品的生产可以重叠进行。如果项目组的产品较复杂时，可以将之分成若干单元，每一单元只对相对独立的分产品的生产负有责任，各单元之间有明确的分工，协调完成一个项目组的产品。

(2) 敏捷制造是虚拟制造系统

敏捷制造系统是一种以适应不同产品为目标而构造的虚拟制造系统，其目标在于能够随着环境的变化迅速地动态重构，对市场的变化做出快速的反应，实现生产的柔性自动化。实现该目标的途径是组建虚拟企业。虚拟企业的主要特点是功能的虚拟化（企业虽具有完备的功能，但没有执行这些功能的机构）；组织的虚拟化（企业组织是动态的，倾向于分布化，讲究轻薄和柔性，呈扁平形的网状结构）；地域的虚拟化（企业的产品开发、加工、装配、营销分布在不同地点，通过计算机网络加以连接）。

（3）敏捷制造是可重构制造系统

敏捷制造系统设计不是预先按规定的需求范围建立某过程，而是使制造系统从组织结构上具有可重构性、可重用性和可扩充性三个方面的能力。它有预计完成变化活动的能力，通过对制造系统的硬件重构和扩充，适应新的生产过程，要求软件可重用，能对新制造活动进行指挥、调度与控制。

5.4.2 敏捷制造的关键技术

为推进敏捷制造的实施，1994 年，由美国能源部制订了一个“实施敏捷制造技术”（Technologies Enabling Agile Manufacturing，TEAM）的五年计划（1994～1999 年）。该项目涉及联邦政府机构、著名公司、研究机构和大学等 100 多个单位。1995 年，项目的策略规划和技术规划公开发表，将实施敏捷制造的技术分为产品设计和并行工程、虚拟制造、制造计划与控制、智能闭环加工和虚拟公司五大类。

1. 产品设计和并行工程

产品设计和并行工程的使命就是按照客户需求进行产品设计、分析和优化，并在整个企业内实施并行工程。通过产品设计和并行工程，产品设计者在产品的概念设计阶段就要考虑产品整个生命周期的所有重要因素，诸如质量、成本、性能，以及产品的可制造性、可装配性、可靠性、可维护性等。

2. 虚拟制造

虚拟制造提供了一个功能强大的模型和仿真工具集，并且在制造过程分析和企业模型中使用这些工具。过程分析模型和仿真包括产品设计及性能仿真、工艺设计及加工仿真、装配设计及装配仿真等；企业模型则考虑影响企业作业的各种因素。虚拟制造的仿真结果可以用于制订制造计划、优化制造过程、支持企业高层进行生产决策或重新组织虚拟企业。由于产品设计和制造是在数字化虚拟环境下进行的，克服了传统的样品试制投资大的缺点；能够避免失误，保证投入生产后一次成功。

3. 制造计划与控制

其任务就是描述一个集成的宏观（企业的高层计划）和微观（详细的生产系统信息，包括制造路径、详细数据以及支持各种制造操作的信息等）计划环境。该系统将使用基于特征的技术、与 CAD 数据库的有效连接方法、具有知识处理能力的决策支持系统等。

4. 智能闭环加工

智能闭环加工就是应用先进的控制和计算机系统以改进车间的控制过程。当各种重要参数在加工过程中能够得到监视和控制时，产品质量就能够得到保证。智能的闭环加工将采用投资少、效益高、以计算机为基础的具有开放式结构的控制器，以达到改进车间生产的目标。

5. 虚拟公司

虚拟公司是指企业群体为了赢得某一个机遇性市场竞争，迅速开发某一复杂的产品并推向市场。虚拟企业是由一个企业内部有优势的不同部分和有优势的不同企业，按照资源、技术和人员的最优配置，快速组成的一个功能单一的临时性的经营实体，因此能够迅速抓住市场机遇。这种以最快的速度把企业内部的优势和企业外部不同公司的优势集合起来所形成的竞争力，是以固定专业部门为基础的静态不变的组织结构对市场的竞争力所无法比拟的。

5.4.3　实施敏捷制造的流程

图5-11所示为实施敏捷制造的一般流程。企业实施敏捷制造一般要通过如下四个主要步骤。

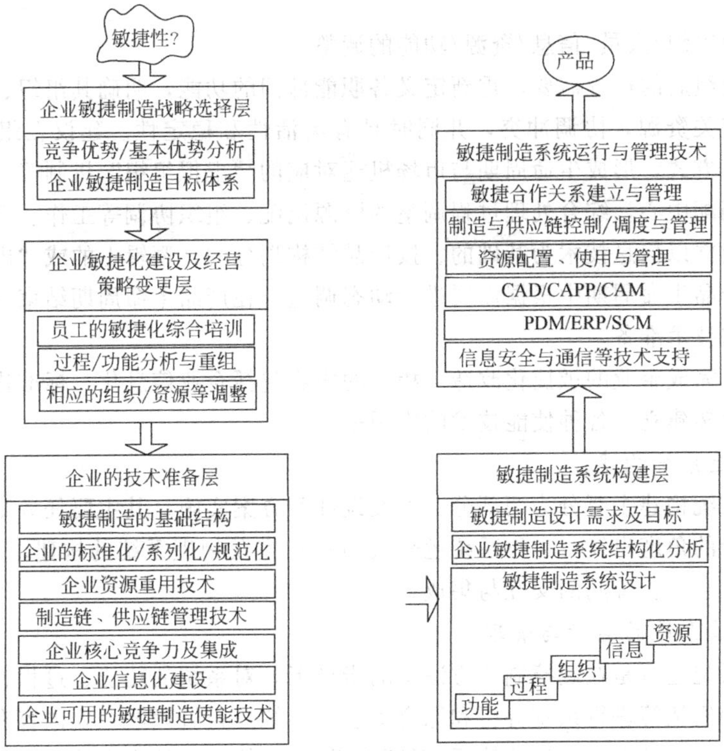

图5-11　实施敏捷制造的一般流程

1. 企业敏捷制造战略选择

企业敏捷制造战略选择包括确定企业的敏捷制造战略、产品的吸引力与企业的相对竞争地位，要建立的竞争优势，竞争优势的基本优势分解，基本优势的获得性和合理性分析，战略的实施时机和实施策略分析等，在进行选择时必须做好相关的目标制定和目标管理。

2. 企业敏捷化建设

包括企业经营策略的相应转变和相关的技术准备。其主要任务则是分析企业的过程与功能，以便判断是否与如何对企业资源尤其是核心资源进行调整，为企业重组提供必要的工程依据。此外，如何建立适应于相应的调整策略的员工培训体系也占据重要位置。企业经营策略需作如下转变。

(1) 员工的敏捷化培训

企业必须使员工对敏捷制造及其主要业务过程有充分认识并进行相应的培训，如支持敏捷制造的相关基础结构、使能技术、相应的任务、职责、协商机制与仲裁机制及相关的软件和工具等。企业主管要在经营管理思想上建立敏捷化概念，主要包括企业敏捷化运行模式、企业间敏捷合作的具体形式和可能的扩展方式等。

(2) 企业的功能/过程分析与重组

根据敏捷制造策略下业务过程的特点和需要，充分分析原有业务过程，通过企业相关人员的合作，采用适当的技术支持，对与敏捷制造相关的核心业务过程进行物理上或逻辑上的重组，重构企业敏捷化价值传递过程，简化业务流程，加强协调和控制，并为重构后的流程提供必要的设备和支持环境。业务过程重组的主要原则是：压缩组织结构层次、简化业务流程、提供相应技术支持、适度分权、适度采用面向任务或产品的项目组等组织形式、全面关心员工的发展。

(3) 相应的组织/人员/信息/资源/功能的调整

企业根据重组后的过程需要，重新定义各职能部门的功能，明确其组织、人员，定义组织间的关系和有关资源，协调冲突，并同时具有灵活性和稳定性。建议在组织上采用项目组、矩阵管理等方式，形成生命周期与市场机遇对应的“虚拟组织”机制等。在逻辑上或实施上建立综合调配中心，综合处理过程调整的资源调配、组织协调等工作。可以采用在获得市场机遇后，建立以信息技术为基础的、按产品结构划分的、逻辑上的或“虚拟”的集成产品开发组，在产品生命周期中根据需要进行动态调整，在产品生命周期结束后解散。

(4) 企业的技术准备

主要任务是完成企业的敏捷化改造。相关的内容包括企业信息化与标准化工作、企业重组、基础信息框架建立、各种使能技术的应用等。

3. 敏捷制造系统构建

敏捷制造系统构建主要分为两部分：方案设计和方案实施。其主要任务则是从结构化分析与结构化设计的角度出发，进行系统逻辑层面的建模及物理系统的构建，从而形成功能、过程、组织、信息、资源间的交互与集成。

4. 敏捷制造系统的运行与管理

敏捷制造系统运行是在敏捷制造方法论的指导下，对系统的功能、过程、组织人员、信息、资源、利润框架等进行系统分析和综合管理。系统运行管理的主要内容有系统的描述与分析方法、决策、管理方法、评价体系/保证体系/安全体系、技术支持等。

5.5 并行工程（CE）

5.5.1 并行工程的概念

过去在新产品的开发中，各环节为顺序形式：[市场调研]→[产品计划]→[产品设计]→[试制工艺设计]→[样机试制]→[修改设计]→[工艺制订]→[正式投产]。在该串行工程中，以上诸环节需按固定顺序进行，不能同时进行多个环节。若前期某个环节出现问题，往往会影响后期环节的开发，致使产品的开发周期长、工作量大、成本高。据国外的一份调查表明，为纠正某一产品设计中的错误，需增加的费用分别是：在设计阶段加以纠正，费用为35美元；在零件加工之前加以纠正，费用为177美元；在成批生产之前加以纠正，费用为368美元；如等到产品投放市场后才加以纠正，则费用为59000美元。

因此，如将设计中的错误和缺陷在设计初期阶段予以避免或纠正，提高产品开发的一次成功率，无论对提高产品设计质量，还是对缩短设计周期、降低设计成本都是十分重要的。20世纪80年代以来，为了赢得市场竞争，人们不得不改变传统的产品开发模式，不得不寻求更为有效的新产品开发方式。80年代末期，出现了并行工程（Concurrent Engineering, CE），也称为并行设计。实际上，在计算机进行并行处理时，还是有时间先后的。由于它的先后是秒级甚至是毫秒、毫微秒级的，相对于人们传统概念中的日、月、年来说，就像同时完成的，所以“并行工程”又称为“同时工程”或“生命周期工程”。

并行工程的提出，改变了传统的串行工程的企业组织结构与工作方式，以及人们的思维方法。为了实现并行工程，首先要在设计阶段完成设计人员的集成（即组织一个多功能小组，强调小组成员的协同工作），共享信息，在统一有效的管理下，借助先进的通信手段，使各项工作交叉、并行、有序地进行，从而尽早考虑产品整个生命周期中的所有因素，尽快发现并解决问题，以确保设计与制造的一次成功。有人把并行工程环境比作一个并行工程轮，如图 5-12 所示。通过产品造型器使设计者能够利用内层的任何工具来评价和优化设计。其核心为控制与协调，以控制各种工具的进程，并提供不同的服务，而且帮助寻找一个令全局满意的设计方案；外层与核心之间是功能层，且由各种产品生命周期分析工具组成。

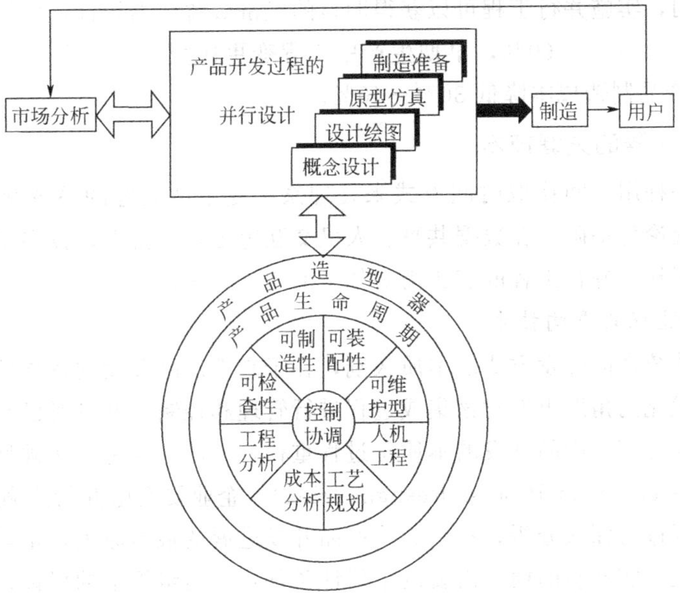

图 5-12 并行产品的开发环境与概念轮图

美国防务研究所（1988）给 CE 下的定义是：“并行工程是一种对产品及其相关过程（包括制造过程和支持过程）进行并行的、一体化设计的工作模式。这种工作模式可使产品开发人员一开始就能考虑到从产品概念直到消亡的整个产品生命周期中的所有因素，包括质量、成本、进度和用户要求”。

并行工程理念的形成来自很多人的好思想，如目标小组（Tiger Teams）、协调工作（Team Works）、产品驱动设计（Product-Driving Design）、全面质量管理（TQC）、连续过程改进（CPI）等。其中最重要的是美国国防部防卫分析研究所高级项目研究局（DARPA）所做的研究工作。他们从 1982 年开始研究在产品设计中改进并行度的方法，直至 1988 年发表了著名的 R-338 研究报告。这份报告对并行工程的思想和方法进行了全面系统的论述，确立了并行工程作为一种重要制造理念的地位。此后经过十多年的发展，并行工程已在一大批国际著名企业中获得了成功的应用，如波音、洛克希德、雷诺、通用电气等大公司均采用并行工程技术来开发自己的产品，并取得了显著的经济效益。并行工程及其相关技术成了 20 世纪 90 年代以来的热门课题。

5.5.2 并行工程的特点及效益

并行工程的主要特点是：设计的出发点是产品整个生命周期的技术要求；并行设计组织

是一个包括设计、制造、装配、市场销售、安装及维修等各方面专业人员在内的多功能设计组；设计手段是一套具有 CAD、CAM、仿真、测试功能的计算机系统，既能实现信息集成，又能实现功能集成，可在计算机系统内建立一个统一的模型来实现以上功能；并行设计能与用户保持密切对话，可以充分满足用户要求；可缩短新产品投放市场的周期，实现最优的产品质量、成本和可靠性。

并行工程作为一种经营理论和工作模式，不仅体现在产品开发的技术方面，也体现在管理方面。并行工程对信息管理技术提出了更高要求，不仅要对产品信息进行统一管理与控制，而且要求支持多学科领域专家群体的协同合作，并要求把产品信息与开发过程有机地集成，做到把正确的信息在正确的时间以正确的方式传递给正确的人。

大量实践表明，实施并行工程可以获得明显的经济效益。据统计，实施并行工程可以使新产品开发周期缩短 40%～60%，早期生产中工程变更次数减少一半以上，产品报废及返工率减少 75%，产品制造成本降低 30%～40%。

5.5.3　并行工程的关键技术

并行工程是一种用空间换取时间方式来处理系统复杂性问题的系统化方法。它以信息论、控制论和系统论为基础，在数据共享、人机交互等工具支持下，按多学科、多层次协同一致的组织方式工作，并行工程的实施需要如下的关键技术。

1. 产品开发过程的重构技术

并行工程与传统产品开发方式的本质区别，在于它把产品开发的各项活动视为一个集成的过程，从全局优化的角度出发对该集成过程进行管理和控制，并且对已有的产品开发过程进行不断的改进与提高，产品开发的本质是过程重构，因此，这种方法被称为产品开发过程重构（Product Development Process Reengineering）。企业要实施并行工程，就要对企业现有的产品开发流程进行深入分析，找出影响产品开发进展的根本原因，重新构造能为有关各方所接受的新模式。实现新的模式需要两个保证条件：一是组织上的保证；二是计算机工具和环境的支持，如 DFA、DFM、PDM 等。

2. 并行工程的开发团队（IPT）

采用跨部门、多学科的集成产品开发团队（IPT）是并行工程的重要方法。团队包括了来自市场、设计、工艺、生产技术准备、制造、采购、销售、维修、服务等各部门的人员，有时还包括用户、供应商或协作厂的代表。总之，只要是与产品整个生命周期中有关的，而且对该产品的本次设计有影响的人员都需要参加，并任命团队领导，负责整个产品开发工作。采用这种团队工作方式能大大提高产品生命周期各阶段人员之间的相互信息交流与合作，在产品设计时及早地考虑产品的可制造性、可装配性、可检验性等。

并行工程是按多功能组划分结构的，这就使得专业知识成为必需。产品开发组是由几个精通不同技术、专业学科的子单元组成的，各子单元的成员包括：产品计划人员、产品概念工程师和分析员、产品设计人员、原型设计工程师、制造工程计划人员、管理和控制人员、计算机集成制造和装配人员、交货和支持成员等。

3. 面向 X 的设计（DFX）

DFX 是并行工程中的关键技术。DFX 中的 X 可以代表生命周期中的各种因素，如制造、装配、拆卸、检测、维护、支持等。它们能够使设计人员在早期就考虑设计决策对后续过程的影响。较常用的是 DFA 和 DFM。

面向装配的设计（Design For Assembly，DFA）的主要作用是：制订装配工艺规划，考虑装拆的可行性；优化装配路径；在结构设计过程中，通过装配仿真考虑装配干涉。DFA 的应用将有效地减少产品最终装配向设计阶段的大反馈，能有效地缩短产品开发周期。同时，DFA 也可以优化产品结构，提高产品质量。

面向制造的设计（Design For Manufacturing，DFM）作为一种设计方法，其主要思想是在产品设计时，不但要考虑功能和性能要求，而且要同时考虑制造的可能性、高效性和经济性，即产品的可制造性（或工艺性）。其目标是在保证功能和性能的前提下使制造成本最低。在这种设计与工艺同步考虑的情况下，很多隐含的工艺问题能够及早暴露出来，避免了很多设计返工，而且对不同的设计方案，根据可制造性进行评价、取舍，根据加工费用进行优化，能显著地降低成本，提高产品的竞争能力。

4. 产品信息集成

并行工程重组产品开发过程的行为，必然涉及产品信息的变化，包括数据结构和数据的变化。传统部门制模式是按职责逐层定义、操纵企业的信息。不同粒度信息的控制由不同部门实施，其表现是“抛过墙式”信息传递；其实质则是在不同阶段、不同部门中，信息的操作者、操作方式和对象均会出现变异，产品信息控制的统一性和连贯性难以得到保障，而大的阶段划分则难以保障产品信息的时效性。

并行工程的产品集成开发团队，消除了信息的操作者、操作方式、操作对象因为部门制而带来的割裂，保证了产品信息控制的统一性和连贯性。跨部门、跨阶段的微循环使许多原来封闭于部门内、阶段内的信息，可以更多地被揭示出来，更符合产品信息自身的流动规律，从而保障产品信息的时效性。

5. 计算机支持的协同工作（CSCW）

计算机支持的协同工作（Computer Support Cooperative Work，CSCW）是研究在计算机技术支持的环境下（CS），特别是在计算机网络环境下，一个群体如何协同工作，完成一项共同的任务（CW）。它的目标是要设计出能支持各种各样的协同工作的工具、环境与应用系统。CSCW 系统融计算机的交互性、网络的分布性和多媒体的综合性为一体，为并行工程环境下的多学科小组提供一个协同管理的方式与手段。

CSCW 的形成和发展有一定的必然性。首先，在现代的信息社会中，人的生活方式和劳动方式具有群体性、交互性、分布性和协作性等特点；其次，计算机技术（包括并行及分布处理技术、多媒体技术、数据库技术、认知科学等）、通信及计算机网络技术的飞速发展，构成了 CSCW 实现的技术基础；第三，并行工程概念的提出也起到了重要的作用。并行工程强调 Team Work（组工作），而对 Team Work 的技术支持是和 CSCW 的研究密切相关的。因此可以说 CSCW 是在现代社会中，以协同工作方式为背景的，以计算机和通信技术的发展和融合为基础，具有广泛的应用领域为前提条件而自然形成的。它涉及众多的学科领域，如计算机、管理学、通信、分布系统、人工智能、社会学、心理学、组织理论等。

5.5.4 并行工程的发展和应用

1. 并行工程的发展阶段

并行工程作为现代制造技术的发展方向，引起美国、欧洲和日本等工业发达国家的高度重视，近年来得到了迅速发展。其在国外的研究和发展大致经历了以下几个阶段。

（1）理论研究与初步实践阶段（1985～1992 年）

以美国国防部支持的DARPA/DICE计划、欧洲的ESPRITE Ⅱ & Ⅲ计划、日本的IMS计划等作为代表。

(2) 企业的应用阶段 (1991～1996年)

这一时期，国外一些著名的大公司开始应用并行工程进行产品开发。例如：航空公司中有波音777、波音737-X、麦道、Northrap B-2轰炸机等产品；在电子制造领域有Cimens、NEC、HP、IBM、GE等公司。

(3) 新发展阶段 (1996年以后)

1996年以后，是并行工程新的发展阶段。这一阶段并行工程发展迅猛，各种新技术不断涌现。如可重用的产品设计方法、网络上的异地协同设计技术、设计中的虚拟现实技术、面向产品生命周期的设计方法学、基于知识的产品数据重用、基于企业级PDM的产品数据管理与共享技术等。

2. 并行工程的应用

国外一些著名的大公司通过实施并行工程取得了显著的成效。比较典型的实例有波音公司波音777飞机的开发、美国洛克希德公司新型号导弹的开发等。

(1) 波音公司波音777飞机开发

为应对日趋激烈的市场竞争，波音公司于1991年开始开发新型的777双发动机大型客机。过去的飞机开发大都沿用传统的设计方法，即按专业部门来划分设计团队，采用串行的设计流程。大型客机从设计到制造出原型多则十几年，少则七八年。在波音777飞机的开发过程中，波音公司采用了全新的“并行产品定义”的概念，仅用了不到3年时间，就完成了从设计到一次试飞成功的目标。

(2) 洛克希德公司新型号导弹的开发

洛克希德导弹与空间公司于1992年10月接受美国国防部用于“战区高空领域防御(Thaad)”的新型号导弹开发任务后，采用并行工程的方法，开发周期由5年缩短为2年，缩短了60%，并完成了预订目标。其主要方法和技术是改进产品开发流程，组织综合的产品开发队伍，实现信息集成与共享，为群组工作提供网络通信环境，支持异地的电子评审，以及利用产品数据管理系统辅助并行设计等。

(3) 并行工程在国内的应用

为推行并行工程在我国的应用，验证并行工程思想和方法在我国企业新产品开发中的效果，从1998年开始，科技部和863/CIMS主题选择了航天、铁路货车、摩托车、鼓风机、石油钻头、Y7-200A飞机内装饰、汽车等7个不同类型的企业，在不同的新产品开发过程中采用并行工程，取得了较好的经济效果，进而推动了并行工程在我国的应用。

5.6 虚拟制造 (VM)

5.6.1 虚拟制造的产生与发展

1. 虚拟制造的产生背景

为了在竞争激烈的全球市场占据一席之地，企业应以最短产品研发周期 (Time)、最优质的产品质量 (Quality)、最低廉的制造成本 (Cost) 和最好的售后服务 (Service) 来赢得市场与用户。20世纪90年代以来，伴随“技术、个性化第一”的兴起，追求多元化、个性化产品，多品种、小批量的生产方式成为主导。这标志着产品的竞争已经从价格竞争转移到了技术的竞争，高科技产品将成为市场的主流和企业成功的关键；快速多变、日益激烈的市场竞争也对制造业提出了更为严苛的 T-Q-C-S 要求；同时由于资源、环境问题日趋严峻，可持续发展战略要求制造业对环境的负面影响降到最低。

传统制造系统投资大、周期长，在系统的建立和运作之前，很难对风险和效益进行切实有效的评估。开发一项新产品，在投入大量的人力、物力之前，无法准确地确定其开发价值；在进行产品设计时，无法兼顾下游开发过程的诸多因素，如制造成本、装配难易程度等，因而也就无法在较短的时间内实现全局最优化；系统组织模式固定，不能在较短的时间内进行动态调整。针对上述不足，将信息技术更加深入、全面地渗透到传统的制造产业，并对其进行改造，发展新一代的制造技术，提高企业的柔性和快速响应能力，就成为制造业的当务之急。

近十几年来，随着建模与仿真技术的飞速发展，分布式交互仿真技术对复杂系统的设计与分析带来了巨大帮助，而这些复杂系统足以与现行生产系统相媲美。仿真技术及其相关的建模与优化技术，正是信息技术与制造技术结合的桥梁，是企业产生最大经济效益的核心技术。另外，计算机图形学、虚拟现实技术和可视化技术带给人们强烈的视觉冲击，工程技术人员和客户都迫切希望采用这些先进技术来改进传统制造业，为机械产品的设计、加工、分析，以及生产的组织和管理提供一个虚拟的仿真环境，从而能够在计算机上组织和“实现”生产，在产品实际投入生产以前，就对其可制造性和可生产性等各方面的性能进行论证，保证一次投入生产就能够成功，达到降低生产成本、缩短开发周期、快速响应市场变化和用户需求，实现清洁生产以减少环境污染，以便提高企业的竞争力。

曾经有人预测，21 世纪的制造技术将是基于集成化技术、智能化技术、网络技术、分布式并行处理技术、多学科多功能综合技术、人-机-环境系统的新一代制造技术。虚拟制造技术就是基于上述背景，在强调柔性和快速响应的前提下，于 20 世纪 90 年代初期由美国首先提出的。

2. 虚拟制造技术的发展

各国研究人员都在自己已有研究背景的基础上开展虚拟制造技术的研究，因此，研究内容和侧重点各不相同。

（1）美国虚拟制造技术的进展

自 20 世纪 90 年代提出虚拟制造这一概念后，一些主要科研机构和知名企业纷纷组织人力、物力，研究开发虚拟制造的关键技术并取得了一定的成果。其中尤以 NIST（National Institute of Standard and Technology）的研究最具代表性。

1994 年，NIST 开始联合一些大学科研机构、知名企业，以及政府部门进行虚拟制造方面的研究，启动了一项长期的研究项目（System integration of manufacturing applications，SIMA）。该项目覆盖了设计、加工、装配和过程建模及车间控制和调度等方面的活动，着重进行制造信息的描述、系统接口规范的制定和相应测试床的开发等。典型的子项目如下。

① 计算机协同设计。针对特定 CAD 软件、基于知识的设计软件、工艺规划软件、工程分析软件和可制造性分析软件，开发适用于分布式协同工作的六层结构的数据交互协议。

② 设计实例库。探索设计实例的表达标准，建立多个产品的设计实例库，促进设计知识的重用。这个设计实例库不是为设计人员查询所需零部件，而是供设计人员分析已有的类似设计实例，并从中提取必要的知识用于新产品设计。

③ 制造资源的数据表示。建立制造资源的描述标准，以满足设备供应商、制造类仿真软件开发商和制造企业各方面的需求，促进制造资源数据表示的统一，减少系统集成的成本。

④ 以网络为中心的计算机辅助设计和制造。针对小企业的需求，建立一个基于 Internet 的 CAD/CAM 系统，供小企业在网上使用高性能的 CAD/CAM 系统软件，对设计出的产品进行可制造性评价，降低设计和制造成本，缩短产品开发周期。

⑤ 开放式装配设计环境。扩展 DFA 思想，将设计、制造、装配并行，在产品设计阶段兼顾装配、公差和制造问题，并结合企业自身规范和一些专门知识，建立专用的设计装配环境。

⑥ 工程设计测试床。即一个分布式的基于网络的系统，工程师利用系统或部件的设计约束，在网上查找最接近的零部件，查询结果包括零部件的静态特性和动态特性。系统自动按照设计人员的指示，将这些信息进行组装，生成系统，并能以动画的形式显示系统特性。设计人员可以根据需要修改其中的零部件，直到满意为止。

(2) 日本虚拟制造技术的发展

东京大学的 Kimura 教授等人认为：以模型驱动系统和模块化配置系统是虚拟制造的关键内涵。其中的关键问题不是针对某个分析和制造系统建立专用的模型，而是集成建模问题。因此，建立一个综合的模型表示框架，来实现各种模型的集成与交互操作成为其研究重点之一。

大阪大学的 Onosato 教授领导的研究小组，强调虚拟制造系统与现实制造系统的兼容性和结构上的相似性，认为虚拟制造系统应该在三个方面实现与现实制造系统的兼容：语义兼容、内容兼容和时间兼容。在结构方面强调虚拟制造系统应该与实际制造系统在结构上可类比，以便设计者更好地理解和构造虚拟制造系统，并且便于在实际制造系统和虚拟制造系统之间实现部分的替换。

(3) 其他国家虚拟制造技术的发展

德国、法国、韩国、加拿大等国对虚拟制造技术的研究，主要集中在将虚拟制造技术应用于车间级的调度仿真，以及加工、焊接、铸造或装配等过程的动画仿真。但多数研究只是在原有单项仿真的基础上，采用虚拟现实技术改善人机接口，仅仅提供能否加工出来或能否装配等定性分析，缺乏可制造性分析的定量信息，因此对企业的决策只能提供有限的信息，支持的力度还远远不够。

5.6.2 虚拟制造技术的内涵

1. 虚拟制造的定义

虚拟制造技术仍处于探索阶段，迄今为止，其内涵和体系结构仍未达成共识。目前较为普遍的意见是："虚拟制造"中的"制造"一词是广义的制造，即一切与产品相关的活动和过程。"虚拟制造"中"虚拟"的含义则是：这种制造技术虽然不是真实的，但却是"本质上的"。也就是说，"虚拟制造"就是"在计算机上实现制造的本质内容"。虚拟制造最终提供的是一个强有力的建模与仿真环境，使得产品的规划、设计、制造、装配等均可在计算机上来实现，并且能够对产品生产过程的方方面面提供支持。也就是说，虚拟制造应该包括交互式的设计过程、生产过程、工艺规划、调度、装配规划、从生产线到整个企业的后期服务、财务管理等业务的可视化。

对虚拟制造的定义，比较有代表性的有：① 美国空军 Wright 实验室于 1991 年 6 月给出的初步定义，认为虚拟制造是一个集成的、综合的建模与仿真环境，以增强各层次的决策与控制水平。②佛罗里达大学 Gloria J. Wiens 等人将虚拟制造定义为：虚拟制造是与实际一样在计算机上执行制造过程，其中虚拟样机能够在实际制造之前对产品的功能及可制造性的潜在问题进行预测。③马里兰大学 Edward Lin 等认为：虚拟制造是一个利用计算机模型与仿真技术来增强产品与过程设计、工艺规划、生产规划和车间控制等各级决策与控制水平的一体化的、综合性的制造环境。④大阪大学的 Onosato 教授认为：虚拟制造是采用模型来代替实际制造中的对象、过程和活动，与实际制造系统具有信息上的兼容性和结构上的相似性。

由此可见，虚拟制造并非原有单项制造仿真技术的简单组合，而是在相关理论和知识积累的基础上，对制造知识进行系统化的重组，对工程对象和制造活动进行全面建模；在建立真实制造系统前，采用计算机仿真来评估设计与制造活动，从而消除其中的不合理因素。它利用虚拟模型来模拟和预估产品功能、性能，以及制造性等方面可能存在的问题，从而提高人们的预测和决策水平。虚拟制造为工程师们提供了从产品概念形成、设计到制造全过程的三维可视化及交互的环境，使得制造技术走出了依赖于过去经验的狭小天地，发展到了全方位预报的新天地。

2. 虚拟制造的特点

从虚拟制造的各种定义中，可以看出虚拟制造具有以下突出特点。

(1) 全数字化的产品

通过数字化产品模型来反映产品“无—有—消亡”的整个演变过程。与数字化的最终产品相关的全部信息、CAD/CAPP/CAM/CAE 文件、材料清单、维护文件等全是数字化文档。采用数字样机来取代传统的物理样机。该样机具有真实产品的特征，技术人员和用户可以对其进行分析，使得用户在制造实物之前即可评价其美观度、可制造性、可装配性、可维修性、可回收性，以及产品的各项性能指标，保证产品能够开发成功。

(2) 基于模型的集成

通过模型集成来实现系统五大要素——人、组织管理、物流、信息流和能量流的高度集成。通过产品模型、过程模型、活动模型和资源模型的组合与匹配，来仿真特定制造环境中的设备布局、生产与经营活动等行为，从而确保产品开发的可能性、合理性、经济性和高度适应性。基于虚拟制造概念的制造集成系统如图 5-13 所示。

(3) 柔性的组织模式

虚拟制造系统所提供的环境不是针对某一特定的制造系统而建立的，但能够对特定制造系统的产品开发、流程管理与控制模式、生产组织的原则等提供决策依据，因此虚拟制造系统必须具备柔性的组织模式。

(4) 分布式的协同工作环境

分布在不同地点、不同部门、不同专业背景的开发人员，可以在同一个产品模型上协同工作、交流和共享信息。

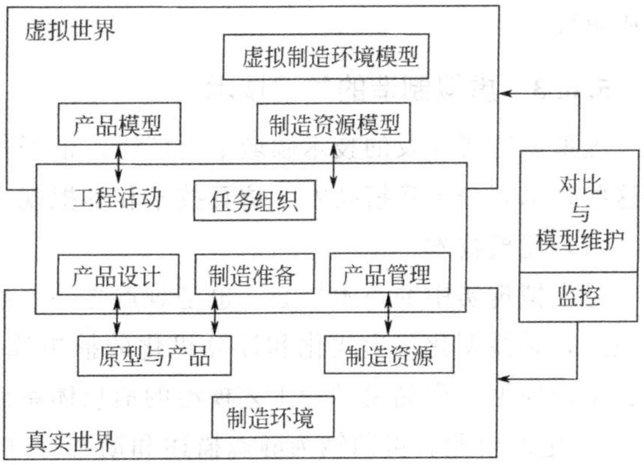

图 5-13 虚拟制造集成系统结构

与产品有关的各种信息、过程信息、资源信息以及各种知识，均可分布式存放和异地存取；工程人员可以使用位于不同地点的各种工具软件。

（5）仿真结果的高可信度

虚拟制造的目标是通过仿真来检验设计出的产品，或制订出来的产品规划等，使产品开发或生产组织一次成功。这就要求模型能够真实反映实际对象，主要依靠模型的验证、校验和致效技术，即 VVA 技术来保证。

（6）人与虚拟制造环境交互的自然化

虚拟制造面向的是各个制造领域的工程技术人员和管理人员，涉及的信息繁多。如不能采用自然化的交互方式，就会妨碍这些人员对虚拟制造技术的应用。因此，虚拟制造环境应当以人为中心，使研究者能够沉浸在由模型创设的虚拟环境中，通过多种感官渠道直接感受不同媒体映射的模型运行信息，并利用人本身的智能进行信息融合，产生综合映射，从而深刻把握事物的内在本质。

3. 虚拟制造的分类

虚拟制造根据其应用范围，分为以设计为中心的虚拟制造、以生产为中心的虚拟制造和以控制为中心的虚拟制造三类。

（1）以设计为中心的虚拟制造

其核心思想是把制造信息引入到设计过程，利用制造仿真来优化产品设计，从而在设计阶段就可对设计零件甚至整机进行可制造性分析。包括加工过程的工艺分析，铸造过程的热力学分析，运动部件的运动学和动力学分析；甚至包括加工时间、加工费用和加工精度分析等。

（2）以生产为中心的虚拟制造

其核心思想是将虚拟制造引入到生产过程中，建立生产过程模型来评估和优化生产过程，以便降低费用，快速评价不同的工艺方案、资源需求计划、工艺计划等。其主要目标是可生产性评价，主要解决“这样组织生产是否合理”的问题。

（3）以控制为中心的虚拟制造

其核心思想是通过对制造设备和制造过程进行仿真，建立虚拟的制造单元；对各种制造单元的控制策略和制造设备的控制策略进行评估，从而实现车间级的基于仿真的最优控制。单元控制器根据制造需求、规划和调度若干个工件在本制造单元的加工工序和各工序的顺序、加工时间等，而每台制造设备的控制器只规划和调度工件在本台设备上的加工顺序和加工代码等。

5.6.3　虚拟制造的关键技术

虚拟制造所涉及的技术领域十分广泛，根据各项技术在虚拟制造中的地位和作用，可以把这些技术划分为建模技术、仿真技术和虚拟现实技术。

（1）建模技术

是虚拟现实中的技术核心，也是难点之一。虚拟制造系统是现实制造系统在虚拟环境下的映射，是模型化、形式化和计算机化的抽象描述和表示。虚拟制造建模的关键技术应包括：生产模型、产品模型和工艺模型的信息体系结构。

① 生产模型。可归纳为静态描述和动态描述两个方面。静态描述是指系统生产能力和生产特性的描述。动态描述是指在已知系统状态和需求特性方面的基础上预测产品生产的全

过程。

② 产品模型。即制造过程中各类实体对象模型的集合。目前产品模型描述的信息有产品结构明细表、产品形状特征等静态信息。要使产品实施过程中的全部活动集成，就必须具有完备的产品模型。所以虚拟制造下的产品模型不再是单一的静态特征模型，它能通过映射、抽象等方法提取产品实施中各活动所需的模型。

③ 工艺模型。将工艺参数与影响制造功能的产品设计属性联系起来，以反映生产模型与产品模型之间的交互作用。工艺模型必须具备以下功能：计算机工艺仿真、制造数据表、制造规划、统计模型以及物理和数学模型。

（2）仿真技术

就是应用计算机对复杂的现实系统经过抽象和简化形成系统模型，然后在分析的基础上运行此模型，从而得到系统一系列的统计性能。由于仿真是以系统模型为对象的研究方法，而不干扰实际生产系统，同时仿真可以利用计算机的快速运算能力，用很短时间模拟实际生产中需要很长时间的生产周期，因此可以缩短决策时间，避免资金、人力和时间的浪费。计算机还可以重复仿真，优化实施方案。

产品制造过程仿真，可归纳为制造系统仿真和加工过程仿真。虚拟制造系统中的产品开发涉及产品建模仿真、设计过程规划仿真、设计思维过程和设计交互行为仿真等，以便对设计结果进行评价，实现设计过程早期反馈，减少或避免产品设计错误。加工过程仿真，包括切削过程仿真、装配过程仿真，检验过程仿真以及焊接、压力加工、铸造仿真等。目前上述两类仿真过程是独立发展起来的，尚不能集成，而虚拟制造中应建立面向制造全过程的统一仿真。

（3）虚拟现实技术

虚拟现实技术是为改善人与计算机的交互方式，提高计算机可操作性而产生的，是综合利用计算机图形系统、各种显示和控制等接口设备，在计算机上生成可交互的三维环境（称为虚拟环境）中提供沉浸感觉的技术，以及交互性操作的计算机系统，称为虚拟现实系统（Virtual Reality System，VRS）。虚拟现实系统包括操作者、机器和人机接口三个基本要素。它不仅提高了人与计算机之间的和谐程度，也成了一种有力的仿真工具。利用 VRS 可以对真实世界进行动态模拟，通过用户的交互输入，并及时按输出修改虚拟环境，使人产生亲临其境的感觉。

5.6.4 虚拟制造的应用与发展

1. 虚拟制造的应用

虽然虚拟制造的诞生时间不久，但已成为世界各国研究的热点之一。许多国家都将虚拟制造技术看作是 21 世纪制造业变革的核心技术。

美国在虚拟制造的研究领域的主要研究项目有以下几个：① 美国国家技术标准研究所的国家先进制造试验基地与马里兰大学、芝加哥大学、佛罗里达大学、俄亥俄大学、波音公司等 34 家单位合作，主要进行遥感显微镜及显微分析、流量计校准、电器标准远程校准与认证、制造电子商务、基于信息的金属成形的虚拟模具设计；②DRPPA 的 MAVE（the Metrics for the Agile Virtual Enterprise）项目；③华盛顿州立大学 VRCIM 实验室的设计与制造虚拟环境项目；④马里兰大学的虚拟制造数据库项目。

欧洲，包括英国曼彻斯特大学、巴斯大学、德国达姆斯特技术大学计算机图形研究所等许多大学，都确定以 VM 作为重点研究方向。

虽然美国、德国、日本等工业发达国家都已对虚拟制造技术进行了不同程度的研究和应用，但在这一领域，美国处于国际研究的前沿。福特汽车公司和克莱斯勒汽车公司在新型汽车的开发中已经应用了虚拟制造技术，大大缩短了产品的发布时间。波音公司设计的 777 型大型客机是世界上首架以三维无纸化方式设计出的飞机，它的设计成功已经成为虚拟制造从理论研究转向实用化的一个里程碑。

目前，虚拟现实技术主要应用在以下几个方面。

(1) 虚拟企业

建立虚拟企业的一条最重要的原因是各企业本身无力单独应对市场挑战，无法满足市场需求。因此，为了快速响应市场的需求，围绕新产品开发，利用不同地域的现有资源、不同企业或不同地点的工厂，重新组织一个新公司。该公司在运行之前，必须分析组合是否最优，能否协调运行，并对投产后的风险、利益分配等进行评价。这种合作公司称为虚拟公司，或者称为动态联盟，是一种虚拟企业，是具有集成性和实效性两大特点的经济实体。

虚拟企业这种先进制造模式在先进国家的部分企业已经运行。例如美国 Ultra Comm 公司是生产电子产品的虚拟企业，在美国各地有 60 多家、数以千计的雇员组成的虚拟电子集团，而公司本身却只有几名雇员。该公司采用分散设计和制造方式，不同产品选用不同企业，依靠网络技术组成的经济实体，实现市场目标。又如总部设在中国香港的鑫港公司是一家国际化企业，以制造销售电话机等电信产品为主。总部只从事新产品开发、研制、销售和管理等，在国内的厦门经济特区宏泰科学工业园完成制造。

在面对多变的市场需求时，虚拟企业具有加快新产品开发速度、提高产品质量、降低生产成本、快速响应用户的需求、缩短产品生产周期等优点，因此虚拟企业是快速响应市场需求的团队，能在商战中为企业把握机遇和带来优势。

(2) 虚拟产品设计

例如在复杂管道系统设计中采用虚拟技术，设计者可以“进入其中”进行管道布置，并可检查能否发生干涉。在计算机上的虚拟产品设计，不但能提高设计效率，而且能尽早发现设计中的问题，从而优化产品的设计。

(3) 虚拟产品制造

应用计算机仿真技术，对零件的加工方法、工序顺序、工装的选用、工艺参数的选用，加工工艺性、装配工艺性、配合件之间的配合关系、连接件之间的连接性能、运动构件的运动特性等均可建模仿真，可以提前发现加工缺陷，提前发现装配时出现的问题，从而能够优化制造过程，提高加工效率。

(4) 虚拟生产过程

产品生产过程的合理制定、人力资源、制造资源、物料库存、生产调度、生产系统的规划设计等，均可通过计算机仿真进行优化；同时还可对生产系统进行可靠性分析，对生产过程的资金进行分析预测，对产品市场进行分析预测等，从而对人力资源、制造资源的合理配置，对缩短产品生产周期，降低成本具有重大意义。

2. 虚拟制造的发展趋势

在强大的技术和迅猛发展的应用需求带动下，虚拟仿真技术已经朝着多学科综合、多方协同及集成化、平台化方向发展，朝着构建数字化的设计制造能力和体系方向发展。具体表现为：向高精度、高效率建模与仿真发展；向集成计算机材料工程与多尺度建模与仿真发展；向多学科综合优化、全过程建模与仿真发展；向基于数字样机的协同仿真的集成化、平台化方向发展。

虚拟制造技术在我国的研究才刚刚起步，系统的、全面的研究尚未展开，目前仍停留在国外理论的消化与国内环境的结合上。

5.7 应用案例

5.7.1 成组技术在沈阳第一机床厂的应用

沈阳第一机床厂是沈阳机床股份有限公司的直属企业，是中国规模最大的综合性车床制造厂之一和国家级数控机床开发制造基地。其产品主要分为数控机床、专用机床、普通机床三大类。

为了满足市场需求，改善工厂品种生产线封闭式、离散型生产模式，沈阳第一机床厂采用成组技术对工厂的生产线实施技术改造，重新组建了轴杠、箱体、床身大件、齿轮、轴套、数控刀架和标准件八个加工车间，按零部件组织专业化生产，并实行开放式的成组加工模式，扩大零件的相对批量，以提高生产率，增加经济效益。在此基础上开发了计算机辅助零件编码分类系统 S1-CAPC，它由零件编码系统 S1-LJBM 和零件分类系统 S1-LJFL 两部分组成，并进行了成组工艺的实施，开发了计算机辅助工艺过程设计系统。这些系统的开发对工厂进一步实施成组技术，以及工厂长远的技术进步具有十分重要的意义。

在上述零件编码系统（S1-LJBM）和零件分类系统（S1-LJFL）系统的支持下，沈阳第一机床厂组织开发了计算机辅助工艺规程设计专家系统 S1-ZPTCAPP。该系统以成组技术为基础，按零件结构和工艺相似性划分零件族，并在总结工厂现有专家经验的基础上，按类别制订出工艺规程决策规则，形成一整套决策规则数据库集，作为自动生成零件工艺规程的依据。运用基元法原理，按照从左到右、先外后内的原则，对零件的型面信息进行描述；推理机通过专家智能系统对零件综合信息与工艺规程设计决策规则进行逻辑推理，由此自动生成零件的各种工艺文件。

由于所开发的 S1-ZPTCAPP 系统按成组技术哲理设计，在结构上吸取了工艺专家的设计思维，采用专家系统的结构特点，将理论与实践有机地融为一体，具有实践性和适用性强的特点；所以成倍地提高了工艺设计的效率和质量，使工艺人员从繁琐、重复劳动中解脱出来；同时为工厂节约了大量的人员及物料开支，为工厂降低产品成本、适应快速多变的市场经济作出了贡献。

5.7.2 开目 CAPP 在上海锅炉厂的应用

1. 概述

上海锅炉厂有限公司（以下简称上锅）是中国最早建成的锅炉制造企业。50 余年来为国内外提供大量电站锅炉、工业锅炉和压力容器等设备，产品遍布世界 30 多个国家和地区，是国内最大，同时也是世界上制造能力最强的大型发电锅炉制造企业之一。

上锅生产的大型电站锅炉或压力容器等设备，是典型的多品种、按订单、单件组织生产的产品。由于电站锅炉、大型压力容器属重大安全设备，在设计、生产、安装、质检等方面，国家和行业都有严格的质量要求和安全管理规范，所以对于锅炉所属的压力容器而言，工艺设计的质量和要求对产品的成本、加工复杂程度、最终质量和可靠性都有重要的影响。

上锅各级领导在企业信息化过程中，对工艺设计信息化给予了高度的重视。上锅经过一年多慎重选型，最终确定选择武汉开目信息技术有限责任公司的 CAPP 产品作为上锅的工艺应用平台。

2. 上锅工艺设计的特点

(1) 工艺路线编制特点

首先是依据产品图的零件清单（以组件为单位），由冷作工艺组对每个零件编制工艺路线。

(2) 工艺设计特点

锅炉制造工艺主要分成焊接工艺和冷作工艺两大部分。焊接工艺最多，工作量很大。在锅炉工艺设计中要首先做好焊接工艺，然后根据焊接工艺编制冷作工艺，即冷作工艺的加工方法和加工余量是依据焊接的方法来确定的。

(3) 工艺标准特点

工艺编制主要依据两种标准：国内的锅炉标准和美国的 ASME（American Society of Mechanical Engineers）标准。依据不同标准时，对同一产品的检查项目是不相同的，因此编制的工艺卡片内容有很大差异。

(4) 工艺数据管理特点

工艺基础数据信息量大。如焊接工艺需要建立 WPS、PQR 数据库等，管子工艺需要建立弯管工装数据库、泵水工装数据库、通球工装数据库、倒角工装数据库、镦厚工装数据库、缩颈工装数据库等。

在工艺编制时经常存在结合典型工艺和具体参数派生具体零件工艺的情况，要求在一定程度上实现工艺的自动或半自动的生成。这可以根据本专业工艺的要求、事先建好的工艺规则和工艺知识、工艺数据库，由计算机自动派生相应的工艺。

(5) 工艺信息交换特点

各专业工艺组均有自己的工艺设计要求，有不同的输入信息和输出结果，同时各专业工艺之间存在信息的交换和共享。某专业组编制的工艺可能是其他专业组编制工艺的信息来源之一。

完整的工艺设计过程涉及多个专业工艺组、多个工艺人员，包括工艺方案、质量计划、工艺审核、工艺路线、工艺编制、工艺汇总、材料定额、工装设计、工艺入库等，在时间和空间上需要并行和串行的多个阶段的多种内容，在这些工作过程中有大量的工艺信息需要在不同的阶段、不同的部门、不同的人员之间进行信息交换和共享。

此外不同专业组的业务特点各不相同，需要分别设计和实施不同的 CAPP 功能模块。

3. 上锅原工艺设计主要问题

(1) 工艺设计的效率亟待提高

占工艺设计大部分工作的焊接工艺以手工方式为主，重复工作多、工作量大，影响了工艺响应的速度，而且焊接工艺是上锅工艺编制的一个信息源头，直接影响其他工艺设计展开。

另外大量的工艺统计汇总工作，需要通过手工查找工艺文件已有的信息，再重复抄写信息，而且容易造成数据不一致。

(2) 积累的工艺知识难以有效利用

经过多年的工作，上锅积累了大量的焊接工艺知识和冷作工艺知识。手工作业的方式很难在不同专业组内充分共享和利用这些宝贵的工艺设计知识。

（3）工艺和设计部门间有“信息孤岛”

工艺部门与设计部门之间信息传递通过传统的手工方式进行，锅炉产品零部组件明细信息和图形信息不能有效共享，工艺设计时需要重复输入产品零部组件信息和部分图形信息。

（4）工艺部门内部的信息没有集成

由于锅炉工艺设计的特点，焊接工艺输入的信息在编制冷作工艺时需要重复输入，但上锅焊接工艺和冷作工艺之间信息传递，通过手工查阅的方式进行，各专业工艺组之间的工艺设计信息没有共享。

（5）工艺设计过程的管理手段落后

从上锅的工艺设计过程中我们看到，一个完整的工艺设计过程，不仅仅是一个工艺文件的编制，而是包括从工艺方案到最终图纸入库的完整工艺流程管理。在上锅整个工艺流程中存在大量的信息传递、审批、更改等过程，传统管理手段随意性比较大，过程不透明，不可控制，项目负责人很难弄清楚所负责的工艺设计进行到什么阶段了，很难即时掌握项目组成员的任务完成情况。

因此，需要有一种有效的 CAPP 软件系统，提高上锅工艺设计的效率，缩短工艺准备周期，促进工艺设计和工艺管理的标准化工作，总结和继承工艺设计知识，提高工艺设计水平和设计质量，并且为上锅的 PDM/ERP 系统提供基础的工艺数据。

4. 上锅工艺集成系统的设计

上锅工艺系统具有以下主要的功能需求。

（1）工艺文档管理功能

由于上锅工艺文件数量庞大、种类繁多，一个产品或部件包括焊接工艺、冷作工艺、工装定额表、各种汇总清单等，所以必须有良好的工艺图档管理功能，实现工艺文档的网络检索、入库，资源共享。

（2）工艺资源管理功能

工艺资源包括典型工艺、工艺装备、工艺术语词典、材料，以及其他的工艺数据库，供工艺设计人员借用和参考。上锅每个工艺专业组都有自己的工艺资源数据库，同时又共享着企业的公共信息资源。工艺资源需具有扩充、修改、检索等功能。

（3）适合冷作工艺特点的冷作 CAPP

冷作工艺以编辑工艺过程卡为主，需要工艺编辑器具有较强的文本编辑、工艺序号自动生成、绘制工艺简图、查询浏览工艺资源、打印输出等功能。此外，由于上锅曾经使用 foxpro 数据库编制过大量工艺过程卡，工艺编辑器还应该能够将这些 DBF 数据转换到本 CAPP 系统。

（4）适合焊接工艺特点的焊接 CAPP

焊接工艺的编制特点是需要大量查找引用相关工艺知识、工作规范、行业标准，按预定规则进行计算判断，形成工艺卡片。

（5）适合各专业的智能 CAPP 系统

锅炉行业的部分工艺流程相对稳定，即使产品发生变化，这部分工艺流程大致相同，只是相关参数发生变化。上锅将这些工艺使用流程图总结出来，智能 CAPP 系统可以对流程图进行解释，生成标准的工艺内容；能够对产品设计信息、工艺设计信息进行自动汇总，可以根据上锅企业标准，定制汇总表格式、配置数据的计算、排列方式。

武汉开目信息技术集成有限公司结合自己的 CAPP 解决方案，为上锅制订了合适的 CAPP 体系和功能组成。

5. 上锅 CAPP 系统实施效果

上锅于 2001 年确定开目公司作为企业信息化建设合作伙伴，实施、应用开目 CAPP 和 BOM 系统，在实施、应用过程中取得了以下效果。

(1) 工艺管理人员

① 可通过开目 CAPP 和 BOM 系统开展或推进工艺标准化、规范化的工作。

② 组织、管理、创新工艺设计知识，提高工艺设计的质量。

③ 工艺数据可以及时、准确地提交，因而可以帮助相关部门做出及时、准确的决策。

④ 结合开目 PDM 系统，可以充分共享工艺信息，了解工艺任务的完成状况。

(2) 各专业组焊接工艺人员

① 可通过开目 CAPP 和 BOM 系统与设计部门进行动态的设计信息交流，确保工艺设计的准确性。

② 可方便地维护焊接工艺知识库，检索焊接工艺知识库，快速生成 WPL、WPTS 等工艺文件。

③ 自动统计汇总焊接材料消耗定额。

④ 动态查询、获取焊接工艺知识。

⑤ 可方便地维护冷作工艺知识库、冷作工艺流程，检索冷作工艺知识库，智能生成冷作工艺过程卡和工艺过程代码卡、过程卡和质量控制点等工艺文件。

⑥ 自动汇总零件清单、典型工艺路线工艺装备清单、工艺装备一览表等文件，并计算材料定额，产生标准（通用）件材料消耗定额表单。

6. 总结

通过开目 CAPP 和 BOM 系统的应用和实施，上锅在工艺设计过程中工艺人员的工作效率显著提高，促进了上锅工艺的标准化建设工作，提高了上锅工艺设计水平和质量。同时还积累了大量的工艺基础数据，提高了企业信息化的应用水平，为上锅后续的企业管理信息化建设打下了坚实的基础。目前，上锅 PDM 实施工作即将展开，从而将上锅的企业信息化推向一个新的高度。

上锅工艺解决方案在锅炉行业里具有相当典型的意义，为造船、化工机械、钢结构等大型焊接、冷作制造业的工艺应用，提供了非常具有借鉴的解决方案。

5.7.3　精益生产在我国卫星生产集成化中的应用

卫星生产集成化是指把卫星生产的各个环节，作为一个不可分割的整体，统一考虑，并在整个过程实施数据采集、数据传递和数据加工处理，使产品最终成为数据的物质表现。精益生产应用于我国的卫星集成化生产，即在产品开发初期推行并行工程进行产品设计，然后结合成组技术进行快速变异设计；在制造阶段则利用成组技术进行生产重组，打破生产类型界限，使其有可能按适时生产组织生产；通过适度地更新设备和工装，提高生产率、增加生产柔性，并在产品全过程实施全面质量管理。这样就更全面、更有利地利用高新技术，最终降低卫星的生产成本、缩短开发周期、提高产品质量，增强我国卫星的市场竞争力。

1. 设计阶段推行并行工程

以往，卫星生产都是由上级根据用户需求下达生产任务，送交总体规划部，作出对此型号卫星的需求说明，然后由设计部门根据需求说明进行概念设计、具体化设计以及详细设计，最后将设计好的图纸标审后工艺会签，图纸晒蓝后交给工艺部门编写工艺，送到制造部门开始生产，最后部装、电装、总装，经过质测、精测，检验合格后发射，并交用户使用。在整个过程中，信息流自上而下传输，意见交流只限于比邻的两个阶段之间，信息反馈有限。在实际制造过程中造成返工、修改的次数多，装配性不好，在交付使用过程中则发现满足不了用户的要求等。

如果在卫星的设计阶段预先收集各种信息，进行集成化并行设计，考虑好在卫星的全寿命周期内可能出现的各种问题；在卫星还未投产时，尽可能地进行参数化设计，运用计算机进行系统仿真，观测实体模型、总装程序，分析产品功能及可加工性等，就可以取得经虚拟设计与开发过程优化和投入优化后的产品。在这个产品设计、过程设计和市场开发同时并行进行的过程中，主要应用以下方法。

(1) 建立多学科开发队伍（Team work）

我国卫星的研制必须改变以前串行方式中的设计、生产、销售等各个阶段，重新组织多学科开发队伍，把每个人的智慧集中起来，最大限度地发挥人的主观能动性，使小组成员发挥自己擅长的专业，通力合作。通过信息的汇集、资源的共享，及时发现问题、解决问题。

(2) 面向全过程的设计（DFX）

面向全过程是指向产品的全生命周期，使产品在设计阶段便具有很好的可制造性、可装配性、可维护性。通过建立各阶段的目标函数，确定设计变量，以用户、制造、装配、服务等阶段所涉及的技术参数为约束，来建立产品模型，做到快速变异设计。

(3) 质量功能分布（QFD）

质量功能分布实际是一个如何描述、确认和保证用户对产品的要求，以及规范各开发、维护阶段的意见和要求的过程管理。它可对造成产品质量不稳定的因素进行分析、确定出如何生产及如何进行工艺控制。

总之，在设计阶段推行并行工程的结果是大大缩减了以后的频繁返工修改，这不仅加强了设计进程，而且有效地提高了设计质量。

2. 以成组技术为基础

在制造生产中，原有生产组织形式中存在很多缺点：①车间、机床布局不合理，材料运输路线长，停工待料时有发生；②在制品库存量大，造成许多原材料的浪费；③工序节拍不一致，在岗工人忙闲不均。

这种生产组织形式无论在人力、物力和时间上都存在大量的浪费，生产率低。成组技术应用于制造中，就是将有代表性产品中的零件，按照材料和工艺的相似性进行分类编组，对工艺的特征信息进行分析，得出零件频谱，然后选择必要的特征信息，确定码位，建立一套制造用的零件编码系统。在卫星集成化生产时，利用这套零件编码系统，按工艺加工的相似性，划分零件组，进行成组，根据成组工艺流程分析编制成组工艺规程，采用成组夹具等成组工装和设备，实现成组加工；在此基础上，进而改变传统的组织形式，组织成组单元，建立成组流水线，用扩大了的成组批量取代每种零件较少的批量。它带来的好处是可以通过更新设备、工装，改进工艺来提高生产率，最后再根据市场需要装配成所需的产品。这样变卫星整体单件生产为卫星零部件批量生产，使生产率得到提高，生产管理得以简化，生产成本得以降低。

3. 按准时生产进行组织

在实际生产中，往往由于所需的原材料、生产设备等不能按时到位进行生产，或者由于预测有误差，管理失误，造成废品重新返修，使加工、装配等的工时延长，或者是人员没有按时出勤使生产受影响。这些都有可能使该工作地点出现超负荷或低负荷，造成生产力的不平衡，出现瓶颈效应，不能按生产计划严格执行。此外，为使后面的工序不停工待料，往往会在前面工序多生产一些产品，中间仓库多存放一些零件，这样就带来了许多浪费。

适时生产是以实现“零库存”为宗旨，减少资金积压，减少设计、物料控制、生产作业等过程中的种种浪费，避免停工待料、人员忙闲不均等现象，同时降低产品成本。与 MRP 相反的是一种自下而上的拉式管理方式，在连续作业中它通过利用看板类工具传递信息，按照规定的时间、质量、数量，以最少的设施、设备、物料和人力投入，生产出用户所需要的产品，克服 MRP 在预测失误时所带来的浪费，同时全面提高生产率。然而，对于杂乱无章的生产组织形式是很难按适时生产组织生产的，只有在成组生产的条件下才能进一步按适时生产组织生产。在制造资源计划（MRPⅡ）和企业资源计划（ERP）推行的今天，适时生产可与这两种先进管理方式结合，在卫星集成化生产中发挥更大的作用。

4. 全面质量管理

质量是航天制造业生命和形象。全面质量管理的推进就是以 ISO9000 系列为标准，与国际市场接轨，对企业外部建立质量保证体系，对企业内部实施质量管理，最终满足用户需求。这就意味着在卫星生产一开始就要着重抓质量，建立完善的质量体系，规范设计、工艺及各类文档，对各计划流程和技术流程进行控制，做到研制、生产、试验等全过程质量受控。

(1) 全面质量管理和并行工程的结合

在产品生命周期中产品设计是产品质量的源头，是并行工程推行的重点。把可靠性、安全性、维护性从卫星研制一开始就设计到产品中去，并贯穿于研制、生产的全过程，从根本上保证和提高航天产品的固有可靠性、安全性、维护性。同时在设计开发中要达到预期的质量目标，使设计满足功能特性要求，还要从风险分析、故障分析、试验数据分析中总结，把好质量关口。

(2) 全面质量管理与适时生产的结合

制造过程是产品质量形成的另一个重要基础，也是按适时生产组织实施的过程。其目标是不偏离设计，保证设计符合质量要求。制造过程下的质量管理就是建立一个保证生产过程稳定、持续生产符合设计质量要求产品的生产系统。在卫星集成化生产中按适时生产组织生产时，必须加强质量监督、质量跟踪和质量检验。在生产技术准备，现场文明生产管理及工序的控制上进行全面而有效的质量管理。

5. 适度的自动化生产

现代化生产是建立在高度自动化基础之上的，尤其像卫星这种产品，技术含量高、结构复杂、用户需求量小、种类多，更需要计算机网络、数控加工、柔性制造、CIMS 等高新技术作为支持。但是生产自动化的程度必须根据生产的实际情况来制定，因为它的工作环境在太空，不可能达到像地面上的汽车那样走进千家万户、频繁使用，所以建立自动化生产线，以求几分钟就生产出一个产品是不可能的，这样生产出的产品也不能及时销售出去。所以只能采取适度的自动化生产，利用成组技术来提高工作效率，避免投入大量的生产设备，使资产积压在固定资产中；只需在瓶颈环节上采取高效的设备，减少设备调整时间，减少机械加工难度，使生产过程各节拍保持一致，真正做到适时生产。

5.7.4 面向敏捷制造的产品快速设计

1. 概述

企业要在激烈的市场竞争中求得生存和发展，必须具有敏捷性，即具有在瞬息万变中把握各种机遇，并通过不断技术创新、产品创新来领导市场潮流的能力。敏捷制造就是为提高企业的竞争能力，在“竞争—合作/协同”机制作用下，实现对市场需求做出快速、灵活反应的一种新的制造生产模式。企业通过采用现代通信技术，建立灵活多变的企业动态联盟，并通过动态联盟，实现先进的柔性生产技术和高素质的技术人员的全面集成。以敏捷、动态、优化的组织形式实现新产品的快速开发，并及时投放市场，达到迅速响应市场需求，从而赢得竞争的优势。

敏捷制造的战略着眼点是基于对产品和市场的综合分析，快速地响应市场/用户的需求。因此，一方面要求企业在实施敏捷制造时，必须不断提高企业的应变能力，实现技术、管理和人员的全面、协调地集成，使产品设计、开发、生产等各项工作并行地进行；另一方面要求企业必须不断提高新产品的开发能力，从而达到不断改进老产品，迅速设计和制造出高质量的新产品。产品快速设计方法的研究是提高新产品快速研发能力的重要保障。

2. 敏捷制造模式下产品快速设计实施基础

在敏捷制造模式下，影响产品开发速度的基础因素主要有：快速的信息网络基础结构、灵活多变的动态企业联盟和具有敏捷性的劳动力。

(1) 信息网络基础结构

信息网络是构建敏捷制造支持环境最基础的结构。畅通的信息网络在日常运作、过程控制、决策支持、效益评估及与其他企业的竞争、合作中的联系方面起着不可替代的作用，是实施敏捷制造的基础，也是保障企业在产品开发和制造过程中其他基础结构正常运转的最基本的手段。建立畅通的信息网络，可以实现异地设计、支持并行的产品开发，在不同企业间实现信息的交换与共享，持续不断地为用户提供有关产品的各种信息和服务。

信息网络基础结构主要包括企业内管理信息系统（MIS）和企业外部信息集成系统两部分。MIS是以MRPⅡ为核心的产、供、销、人、财、物一体化的闭环应用系统，是在数据处理基础上发展起来的一个面向管理的集成系统，覆盖了产品生命周期的全过程。其主要功能包括：①信息处理——收集、传输、加工、查询各种与企业产品有关的信息，并进行快速处理；②事务管理——经营计划管理、物料管理、生产管理、财物管理、人力资源管理、质量管理等；③辅助决策——对现有信息进行分析、预测，提供决策支持。

影响敏捷制造网络信息基础的主要技术因素是信息交换的标准化和分布式多媒体数据库。目前大多数企业在产品信息的生成、交换和处理中使用的产品信息交换标准如IGES等，还不能实现完全和无异议的产品信息交换，从而产生信息的冗余和延迟。实现信息交换标准的标准化，使MIS中各个不同的子系统采用标准、通用的人机接口，使得新产品研制过程中不同研制阶段之间的交互接口，不同企业之间的信息交换有了共同的基础，有利于企业内及企业间的数据共享。

在实现了信息交换标准化后，为了能够方便查询各种与产品有关的数据、支持产品设计信息与管理信息的共享，以便使得数据和知识能随时在全局范围内进行存取，必须建分布式多媒体数据库。

(2) 动态组织联盟

实施敏捷制造不单纯是先进设计制造技术的问题，更重要的是组织和观念的转变、运作模式和社会体系的建立。为了赢得某一机遇性市场竞争，由一个企业内部有优势的不同部门或有优势的不同企业群体，按照资源、技术和人员的最优配置，快速地组成一个动态组织联盟（虚拟企业），对某一复杂产品迅速研制、生产出来并推向市场，从而抓住市场机遇。动态组织联盟是建立在“共同取胜获益（win-win）”思想基础上面向经营过程的一种动态组织结构和企业群体集成方式，它改变了传统的金字塔式静态不变的多级管理组织结构，是实施敏捷制造的核心。而影响动态联盟最关键的因素是合作伙伴的选择，这是基于联盟的经营过程和核心能力的基础上做出的重要决策。

（3）敏捷型劳动力

虽然纷繁复杂、瞬息万变的竞争环境，使企业不得不不断地对各种新技术和新方法进行研究并加以运用，但是具有敏捷性的劳动力的技能和创造能力是影响敏捷制造中最重要的因素。为了成功实施敏捷制造并创造一个充分敏捷的企业，必须培养掌握各种现代设计理论和方法，具有高度灵活、训练有素、多面手型和自主的敏捷型劳动力，并建立一种使他们发挥才干的文化环境。通过对每个技术人员不断进行技术培训和再教育，提高他们对新事物的接受和新技术的掌握能力，从而成为企业成功实施敏捷制造、保持和提高竞争能力的重要手段。

3. 面向敏捷制造产品快速设计实现方法

（1）构建以 CAD/CAE/CAM/PDM 的集成为核心的数字化设计信息集成网络

制造企业内部信息网络的建设，应以 CAD/CAE/CAM/PDM 的集成为核心。因此开展 CAD/CAE/CAM 集成工作，逐步推进并行工程是实现敏捷制造的一个重要途径，因而可视为敏捷制造的内涵或外延。

CAD/CAE/CAM 集成的实现，关键是建立各个自动化“孤岛”之间的数据信息通道和平台。PDM 系统是以关系型数据库加上面向对象技术为基础的产品数据管理应用系统，具有覆盖产品生命周期内全部信息的功能。利用 PDM 构筑企业信息集成平台，让所有的信息传递与交换都通过 PDM 平台来完成，而 CAD/CAE/CAM 之间无须直接发生联系，从而可以实现真正意义上的 CAD/CAE/CAM 的无缝集成。

CAD/CAE/CAM/PDM 的集成是 CIMS 的核心内容之一，它覆盖了从产品设计、工程分析到生产制造的全过程。集成的模式主要有三种：信息的封装模式、程序接口模式和系统完全集成模式。无论是哪一种模式，都是通过数据接口技术和多数据库的集成技术，实现 CAD/CAE/CAM 的信息集成、过程集成和功能集成。它具体包括基于特征的识别技术、数据信息的交换技术和多数据库的集成技术等。

随着信息技术的不断发展，企业外部信息集成系统的内容和运行模式也随之不断变化，Internet 网的应用为各种企业网络中信息交流和传递建立了良好的基础结构。

（2）采用虚拟制造技术

虚拟制造技术的目的就是在产品设计阶段实时、并行地模拟出产品未来制造的全过程及其对产品设计的影响，预测产品的功能及可制造性，全面确定产品设计和生产全过程的合理性，最终获取产品的最优实现方法。虚拟制造由从事产品设计、评价、分析、仿真、制造和支持等方面的人员组成“虚拟”产品开发设计小组，通过信息网络合作并行工作，在计算机上建立产品数字模型，并在计算机上对这一产品模型的设计结构合理性、可装配性、可制造性及功能等，进行评审、修改，最终使新产品的开发一次获得成功。

在敏捷制造理念下的虚拟制造，将采用以下主要技术。

① 建模与仿真技术。在敏捷制造的虚拟环境下，产品研制开发过程的建模与仿真可以划分为7类活动模块：虚拟产品定义、产品模型准备、服务开发、操作定义、产品处理、虚拟车间仿真和仿真接口。通过建模和仿真技术应能实现这些具有不同功能层的模块，并通过模块集成构成虚拟设计制造系统。

② 面向对象数据库技术。虚拟制造系统数据的交换量及应用频度非常高，不同功能模块的数据组织和管理要求也不同，由面向对象技术与数据库技术结合形成的面向对象数据库，能够实现数据的持久存储、并行控制、事务管理、恢复和查询；而且能提供一些适合工程应用的高级功能特点。随着 PDES/STEP 标准的逐渐完善和颁布，支持 POES/STEP 的产品过程建模的面向对象数据库将成为虚拟制造环境下数据管理的重要支撑。

③ 虚拟原型系统技术。虚拟原型系统技术是利用计算机仿真原型系统代替实际产品原型系统而产生的一种快速原型技术。它具有明显的可视性，能并行处理设计分析、加工制造、生产组织与调度等各种生产环节所面临的诸多问题。

④ 虚拟环境下的系统全局最优决策理论与技术。

(3) CAD/CAE/CAM/PDM 集成下快速设计的虚拟实现

以 CAD/CAE/CAM/PDM 集成为基础的快速设计的虚拟实现，是在敏捷制造生产模式下实现产品快速设计的一种有效途径。特别是对一些结构比较复杂、性能要求比较高的产品，利用 CAD/CAE/CAM 开展虚拟制造，能够建立起 CAD/CAE/CAM 技术与生产过程和企业组织管理之间的技术桥梁；使企业的生产和管理活动在新产品投入生产之前，就在计算机屏幕上模拟显示出来，从而使虚拟制造技术成为企业实施敏捷制造的重要工具。

针对一些具有复杂结构的概念产品，通过利用 CAD/CAE/CAM 三维造型分析和制造软件为基础的集成设计系统，对概念设计、工程分析、制造、装配、运行试验等过程进行可视化仿真分析。它具体包括从设计复杂的曲面外形、评估、修改、静动力学仿真试验；到同时进行钣金零件结构及相应模具的可视化设计、制造与装配；以及支持多模型共存、映射、集成、转化和统一等，再到完成大型、复杂结构零部件的装配，建立虚拟产品模型，实现虚拟产品的试验仿真、制造、装配运行的可视化。在此基础上进行虚拟单元、虚拟生产线、虚拟车间、虚拟工厂的建立，以及各种虚拟设备的重用性、重组性仿真，从而形成完整的虚拟实现制造体系。这样可以大大加快产品的设计速度，减少投资风险，降低投资成本，缩短研发时间。

采用以 Pro/E、UG、CATIA 为代表的第三代 CAD/CAE/CAM 软件系统，均可形成虚拟开发网络系统结构。设计人员能够在此环境下利用强大的图形功能和修改功能，交互操作、存取和修改产品数据、快速灵活地设计出新产品。而采用 EPD 等大型商品化 CAD/CAE 开发软件，甚至能使用户以动态漫游的方式进入三维 CAD 模型，从不同的角度观察了解所设计的产品的外观和结构，非常适用于装配关系复杂的产品的总装、子装配和单个部件的检查。EPD 软件对一个新产品从概念设计到制造成最终产品的整个过程，均可在计算机上用统一的数字和图形模型进行全面的描述，所有相关的设计部门、组织管理部门和最终生产者即使在不同的地区工作，也能够依据自身的权限，对同一产品的计算机模型进行并行的设计、修改和验证，可以在计算机模型上完成强度、可制造性、成本和功能等的测试和评价。

实施敏捷制造的过程是制造企业在现有基础上不断提高敏捷性的转变过程。虽然我国对敏捷制造研究的时间很短，完整的理论体系尚未形成，具体的实施方法、手段和途径有待于进一步深入的探索，但是敏捷制造的基本思想和方法可以应用于绝大多数类型的企业，特别是制造加工企业，实现国内企业间的优势互补，"强强"联合应该是完全可行的。而开展面向敏捷制造模式的产品快速设计方法的研究，将有利于提高企业新产品的快速设计开发的速度，实现快速制造，从而提高企业市场竞争的能力。

5.7.5　铁路货车产品开发并行工程

1. 概述

"铁路货车产品开发并行工程"是国家 863/CIMS 主题并行工程攻关成果民用应用工程项目。齐齐哈尔铁路车辆（集团）有限责任公司（以下简称齐车公司）的规模和能力居亚洲同行之首，连续 7 年被评为国家最大工业企业和全国 500 家最佳经济效益企业。然而，从产品水平和开发手段来看，齐车公司与世界先进水平相比，还存在较大差距；一些问题一直制约着齐车公司铁路货车产品的开发周期和水平。主要表现在以下几个方面。

① 齐车公司现行产品开发采用部门制和串行开发模式。

② 缺乏数字化产品主模型。

③ 缺少产品数据管理系统。

④ 计算机辅助产品开发需要从 CAX 上升到 CAX 与 DFX 的结合。

⑤ 铁路货车的结构强度分析、刚度分析及动力学性能分析不尽如人意。

⑥ 冲压模具设计与制造周期长。

⑦ 铸钢件生产准备周期长、试制费用高、成品率低。

2. 体系结构及内容

针对上述问题，"齐车公司铁路货车产品开发并行工程"的总体结构包括三个分系统。

(1) 产品开发管理分系统

管理分系统包含产品开发过程建模与改进、团队运作管理、工作流程管理和产品数据管理 4 个功能模块。这些功能覆盖了产品并行开发过程中的过程建模、分析、改进与监控，实现了产品开发工作流程的管理和产品数据管理。此外，组建了产品开发团队，如澳大利亚粮食漏斗车开发团队，就是根据项目的实际需求，在产品开发过程分析、建模与改进的基础上建立的。

(2) 工程设计分系统

工程设计分系统由与产品开发相关的一些关键技术功能模块组成。该分系统包括产品二维和三维设计系统、冲压与铸造模具设计系统、产品协同设计协调与冲突仲裁、数字化产品建模与 CAD/CAM 信息集成、工装模具制造仿真系统、计算机辅助工程分析（CAE）等功能模块。它以信息集成和 CAD/CAM 为基础，扩展面向成本的设计（DFC）和 CAE 功能；基于 STEP 标准实现了产品信息集成。

(3) 支撑环境分系统

该分系统包括产品数据管理和网络两个子系统。齐车公司产品开发的各环节在产品数据管理系统（PDM）的支持下，实现了产品开发过程和数据的集成。PDM 子系统一部分功能直接由商用 Windchill PDM 系统提供，另一部分功能需在 Windchill PDM 平台上进行二次开发。PDM 子系统包含文档管理、产品结构配置管理、零件库管理、数据流程管理和变更过程管理、应用系统集成等功能。

网络与数据库是并行工程的支持平台。齐车公司的技术中心、冷工艺部、热工艺部、工装模具分厂、公司办等在网络与数据库系统的支持下联网，实现数据共享、分布式处理和信息集成，建立了 Client/Server 结构的计算机系统和广域网络环境，使异地分布的产品开发队伍能够通过 PDM 和群组协同工作系统进行产品开发。

3. 经济效益和社会效益分析

并行工程的实施不仅可以给齐车公司带来可观的直接和间接的经济效益，而且可以给齐车公司带来巨大的社会效益。

实施并行工程的直接经济效益是非常显著的。它提高了产品开发队伍的运作效率，改进了产品开发过程，降低了铁路货车产品设计、工装设计、工艺方案的返工次数，减少静强度和动力学试验 1～2 次，快速报价时间缩短 50%，冲压件试制次数减少 3～4 次，铸钢件制造等较大的工艺调整可以避免，局部工艺调整可以降低 50%，从而使每个铸钢件可缩短试制周期 50 天，总的产品开发周期缩短 30%～40%，取得总的经济效益 4169 万元。产品试制费用每年将节省 645 万元，仅在减少产品试验方面，每年节约试验费用可达 325 万元；在减少冲压件试制次数和缩短铸钢件试制周期方面，每年减少试制费用 320 万元。

实施并行工程的社会效益也是十分可观的。它不仅大大提高了齐车公司铁路货车产品的质量与水平，增加了产值、利润和利税，而且能够提高我国铁路货车的总体水平，促进我国铁路货运行业的发展。虽然本项目是针对铁路货车产品开发的，但是本项目的经验成果对其他制造业有着同等重要的价值，对我国整个制造业的发展具有重要的参考价值，为我国国企信息化的发展提供了一条极有价值的思路。

该项目的成功实施主要在以下方面取得了成绩。

① 建立了高水平的并行化铁路货车产品开发体系。实现了并行化产品开发，缩短产品开发周期 30%～40%，降低了产品开发成本，提高了齐车公司的铁路货车产品的质量，取得了显著的应用效果。当年节约产品开发费用 500 多万元，赢得出口额约 3000 万元。

② 对铁路货车产品开发过程进行了建模、分析与改进，组建了产品开发中心，实现了产品开发的团队化。

③ 基于 windchill 软件建立了支持铁路货车产品开发的并行工程集成框架等，实现了铁路货车产品开发的信息集成、过程集成和应用软件集成。

④ 实现了用三维软件 Pro/E 进行铁路货车产品设计、冲压和铸造模具设计，采用特征技术建立了数字化产品模型，实现了基于 STEP 的钣金 CAD/CAPP 的产品信息集成，提出了产品协同设计的协调模型，开发了协调和冲突化解软件，在铁路货车关键部件转向架设计中发挥了十分重要的作用。

⑤ 利用商用软件实现了铁路货车的结构强度、刚度、冲压成形、铸造过程及动力学性能分析，缩短了设计周期，提高了设计质量，并开发了产品报价系统，在产品方案设计阶段即可进行产品成本评估与产品价格估算，实现了快速准确的报价。

“铁路货车产品开发并行工程”项目首次在国内铁路货车制造领域，系统地、全面研究与应用了并行工程的理论和方法，解决了许多关键问题，充分体现了并行工程的特色。通过在多个产品开发中的应用，取得了明显的经济效益与社会效益。该项目在过程管理、协调管理系统、产品数据管理、CAE 应用、产品报价系统等方面有创新，达到了同行业 20 世纪 90 年代国际先进水平。

5.7.6 虚拟制造在汽车覆盖件模具制造中的应用

1. 概述

随着国民经济的高速发展，人民生活水平的大幅提高，人们对汽车的需求量越来越大，汽车模具的市场竞争也越来越激烈。“质量好”、“精度高”、“价格低”、“交货期短”等是人们对现代汽车模具的基本要求。但是，汽车模具是一种大型模具，体积庞大、结构复杂、尺寸精度和表面粗糙度要求较高，制造相当困难。而且，为了减轻模具的重量而采用的底座掏空的薄壁式结构和为了便于维修而在中间型面采用的镶拼结构，给设计和制造带来了更大的困难。一个汽车覆盖件零件一般需要 3 道或 3 道以上的工序才能完成。也就是说，生产一个汽车覆盖件零件至少需要 3 副或 3 副以上的模具。如果汽车覆盖件零件在设计的时候没有考虑到实际制造情况，那么设计出来的模具在制造的时候可能根本就无法进行生产，或者是制造出来的模具无法生产出预期的产品，从而导致模具报废，延长产品的开发周期，这种经济损失是无法想象的。但是，在设计阶段是无法预料模具制造过程中将会出现的困难。

虚拟制造技术是一种软件技术，是 CAD/CAE/CAM/CAPP 和仿真技术的更高阶段，它能在计算机上实现模具从设计到制造再到检验的全过程。根据虚拟模型的仿真过程，可以在计算机上根据“实际”的加工情况来修改模具的设计，避免了在模具制造过程中可能出现的问题，从而达到缩短模具的开发周期、降低开发成本、提高生产率的目的，因而是汽车模具开发最有潜力、最实用、最有效的技术之一。

2. 虚拟制造在汽车覆盖件模具中的应用

汽车覆盖件模具的开发要受到可靠性、美观性、经济性、可制造性及可维护性等多方面的制约。传统的汽车覆盖件模具开发过程中，当模具设计及制造完成后，需要经过反复的调试修改，才能得到满意的汽车零件。在调试过程中，一些成形缺陷，如破裂、起皱、回弹、翘角等，主要凭借模具钳工师的经验，通过试模、修模、再试模、再修模的循环过程才能解决。这种方法不但降低了生产率，而且生产出的模具精度往往达不到预期的要求，还会加长模具的开发周期，虚拟制造技术可以大大缩短这一周期。因为在虚拟现实环境下，设计和制造汽车不需要建造实体模型，工程师可以利用虚拟“实际”环境的可视化优势，把汽车模具的结构分析、虚拟设计、部件装配和性能优化等融合在计算机虚拟制造系统中进行，在综合考虑汽车车身件的外观总体布局及零部件之间的相互衔接相互作用等因数基础上，对模具几何尺寸、技术性能、生产和制造等方面进行交互式的快速建模和仿真分析，从而避免了反复修模，保证了模具的精度要求，而且因为生成的仿真模型可被直接操纵与修改，数据可以反复利用，因而大大缩短了模具开发的周期。虚拟制造技术与快速成形技术、反向设计、逆向工程、基于知识的工程设计等技术相比具有非常好的优势。因为虚拟制造技术具有独特的虚拟设计制造环境，可以让模具整个开发过程完全在虚拟的“实际”环境中进行，在达到预期的性能、质量等方面的要求后才开始进行实物制造，从而使制造出的模具一次性的满足用户需求，大大降低了模具的废品率，减少企业的开发成本。

(1) 汽车覆盖件模具虚拟制造的开发流程

汽车覆盖件模具的虚拟制造开发流程如图 5-14 所示。首先从产品需求分析开始，然后进行概念设计，再从优化设计到系统集成，通过使用相关开发软件，在虚拟环境中，构造产品的虚拟模型。这是一个循环渐进的过程，基于产品的开发需求，采用相应的仿真分析工具对虚拟模型的功能和性能进行仿真分析，对虚拟模型的行为进行模拟分析，并基于仿真分析的结果，通过反复建模—仿真分析—模型改进，直到虚拟制造出的模具满足预期设计的目标，才开始进行实物制造。汽车覆盖件模具在投入生产前就已经通过了虚拟的“实际”环境的检验，把实际制造中可能遇到的困难和设计上的不合理全部检验出来，再让设计人员进行修改或者重新设计，直到整个制造过程能够完全合理、顺利地完成。这样不但能缩短产品的研发周期，降低企业的研发成本，还可以提高产品的质量。

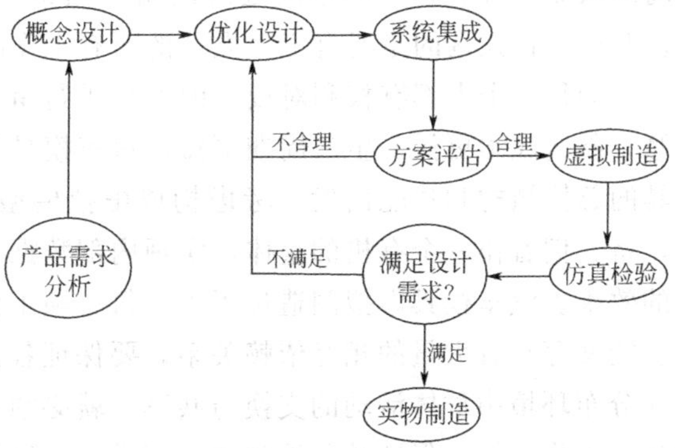

图 5-14　汽车覆盖件模具制造的开发流程

（2）汽车覆盖件模具虚拟制造中的关键技术

在汽车覆盖件模具虚拟制造过程中，涉及的相关技术非常多，任何一项技术应用的好坏都会影响模具的最后质量，这也是虚拟制造技术应用进展缓慢的原因之一。只有每项技术都掌握应用得很好，虚拟制造出的产品才能和实际制造出的产品达成一致，才能达到减少开发成本、缩短开发周期、提高模具质量的目的。其中比较难于掌握而又非常关键的技术有以下几项。

① 数学模型的建立。建立一个简单而又能反映动态制造过程的数学模型，是虚拟制造技术在汽车覆盖件模具中应用的关键。数学模型建立的不合理，那么虚拟环境下仿真出来的制造过程就会与实际制造过程不一样，起不到优化模具设计的作用，从而达不到缩短开发周期和减少开发费用的目的。因此，在使用虚拟制造技术来开发汽车覆盖件模具的时候，必须建立一套合理的数学模型。在建立数学模型的时候，要认真分析汽车覆盖件模具的特征，根据模具功能和制造需求，找出其中主要的影响因数，提出合理的假设。建立的模型必须能反映模具全部的功能和制造关系，包括工作时模具型面受力的变化关系和冲压件受力形状的变化关系等，这样才能仿真出实际的生产关系，才能预测生产中可能产生的问题，达到优化设计和制造的目的。

② 系统集成与方案评估是汽车模具虚拟制造中前期工作的基础。系统集成就是一个最优化的综合统筹设计，需要诸多的技术支持，包括计算机软件、硬件、操作系统技术、数据库技术、网络信息等，需要从全局出发考虑各子系统之间的关系，研究各子系统之间的接口关系。系统集成所要达到的目标——整体性能最优，即所有部件和成分合在一起后不但能工作，而且全系统是低成本的、高效率的、性能均衡的、可扩充和可维护的系统。但是对于一般企业来说，购置齐全仿真分析的软件系统是一个高成本的投入，而且，没有专业的人员是无法让这些软件发挥淋漓尽致的作用的。

在计算机虚拟制造系统提供的良好的虚拟环境下，工作人员可以对建立起来的虚拟模型进行评价和修改。在这个阶段，可以模拟模具的制造过程，解决各部件制造的可行性和难易性；可以模拟模具的装配过程，解决各部件之间的连接性和装备性及操作的难易程度；可以进行虚拟测试，通过测试检验模具的生产能力和生产质量。在多种方案中，评定各方案的执行难易度、耗费成本高低度、花费时间长短度等，选择最适合生产条件的最优生产方案。

③ 并行工程实质就是集成地、并行地设计产品及其零部件和相关各种过程的一种系统方法。这种方法要求产品开发人员与其他人员共同工作，在一开始设计就要考虑产品整个生

命周期从概念形成到产品报废处理的所有因素，包括质量、成本、进度计划和用户的要求等。并行工程强调的是所有工作人员的所有工作同时进行，强调的是团队工作精神，由于工作链上的每一个人都有权利对设计的产品进行审查，力求让设计的产品更便于加工、装配、维修，制造成本更低、生产周期更短。汽车模具的虚拟制造工程在进行初期，也必须从汽车模具的总体结构和功能出发，考虑构成虚拟模型各部分之间的相互连接关系和相互作用关系，将它们看作一个有机的整体，实现内部数据和资源的共享，才能使生产出的模具达到预期的效果。汽车模具虚拟制造过程中，每一项工作均由不同的工作人员并行完成，但各部分的功能又存在着大量的相互依赖关系，要保证各部分工作人员间的工作协同顺利地进行，实现在分布环境中群体活动的交换与共享，就必须对设计过程进行动态调整与监控，提供并行设计的工作环境，保证并行设计的顺利进行，这是虚拟制造模具缩短开发周期的关键。并行工程实施的条件就是要有支持各方面人员共同工作，甚至异地工作的计算机网络系统和监控调解人员，才可以实时、在线地在各个设计人员间沟通信息，发现并调解冲突。一个适当的管理调解人员是并行工程中的重要软件，也是并行工程能否顺利实施的关键。

④ 仿真分析与数据处理是汽车模具虚拟制造中的一个难点，也是阻碍虚拟制造技术在企业中大规模使用的一个重要因素。仿真分析需要多方面的支持，数据处理需要庞大的数据库和有专业知识的人才，需要从全局出发来考虑各个子系统之间的关系，研究各个子系统之间的接口问题。这一技术需要多领域的专业仿真软件协同工作，需要专业人员共同研究探讨，然而多数企业难以配置齐全所需的仿真分析软件及具备所需的专业人员。

虚拟制造技术是一个有生命力的技术，国外的研究工作已经达到了能够将其很好地应用到实际生产中去的水平；而我国暂时还没有开发出支持虚拟制造技术的软件产品，对引进的国外商业软件也没有完全地理解和吸收，不能很好地将其应用到实际生产中。与国外的研究相比，我国多数还停留在系统框架和总体技术上，实质性的面向应用的关键技术还有待于进一步提高。

习题与思考题

1. 精益生产的基本思想是什么？试描述其特征。
2. 简述精益生产的主要内容。
3. 敏捷制造的含义是什么？试述实施敏捷制造关键技术。
4. 试列举并分析一个敏捷制造的应用实例。
5. 并行工程的含义、目的及其主要特点是什么？简述并行工程的体系结构。
6. 并行设计与传统串行设计有什么本质区别？简述并行设计系统的主要内容。
7. 虚拟制造的基本定义与特征是什么？简述虚拟制造的分类。
8. 实现虚拟制造的关键技术是什么？举例说明基于虚拟制造的虚拟产品开发过程。

第 6 章　面向可持续发展的绿色制造

工业革命以来，科学技术突飞猛进，社会生产力取得了极大提高。与此同时，也带来了一系列问题，如环境严重恶化、资源过度开发、人口急剧膨胀等。人类不得不反思和总结传统经济发展模式下不可克服的这些问题，重新审视自己的社会经济行为，探索新的发展战略。越来越多的有识之士认识到：解决这场危机的关键是人类需要进行一场深刻的变革，即寻求一种新的发展模式，建立一个以可持续发展为目标的人类新文明。

1972 年 6 月 5 日，联合国在瑞典首都斯德哥尔摩召开了有 114 个国家的代表参加的“人类环境会议”，通过了著名的《人类环境宣言》。《宣言》中明确指出：“为了这一代和将来世世代代，保护和改善人类生存环境已经成为人类一个紧迫的目标，这个目标将同争取和平、全世界的经济与社会发展这两个既定的基本目标共同协调地发展。”1980 年，国际自然资源保护联合会（IUCN）、联合国环境规划署（UNEP）和世界基金会（WWF）共同发表了《世界自然保护大纲》，较为系统地阐述了可持续发展思想。1987 年，挪威前首相布伦特兰夫人领导的“联合国环境与发展委员会”，发表了题为《我们的共同未来》的报告。该报告根据可持续发展思想，提出了公平性、可持续性、共同性三原则，对可持续发展的概念进行了科学的论述。可持续发展是在满足当代人需求的同时，不损害人类子孙后代的满足其自身需求的能力。它标志着可持续发展思想逐步走向成熟和完善。1992 年，在巴西里约热内卢举行的联合国环境与发展大会上，通过了一系列贯穿着可持续发展思想的重要文件：《里约宣言》、《21 世纪议程》、《气候变化框架公约》、《保护生物多样性公约》及《森林问题原则声明》等。这次会议后，世界各国根据自身情况，逐步开展了对可持续发展的理论研究和实施行动，从而拉开了人类社会可持续发展的序幕。我国于 1994 年编制了《中国 21 世纪议程》，明确提出了“建立可持续发展的经济体系、社会体系和保持与其相适应的可持续利用的资源和环境基础”的可持续发展的总体目标。

在这样一个大的背景下，对面向环境和可持续发展的设计与制造的研究取得了巨大发展。

6.1　绿色制造

6.1.1　绿色制造的概念、内涵与发展

1. 绿色制造的概念

绿色制造又称为环境意识制造和面向环境的制造，是一个综合考虑环境影响和资源消耗的现代制造模式。其目标是使产品从设计、制造、包装、运输、使用到报废处理的整个生命周期，对环境负面影响最小、资源利用率最高，并使企业经济效益和社会效益协调优化。

绿色制造涉及的问题领域有以下三部分：

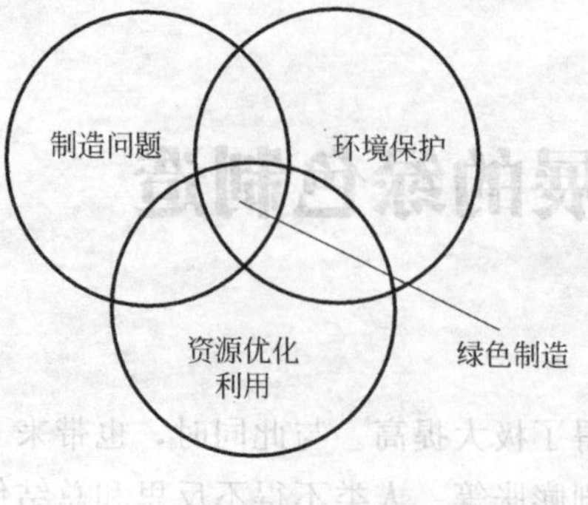

图 6-1　绿色制造的问题领域的交叉状况

① 制造问题，包括产品生命周期全过程；

② 环境保护问题；

③ 资源优化利用问题。

绿色制造就是这三部分内容交叉，如图 6-1 所示。

2. 绿色制造的内涵

绿色制造的内涵表现在以下几个方面。

(1) 绿色制造是“大制造”

绿色制造中的“制造”涉及产品整个生命周期，因而同计算机集成制造、敏捷制造等概念中的“制造”一样，是一个“大制造”概念。绿色制造体现了现代制造科学的“大制造、大过程、学科交叉”的特点。

(2) 绿色制造范围广

绿色制造涉及的范围非常广泛。包括机械、电子、食品、化工、军工等，几乎覆盖整个工业领域。

(3) 绿色制造重视资源和环境问题

资源问题、环境问题、人口问题是当今人类社会面临的三大主要问题。绿色制造从制造系统工程的观点出发，是一种充分考虑前两大问题的现代制造模式，是充分考虑制造业资源和环境问题的复杂的系统工程问题。

3. 绿色制造的研究现状

(1) 国外绿色制造研究现状

在美国，从一些国家重点实验室到国家研究中心，从东海岸的麻省理工学院到西海岸的 Berkeley 加州大学，大量的研究工作正在进行。如 Berkeley 加州大学不仅设立了关于环境意识设计和制造的研究机构，而且还在国际互联网上建立了可系统查询的绿色制造专门网页 Greenmfg。卡奈基梅隆大学的绿色设计研究所从事绿色设计、管理、制造、法规制定等的研究和教育工作，并与政府、企业、基金会等广泛合作。不少企业也进行了大量研究，如参加 1996 年美国 SME 学会关于绿色制造研究的圆桌会议的大多数骨干，是来自企业界的负责人或代表。美国 AT&T 公司在企业技术学报上发表了不少关于绿色制造的研究论文。美国国家科学基金会对绿色制造中的相关问题的研究给予了高度重视和支持，如美国国家科学基金会 1999 年资助课题报告会（NSF Design& Manufacturing Grantees Conference）所报告的与绿色制造相关的研究课题就有十余项。在此届大会上，NSF 设计与制造学部主任 Martin Vega 博士，在大会主题报告中还指出了未来制造业面临的六大挑战性问题，环境相容性问题就是其中之一，指出目标就是减少制造过程中的废弃物和把产品对环境的影响降到最低限度。随后，Martin Vega 博士又提出未来的“十大关键技术”，其中包括“废弃物最小加工工艺”。加拿大 Windsor 大学建立了环境意识设计和制造实验室（ECDM Lab）和基于 WWW 的网上信息库，发行了 International Journal of Environmentally Conscious Design and Manufacturing 杂志，对绿色制造中的环境性设计、生命周期分析（Life Cycle Analysis，LCA）等进行了深入的研究。ECDMLab 于 1995 年开发了一套有关环境性设计软件 EDIT（Environmental Design Industrial Template）。

在欧洲，国际生产工程学会（CIRP）近几年均有大量论文对绿色制造和多生命周期工程等本质问题进行研究。英国 CFSD（the Center For Sustainable Design）对生态设计、可持续性产品设计等进行了集中研究，并开展了有关的教育工作，发行了 The Journal of Sustainable Product Design 杂志。

由国际电子电气工程师协会（IEEE）和日本生态设计（EcoDesign）协会联合发起，在松下、索尼、IBM、丰田等多家跨国公司赞助下，International Symposium on Environmentally Conscious Design and Inverse Manufacturing 国际研讨会迄今已成功举办了 3 届，对环境意识制造和逆向制造技术展开了讨论。欧洲、日本、美国等发达国家的许多跨国公司都制订了绿色制造实施目标和措施，开展节能、降耗、产品生命周期评估（LCA）、环境审核、绿色产品开发等具体工作。如日本本田公司 2001 年曾提出“到 2003 年将全面实施绿色制造”的口号。特别是近年来随着 ISO 14000 环境管理体系系列标准、OHSAS 18000 职业健康与安全卫生标准系列、绿色产品标志认证等的颁布，企业环境管理和绿色制造的研究更加活跃，很多企业获得了 ISO 14001 环境管理体系认证。毫不夸张地说，环境保护和绿色制造研究形成的强大绿色浪潮，正在全球兴起。

(2) 国内绿色制造研究现状

重庆大学和武汉科技大学合作，承担了国家 863 项目（“绿色制造的资源流模型和实施关键技术研究”、“绿色制造的集成运行模式和使用评估技术”、“面向绿色制造的工艺规划关键使能技术及应用支持系统研究”等）和国家自然科学基金项目（“绿色制造的理论体系和决策支持技术研究”、“制造系统资源消耗模型和资源消耗特性的研究”等），初步建立了绿色制造的理论体系和技术体系，对制造系统物料和能源、资源优化利用，以及面向绿色制造的工艺规划方面进行较为深入的研究，开发了一套“面向绿色制造的工艺规划应用支持系统（著作权登记号：2003SR9386）”，并在中国现代集成制造系统网络中开辟了绿色制造专题。

清华大学、机械科学研究院、上海交通大学、装甲兵工程学院，以及其他高校和研究机构，如合肥工业大学、华中科技大学等对绿色制造的理论体系、专题技术等也进行了不少的研究。

4. 绿色制造发展趋势

(1) 绿色制造正朝着标准化、政策化、法律化的方向发展

由于传统企业长期以来忽视了环境和职业健康方面投入，认为这方面的投入与效益不相关，因此绿色制造在企业的实施既要依靠市场引导，同时也需要通过标准化、政策化和法律化等手段强制推行。目前国际标准化组织和许多发达国家都纷纷推出绿色制造方面的标准、政策和法律，如 ISO 14000 环境管理体系系列标准、英国标准协会、挪威船级社等颁布的 OHSAS 18000 职业健康安全管理体系系列标准、德国“蓝色天使”绿色产品标志计划、美国和加拿大联合推出的环境与公共卫生（EPH）产品认证制度等。

(2)“绿色贸易壁垒”促使着绿色制造技术的全球化发展

中国加入 WTO 和世界经济一体化的发展，传统的非关税壁垒被逐步削减，绿色贸易壁垒以鲜明的时代特征日益成为国际贸易发展的主要关卡。绿色贸易壁垒包括环境进口附加税、绿色技术标准、绿色环境标准、绿色市场准入制度、消费者的绿色消费意识等方面内容。将环保措施纳入国际贸易的规则和目标，是环境保护发展的大趋势，但同时也客观上导致了绿色贸易壁垒的存在。为了突破绿色贸易壁垒，积极参与全球化贸易的竞争，扩大本国产品的出口，绿色制造技术研究不再是公众环境意识强的发达国家的专利，而受到世界各国的普遍关注和重视，正朝着全球化的方向发展。我国许多专家纷纷提出突破“绿色贸易壁垒”的措施，如积极实施 ISO 14000 和环境标志认证、积极参与国际环境公约和国际多边协

定中环境条款的谈判，以及加强环境经济政策的研究和制定等。专家们也普遍认为，提高科技和生产力水平是突破绿色贸易壁垒的基本措施之一，应该大力发展绿色制造技术，开发出绿色产品，走清洁生产的路子。

(3) 绿色制造技术的集成特性愈来愈突出

绿色制造不仅仅意味着环保、健康，而是一种新时代凸显绿色环保的先进制造模式，是时代进步的特征，愈来愈表现出多方面的集成特性。

① 效益目标集成。绿色制造表现出了制造企业经济效益和社会效益的集成，表现为制造时间（Time）、产品质量（Quality）、制造成本（cost）、资源消耗（Resource Consumption）和环境影响（Environmental Impact）各目标的集成。

② 组织模式集成。绿色制造组织模式的集成主要体现为其社会化属性。绿色制造技术作为可持续发展战略在制造业的体现，其研究和发展不是哪一方面的责任，而是企业、政府、非盈利组织、高校、消费者共同的职责，因而是一个社会化的问题。需要提高全社会的环境意识，群策群力推动绿色制造技术的发展和应用。

③ 技术集成。绿色制造技术逐步发展成为一个交叉技术学科，即环境工程领域技术、制造工程领域技术、管理工程技术的交叉。

④ 绿色产品制造业正带动着传统产业的更新换代。“绿色”是产品开发和制造的一种创新理念。随着公众环境意识的增强，以及一系列环境技术标准和绿色产品认证的出台，这个创新理念逐步市场化、效益化。一项调查结果显示：我国愿意为环境改善而支付高价格的消费者略低于 8%。绿色产品在国际市场上相对于传统产品具有强劲市场竞争力。我国消费者的意识虽然相对落后，但由于基数大，仍不可小视，同样孕育着强大的市场潜力。由于绿色产品制造采用的是面向产品全生命周期的一体化制造模式，涉及原材料生产、产品设计、制造与装配、包装、销售、使用、回收处理等多个制造环节。因此在国际、国内市场的驱动下，绿色产品制造业的蓬勃发展，将全面带动着我国传统产业的变革，实现良性的产业更新换代。

⑤ 绿色制造带来的新兴产业正在兴起。一批新的产业正在不断兴起，如环保装备制造产业、产品回收和处理及逆向物流产业、再制造业、绿色制造实施咨询业、环境标准认证业等。此外，实施绿色制造的软件产业也正在形成，如国际市场上已有近几十种关于绿色设计的商用软件。这些软件包括数据库软件，如卡内基梅隆大学的 Koning；生命周期分析软件，如荷兰 Pre 公司的 SimaPro，斯坦福大学的 LASER；以及 ECOBilan 公司 TEAM 及其数据库 DEAMS 等。

6.1.2　绿色制造的内容体系

绿色制造作为一种先进制造模式，它强调在产品生命周期全过程中采取绿色措施，从而尽可能地减少产品在整个生命周期中对环境和人体健康的负面影响，提高资源和能源的利用率。所谓产品生命周期全过程，是指从地球环境（土地、空气和海洋）中提取材料，加工制造成产品，并流通给消费者使用，产品报废后经拆卸、回收和再循环将资源重新利用的整个过程，如图 6-2 所示。由图可以看出，绿色产品的生命周期可大致分为五个阶段：原材料绿色制备阶段、产品绿色设计与清洁生产阶段、产品的绿色流通阶段及产品绿色使用阶段及产品再资源化阶段。绿色制造要求实现如下产品生命周期与环境的协调特性。

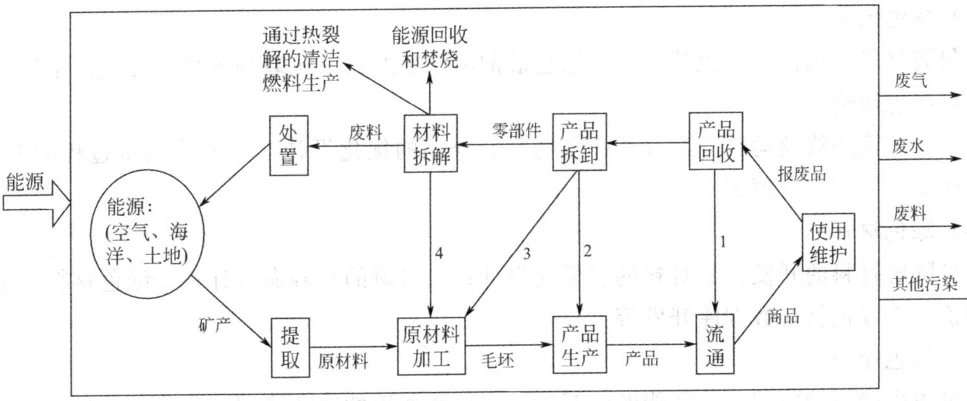

图 6-2　产品全生命周期循环过程图

1—直接再循环/重复利用；2—可重复利用成分的再制造；3—循环材料的再加工；4—单体/原材料再生

① 节省资源与能源。通过资源与能源的综合利用、短缺资源的替代、二次能源的利用以及节能降耗等措施，实现合理利用资源与能源，减缓资源与能源的枯竭危机。

② 良好的环境保护特性。在产品生命周期中，力争减少甚至完全消除废物和污染物，促使产品与环境相容，减少产品的整个生命周期内对人类和环境的危害。

③ 良好的劳动保护特性。结合人机工程学、美学等有关原理，对产品的寿命周期进行安全性设计和宜人化设计，并采取各种安全防范措施，以实现对劳动者（包括生产者和使用者）良好的劳动保护。

绿色制造的内容及其相互关系可以由图 6-3 表示。它包括绿色设计、清洁生产、绿色包装、绿色运输、再资源化技术及企业环境管理等内容。其中，绿色设计是绿色制造的核心，它在企业硬件、软件、组织机构、管理模式的支持下，不断地同产品生命周期的其他阶段，以及外部环境因素交换信息，通过信息的反馈与控制，实现产品的清洁生产、绿色消费、绿色回收处理及再利用。因此，有人说，产品的绿色特性 70%的贡献来自于设计。绿色制造各部分的主要内容如下。

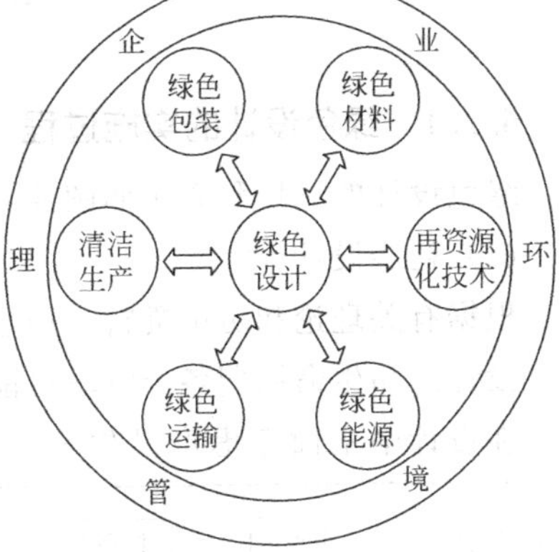

图 6-3　绿色制造的内容及其相互关系

（1）企业环境管理

①企业可持续发展策略；②ISO 14000 环境管理标准认证；③环境信息统计分析及综合管理；④企业环境管理内审；⑤产品生命周期的废物管理；⑥可回收件标志和管理等。

（2）绿色设计

①绿色产品的技术、经济、环境模型；②绿色设计中的材料选择技术；③产品均衡寿命设计；④产品长寿命设计；⑤节能设计；⑥面向环境的设计；⑦人机工程设计；⑧可拆卸性设计；⑨面向环境的数据库系统开发技术；⑩生命周期评价；⑪并行工程及人工智能的应用；⑫绿色设计工具与平台等。

（3）清洁生产

①生产过程能源优化利用；②生产过程资源优化利用；③生产过程环境状况检测；④生产过程的劳动保护等。

(4) 绿色包装

①包装材料的选择；②包装结构；③包装的清洁生产；④包装物的再资源化技术等。

(5) 绿色运输

①最佳运输路线及运输方案设计；②物料、仓储的优化设计；③安装调试过程的节能；④安装调试中的节省资源等。

(6) 绿色材料

①可降解材料的开发；②材料的轻量化设计；③材料的长寿命设计；④绿色材料的生命周期评价；⑤绿色材料数据库开发等。

(7) 绿色能源

①可再生能源的应用；②新能源的开发；③传统能源的清洁使用；④能源的生命周期评价；⑤绿色能源数据库开发等。

(8) 再资源化技术

①废物管理系统；②废物无公害处理；③废物循环利用；④报废产品的拆卸及分类；⑤报废产品及零件的再制造及重用等。

6.2 绿色设计

6.2.1 绿色设计的实施过程

绿色设计的过程和方法如图 6-4 所示。主要包括以下步骤。

(1) 初步设计

根据有关理论和历史资料，用生命周期评价（Life Cycle Assessment，LCA）方法，分析待设计产品生命周期各个阶段可能出现的环境影响因素。在此基础上，运用并行设计的原理，在设计中全面考虑产品生命周期各阶段中产品的绿色特性，并借助各种设计方法与

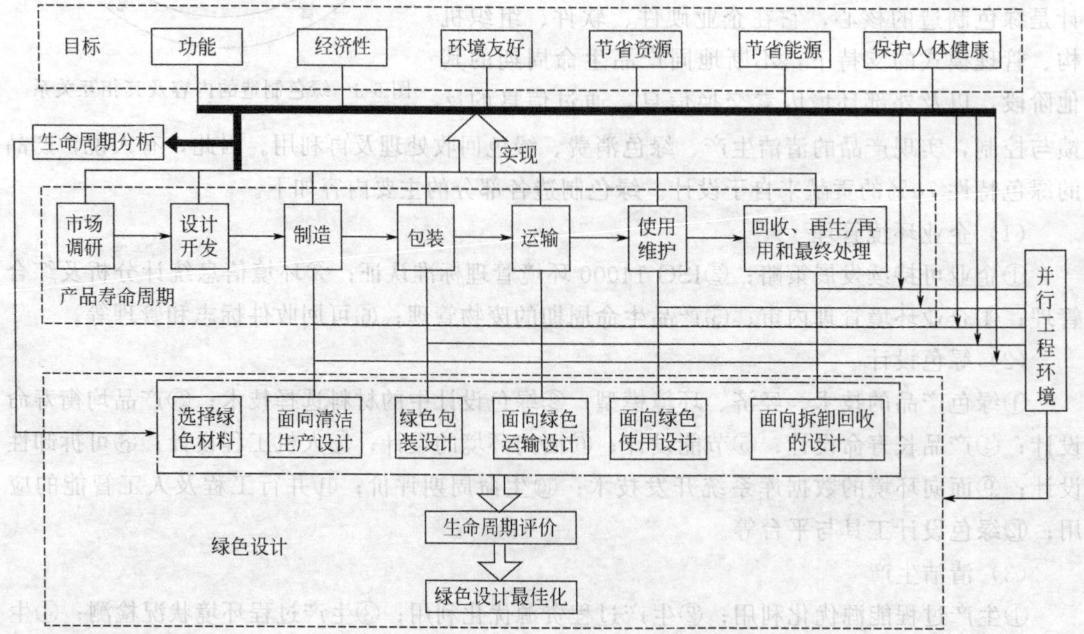

图 6-4　绿色设计的过程与方法

理论，完成产品的初步设计。

(2) 详细设计

运用LCA模拟追踪所设计产品生命周期过程，评估设计方案的绿色特性，在此基础上，完成详细设计。

(3) 改进设计

根据评估结果，找出产品绿色特性问题所在，进行改进设计，并从产品生命周期的角度出发，对产品绿色设计进行整体优化。

由此可以看出：生命周期评价是绿色设计的基本评价工具。只有通过生命周期评价，才可能完整地获得绿色设计所需的产品生命周期绿色信息，实现绿色设计。完整的绿色设计中，生命周期评价方法通常会运用两次：第一次是在产品初步设计时，目的是对多个备选方案的比选，为产品详细设计的“绿色化”提供基本信息；第二次是在产品详细设计之后，目的是通过模拟追踪，并分析所设计产品的生命周期的绿色特性，实现优化。

并行设计是绿色设计的基本设计方法。只有运用并行设计方法，才能真正在设计时综合考虑产品生命周期各个阶段的资源与能源优化利用、环境保护和人体健康保护等问题。

6.2.2 绿色设计与传统设计的区别

传统设计主要考虑产品生命周期中的市场分析、产品设计、工艺设计、制造、销售以及售后服务等几个阶段，而且整个设计也多是从企业的发展战略和经济利益角度出发作出决策的，仅仅考虑所设计产品的功能、质量和成本等基本属性，很少或者根本未考虑产品报废后对资源再生利用、产品生命周期节省资源和能源以及环境保护等问题，以至于按传统设计方法制造出来的产品，往往在其生命终结后，不能有效地实现资源的回收、再利用，以及能源的优化利用，不仅浪费了资源与能源，还造成了严重的环境污染。

绿色设计是指借助产品生命周期中与产品相关的各类信息（技术信息、环境协调性信息、经济信息），利用并行设计等各种先进的理论，使设计出的产品具有先进的技术性、良好的环境协调性，以及合理的经济性的一种系统设计方法。绿色设计的内涵较传统设计丰富得多，主要表现在以下两方面。

① 绿色设计将产品的生命周期拓展为从原材料制备到产品报废后的回收处理及再利用，从而有助于真正实现产品“从摇篮到坟墓（Cradle to Grave）”的绿色化。

② 绿色设计在系统论的基础上，利用并行工程的思想，将环境、安全性、能源、资源等因素集成到产品的设计活动当中，有助于实现产品生命周期中“预防为主，治理为辅”的绿色设计战略，从根本上达到保护环境、保护人体健康和优化利用资源与能源的目的。

6.2.3 绿色设计的环境协调原则

绿色设计就是在现有产品设计中通常所采用的技术准则、成本准则和人机工程学准则基础上，增加了环境协调性原则。绿色设计强调在设计时通过在产品生命周期的各个阶段，应用各种先进的绿色技术和措施，使所设计的产品具有节能降耗、保护环境和人体健康等特性。因此，要真正实现绿色设计，必须遵守下列原则。

(1) 资源利用最佳原则

① 在资源选用时，应充分考虑资源的再生能力，避免因资源的不合理使用而加剧资源的稀缺和造成资源枯竭危机，从而制约生产的可持续发展。因此，设计中应尽可能选择可再生资源。

② 在设计上，应尽可能保证资源在产品的整个生命周期中得到最大限度的利用，力争使资源的回收利用和投入比率趋于 1。即：

对于制造系统：产品物质含量/输入原材料物质量→1；

对于回收系统：(再生材料＋回收零部件) /报废品物质含量→1。

③ 对于确因技术水平限制而不能回收、再生、重用的废弃物，应能够自然降解，或便于安全地最终处理，以免增加环境的负担。

(2) 能量利用最佳原则

① 在选用能源类型时，应尽可能选用太阳能、风能等清洁型可再生能源。优化能源结构，尽量减少汽油、煤油等不可再生能源的使用，以有效减缓能源危机。

② 通过设计，力求使产品全生命周期中能量消耗最少，使有效能量与总能耗之比趋于 1，以减少能源的浪费。同时，减少由于这些浪费的能量造成的振动、噪声、热辐射，以及电磁波等对环境产生污染。

(3) 污染极小化原则

绿色设计应彻底抛弃传统的“先污染、后治理”的末端治理方式。在设计时，就要充分考虑如何使产品在其全生命周期中对环境的污染最小，考虑如何消除污染源，从根本上消除污染。确保产品在其全生命周期中产生的环境污染接近于零，是绿色设计的理想目标。

(4) 安全宜人化原则

绿色设计不仅要求从产品的制造和使用环境，以及产品的质量和可靠性等方面，考虑如何确保生产者和使用者的安全，而且还要求产品符合人机工效学、美学等有关原理，以使产品安全可靠、操作性好、舒适宜人。也就是说，绿色设计不仅要求所设计的产品在其全生命周期过程中对人们的身心健康造成伤害最小，还要求给产品的生产者和使用者提供舒适宜人的作业环境。

6.2.4 生命周期评价

生命周期评价 (Life Cycle Assessment)，也称生命周期分析 (Life Cycle Analysis, LCA)，是绿色设计的分析基础。所谓 LCA，就是针对产品的环境协调性 (如能源、资源的消耗，产品对生态环境和人体健康的影响)，运用系统的观点，对产品生命周期的各个阶段 (材料制备、设计开发、制造、包装、发运、安装、使用、最终处理及回收再生) 进行详细的分析或评估，从而获得产品相关信息的总体情况，为改进产品性能提供完整、准确的信息。LCA 源自 20 世纪 60 年代末和 70 年代初提出的，对产品的包装物分析评价的方法。LCA 方法一经提出，便受到各国学术界、工业界和政府的重视。随着人们环境意识的进一步增强，LCA 逐渐受到社会各界的关注，应用范围也逐步拓宽到冰箱、汽车等复杂产品。自从 1993 年以来，国际标准化组织 (ISO) 便开始进行 LCA 的国际标准化研究。LCA 的普通标准已于 1997 年完成，并编制在 ISO 14040 中。LCA 原理如图 6-5 所示。

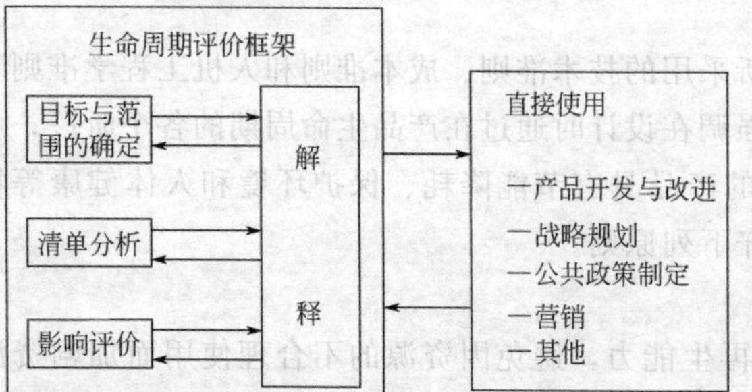

图 6-5　LCA 原理

1. 确定目标与范围

确定目标和界定范围，对指导产品生

命周期的各个阶段分析或评估，具有重要的作用，因为明确的分析目标和准确的评价范围，决定了分析或评估的方向和深度。有助于大大减少评价的难度和工作量。生命周期评价的目标，取决于进行生命周期评价的动机。通常，进行生命周期分析的动机有下面四种。

(1) 建立某类产品的参考标准

采用LCA方法、专业人员的判断和采集的数据来获取相关影响因素的筛选步骤，估计该类产品可能产生的影响，并制定相应的参考标准。

(2) 识别某类产品的改善潜力

利用生命周期评价方法，识别某类产品在环境协调性以及经济性方面存在的问题，并判别对其进行改善的可能性与潜力。

(3) 用于概念设计时的方案比较

利用生命周期评价对各个备选方案进行预评估，实现方案初选。在该阶段可简化产品LCA方法，只考虑最关键的功能单元和过程。

(4) 用于详细设计时的方案比较

利用生命周期评价方法，寻找各详细设计方案的优缺点，并做出综合评判，从中寻求最优方案，并对方案进行改进。

当评价的目标确定后、就可以根据目标确定评价的范围。

2. 清单分析

清单分析（Inventory Analysis）是LCA的核心和关键。它包括数据的收集和处理，当产品生命周期评价的目标和范围确定以后，就可以模拟（对产品设计分析）或追踪（对产品性能评估）产品的整个生命周期，详细列出各个阶段的各种输入和输出清单，并进行分析，从而为下一阶段进行各种因素对目标性能的影响评价作准备。通常，生命周期评价清单分析的过程如图6-6所示。

典型的清单分析应对产品的原材料制备、制造、包装、运输、使用和最终处理/回收再生等几个阶段的投入、产出进行分析。而且，整个分析与量化过程，必须遵循能量平衡和物质守恒两大原则。因为物料和能量平衡是分析物料和能量损失的依据。作LCA时，应根据物质与能量守恒定律，即“输入物料（能量）=输出物料（能量）”，并利用测定或计算的数据，建立并绘制输入和输出的物料与能量平衡图，以准确确定各种输入、输出物组成成分、数量、去向以及能量含量。在编制平衡图时应注意，如果物料或能量流不平衡时，应仔细分析原因，并借助各种理论计算或历史资料修正数据，尽量减小平衡误差。只有这样，才能为下一步影响评价提供准确的数据。

3. 影响评价

影响评价（Impact Assessment）就是根据清单中的信息，定性或定量分析其对生态系统、人体健康、自然资源及能源消耗等产生的影响。然而，绿色产品涉及的评价指标众多，其中既有定量指标又有定性指标，这些指标都从不同侧面描述了产品的环境协调性，必须对其进行综合评价。目前有关影响评价的指标体系和方法很多，归纳起来主要包括定性分析法和定量分析法两大类。

6.2.5 面向产品生命周期的设计

面向产品生命周期各（某）环节的设计（Design for X）的缩写是DFX。其中，X可以代表产品生命周期或其中某一环节，如装配、制造、使用、维修、拆卸、回收等；也可以代表产品竞争力或决定产品竞争力的因素，如质量、成本、时间等，主要有：面向采购的设计（Design for Procurement，DFP）、面向制造的设计（Design for Manufacture，DFM）、面向装配的设计（Design for Assembly，DFA）、面向维修的设计（Design for Service/Maintain/Repair，DFS）、面向拆卸的设计（Design for Disassembly，DFD）、面向回收的设计（Design for Recovering & Recycling，DFR）等。DFX 的研究内容很广，这里主要从绿色设计中的材料选择、绿色包装设计和面向拆卸回收的设计这三个国内外绿色设计领域重点关注的设计方法进行分析。

1. 绿色设计中的材料选择

材料选择是绿色产品设计中的重要环节之一。选材是否合理，在很大程度上影响着产品的功能、性能、成本及环境协调性。然而在成千上万种的工程材料中，有许多是有毒的或不易回收处理的，它们的使用必定会给环境和人体健康造成损害。因此，为了向市场提供绿色产品，在产品设计阶段必须认真选材。

（1）绿色设计中的材料选择过程

绿色设计中的材料选择过程如图 6-7 所示。首先分析所要设计产品的功能和性能以及实现方法；接着在对产品功能和性能以及零件的工作环境分析的基础上，通过工程计算与经验判断，初步完成材料的初选；最后对初选材料进行技术性、环境协调性、经济性等各方面的评价。其中，环境协调性可采用全生命周期评价（LCA）方法，通过对材料生命周期各阶段（包括原材料的获取、制造、回收处理等）环境相关数据进行收集和影响分析，为材料选择和改进提供环境影响评价信息。影响材料选择的因素之间是相互影响、相互联系、相互制约的，因此在材料选择时，要将上述因素综合考虑、以实现整体最优配置。

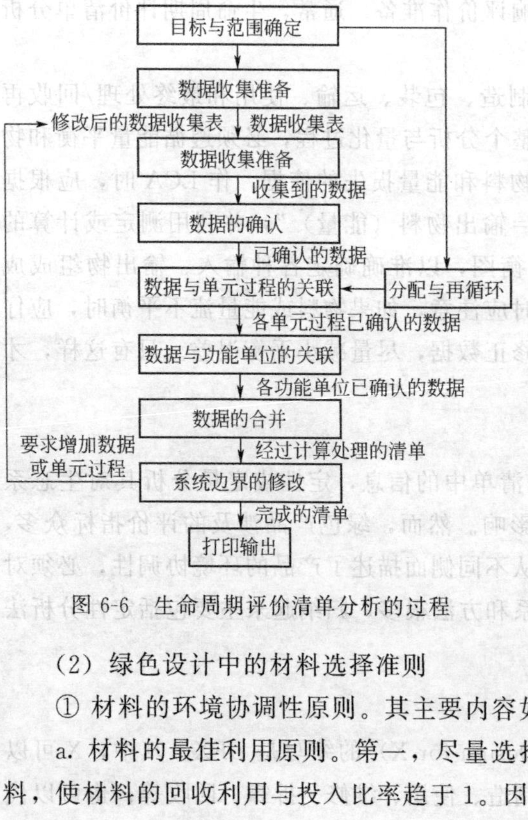

图 6-6　生命周期评价清单分析的过程

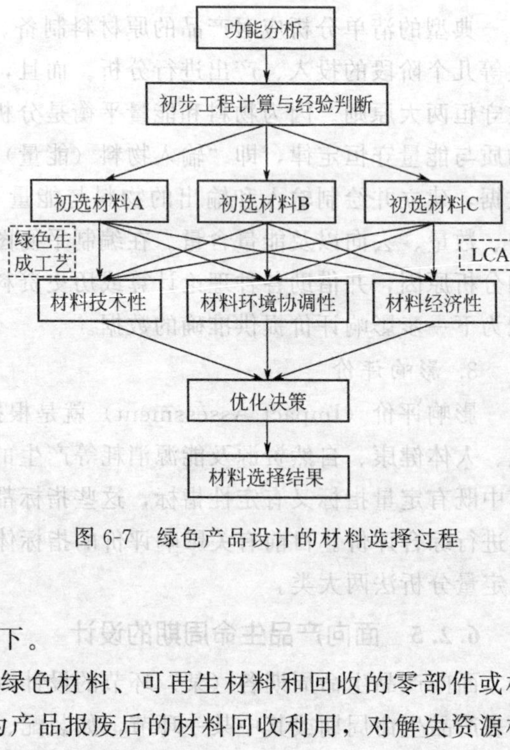

图 6-7　绿色产品设计的材料选择过程

（2）绿色设计中的材料选择准则

① 材料的环境协调性原则。其主要内容如下。

a. 材料的最佳利用原则。第一，尽量选择绿色材料、可再生材料和回收的零部件或材料，使材料的回收利用与投入比率趋于 1。因为产品报废后的材料回收利用，对解决资源枯竭问题是非常重要的。第二，尽量选择具有相容性的材料。这样即使零部件被连接在一起无法拆卸，它们也可以一起被再生。第三，减少使用材料的种类。可以避免相同材料零件之间的分离操作，简化拆卸过程。例如，为了满足电阻性能的要求，现在计算机的包装采用了复合碳酸盐，而其内部元件则经济性地选用了廉价的ABS材料，但如果用复合碳酸盐代替ABS材料，就可以大大减少拆卸时材料的分离工作。这样虽然增加了产品初期的制造成本，但降低了其寿命循环成本，因此，设计选材时应综合考虑。第四，材料选择时应尽可能考虑材料的利用率。材料利用率的提高，不仅可以减少材料浪费，解决资源枯竭问题，而且可以减少排放，减少对环境的污染。第五，对不同材料进行标识。可以帮助拆卸者快速判别需要进行拆卸的零部件。主要的标识方法有：在产品的不可见面标明对材料的描述、刻印条形码、设置颜色编码、利用化学示踪物等。

b. 能源的最佳利用原则。第一，材料生命周期中应尽可能采用清洁型可再生能源（也称绿色能源），如太阳能、风能、水能、地热能等。第二，材料生命周期能量利用率最高原则，即输入与输出能量的比值最大。

c. 污染最小原则。材料生命周期全过程中产出的环境污染最小。材料选择时必须考虑其对环境的影响，尽量避免选择对环境有害的材料。例如在低压电器生产中，应避免采用含镉的银氧化镉（AgCdO）触头材料。

d. 损害最小原则。材料生命周期全过程中对人体健康的损害最小。材料选择必须考虑其对人体健康的损害、通常应注意材料的辐射强度、腐蚀性、毒性等。例如在机电产品焊接中，应采用无铅焊料，防止机电产品生产、废弃后，铅对人体健康的损害。

② 材料的经济性原则。这不仅指优先考虑选用价格比较便宜的材料，而且综合考虑材料对整个制造、运行使用、产品维修乃至报废后的回收处理成本等的影响，以达到最佳技术经济效益。材料的经济性原则主要表现为以下两方面。

a. 材料的成本效益分析。在绿色设计中，产品的成本应该由材料生命周期成本来表示。显然，降低材料生命周期成本对制造者、使用者和回收者都是有利的。影响材料成本的主要因素包括六个方面：第一，材料本身的相对价格；第二，材料的加工费用；第三，材料的利用率；第四，采用组合结构；第五，节约稀有材料；第六，回收成本。

b. 材料的供应状况。选材时还应考虑当时当地材料的供应情况，为了简化供应和储存的材料品种，应尽可能地减少同一部机器上使用的材料品种。

2. 绿色包装设计

绿色包装设计，就是指除了满足消费者对包装体的保护功能、视觉功能、经济方便等性能方面的需求之外，更重要的是产品包装要符合绿色标准。即在包装物的整个生命周期中能有效节约资源和能源、保护环境和人体健康。绿色包装设计主要包括下面的内容。

(1) 绿色包装材料选择

应该遵循上述绿色设计中的材料选择准则。

(2) 进行合理的结构设计

① 通过合理的包装结构设计，提高包装的刚度和强度，减少包装材料的使用。包装的基本功能就是保证包装体具有足够的刚度和强度，实现对产品的保护。包装强度和刚度的提高不仅可以保护产品质量，还可以降低对二次包装和运输包装的要求，减少包装材料的使用。

② 通过合理的包装形态设计，减少包装材料的使用。形态主要是指形状和样式，包装

形态的设计取决于被包装物的形态、产品运输方式等因素。对于长方体形态的包装应首选立方体，因为在同样体积下，立方体的表面积最小。对于圆柱体形态的包装应尽量保证圆柱体的高度是半径的 2 倍，这样表面积最小，最节省材料。

③ 了解包装的印刷工艺和内结构，实现包装的省料设计。

④ 避免过度包装。所谓过度包装是指超出产品包装功能要求之外的包装。"过度包装"主要出现在礼品、保健品和食品等行业，避免的方法主要是减少包装物使用数量。其主要措施可以通过控制单位产品包装容量数量和利用批量包装代替单独包装等。

⑤ 通过合理的结构设计，提高运输的效率。

⑥ 通过合理的包装结构设计，避免包装物的随意丢弃，从而减小包装物收集和回收的难度。

⑦ 在包装设计中，在产品外包装上使用各种回收标志，并使用不同颜色或其他辅助辨识系统，显著地标明其废弃方法、废弃地点、分类标识等，以增强包装物的有效回收。

⑧ 外包装的结构设计应避免造成对人体的伤害。

3. 面向拆卸回收的设计

产品结构不宜于连续拆卸和回收，主要表现在以下几方面。

(1) 连接结构难以拆卸

现有产品的连接方法多是为了简化装配和安全连接而选择的，因而经常使用铆接、焊接、胶接等不可拆卸连接，拆卸难度大。

(2) 材料多样性

为了降低成本，现有产品多采用不同种类甚至难以回收的材料，造成拆卸分类困难，拆卸回收成本高，从经济上限制了拆卸回收的实施。

(3) 未考虑拆卸回收过程

传统产品结构设计是基于功能和装配要求进行的，很少考虑拆卸回收过程，拆卸回收难度大。比如没有足够的拆卸操作空间，拆卸可视性差等。

(4) 产品使用后，拆卸难度加大

在产品使用中，维修、污损、生锈或腐蚀等原因，会造成产品及零部件形状结构发生变化，使得产品结构不确定，拆卸难度增大。

(5) 缺乏所拆卸产品的完整信息

如产品材料性能、零部件结构、产品的装配工艺，以及产品使用环境对产品结构造成的影响等，难以支持拆卸工作。

解决上述问题的基本思想就是：以方便维修、方便更换、方便回收为目标，进行可拆卸设计。

(1) 面向拆卸的设计

面向拆卸设计的基本准则主要包括以下几个方面。

① 明确拆卸对象。总的来说，在技术可行的情况下，确定拆卸对象时应遵循如下原则。对有毒或者轻微毒性的零件，或再生过程中会产生严重环境问题的零件，应该拆卸，以便于单独处理，如焚化或填埋。对于制造成本低、生产量大、由贵重材料制成的零部件，应以材料循环方式实现再生或再利用。对于制造成本高、寿命长、更新周期长的零部件，应尽可能直接重用或再制造后重用。

② 减少拆卸工作量。其基本准则是零件功能合并，即把由多个零件完成的功能集中到

一个零件或部件上，尽可能减少零部件的数量。零部件数量减少可大大缩短拆卸时间，工程塑料类材料由于容易制造复杂零件，特别适于零件功能集成。提高待拆卸的零部件的可达性，设计时提高待拆卸零件的可达性，可方便拆卸，减少不必要的拆卸操作。设计时尽量减少产品材料种类，特别是同一零部件组成材料的种类。材料种类过多，会增加零件拆卸分类或材料选择分类的工作量，从而增加拆卸难度和拆卸成本。设计时应尽量选用具有相容性的材料。用相容性的多种材料制成的零部件，在回收处理时能生成新材料再利用，从而减少回收工作量。设计时应尽可能将零部件进行归类，以减少拆卸工具准备、更换等准备时间。设计时应尽可能为贵重件、易损件、可重用或再制造后重用的零部件设计方便可靠的拆卸路线，以减少不必要的拆卸工作量。零部件设计时应注意避免相互接触会引起老化和腐蚀等影响的材料进行组合，以防零部件使用后造成产品形状结构的不确定性，增大拆卸的难度。同时，还应加强对待拆零件的保护工作，以防污损。采用模块化设计，便于产品拆卸、维修、系统升级和模块重用。

③ 增加易拆卸性能。可拆卸性设计和面向装配设计具有密切的联系，但也存在较大的差别。增强易拆卸性的方法主要是采取易拆卸的紧固连接方式。

拆卸铆接、焊接与胶接等连接方式时，都需要较大的拆卸力，容易造成零部件损坏，属不可拆卸连接；塑料件的连接方式需要根据具体情况进行权衡和选择。粘接工艺通常不适合可拆卸性设计，因为在拆卸时需要很大的拆卸力，而且其表面残余物在零件回收时很难去除。螺纹连接是一种很好的拆卸连接工艺，可以方便、省时地实现零件的更换，应多采用。超声波加工和气焊加工的材料之间存在很好的相容性，故是一种较好的可拆卸性连接工艺。感应焊接工艺在拆卸时会造成连接破损，且在零部件上留下一些残余物，不利于零件回收利用，故不适用于可拆卸设计中。

减少紧固件数量。一般来说，连接件越少，则意味着拆卸操作也越少。

采用多重紧固方式，即将多个零件用尽可能少的紧固件连接，拆卸时可有效地节省时间。

拆卸操作的运动方式应尽可能简化，以便于实现拆卸过程的自动化。因此，应尽可能减少零部件的拆卸运动方向，应尽量避免复杂的拆卸运动，如旋转运动。

设计合理的拆卸基准。合理的拆卸基准有助于方便省时地拆卸各种零件，实现拆卸自动化。

零件设计时尽量减少镶嵌物。例如印制电路板，因其由环氧树脂、玻璃纤维、铜箔压制而成，故要对其进行回收处理时，需将金属和非金属材料分离，因而拆卸回收的难度和工作量都很大。

④ 增加易处理性，即在设计时要考虑工人安全操作或实现自动操作。主要是设置产品合理的工艺结构。例如对于装有液体的产品，应设计排放口，以便于排除液体，方便拆卸。产品设计应便于安全拆卸。例如对于有毒零件应进行隔离，以免对拆卸人员的健康造成伤害。

⑤ 增加易分离性。产品拆卸后，一般都要对拆卸零部件或材料进行分类，以便于再利用。主要方法有：设计便于分类的识别代码体系，例如按材料特性和重用或再生方式对零件进行标记。浇注代码，用浇注的方法将零件的各种特征标记在零件的不重要表面上。条形代码，用浇注或光刻的方法将代表零件各种信息的条形识别码刻于零件上。颜色代码，不同材料用不同的颜色标记。避免辅助操作，例如喷漆、电镀等表面处理工艺，是在原有基材上增

加涂层，回收时难以分离。因此在没有特别要求的情况下，尽量避免使用这类工艺。

⑥ 减少零部件的多样性。减少零部件的多样性，可以有效地降低自动拆卸的成本，其设计准则：在不同的产品中应尽量采用标准件、通用件，便于产品零部件拆卸和回收再利用，使紧固方法标准化，减少拆卸工具的种类。

(2) 拆卸工艺设计

拆卸工艺设计是可拆卸设计的重要内容。它通过研究拆卸规则、方法及软件工具等来决定拆卸策略（包括拆卸过程、拆卸程度、拆卸方式等）、配置人工的或自动化的拆卸系统。合理的拆卸工艺，是废弃产品零部件实现经济性地拆卸回收的重要保证。拆卸工艺设计主要考虑下列问题。

① 拆卸类型的确定。拆卸工艺设计中，必须根据产品的拆卸目标（哪些零部件应拆卸，以何种方式实现资源再生和再利用），确定产品零部件相应的拆卸类型。通常，按照拆卸效果可以将拆卸分为破坏性拆卸、部分破坏性拆卸和非破坏性拆卸三类。破坏性拆卸即拆卸活动以使零件分离为宗旨，不管产品结构的破坏程度，主要适用于那些必须拆卸，但又无回收价值的零部件。部分破坏性拆卸则要求只损坏部分廉价零件，重要的部分要安全可靠地分离。非破坏性拆卸即不能损坏任何零件、产品或部件的拆卸方法。

② 拆卸信息。产品拆卸工艺设计所需的信息如图 6-8 所示。总体上分为产品设计信息和产品使用信息两大类。产品设计信息主要包括产品的结构、零部件的连接情况、产品功能以及所用材料等。这些信息是产品设计时决定的，比较容易获得。产品的使用信息主要包括使用条件、使用环境、维修方式和配件的材料性能等信息。相比之下，产品的使用信息具有较大的随机性，比如产品使用过程中由于老化、磨损、腐蚀等原因，造成产品零部件和材料发生变化的准确信息难以获得（多采用预测的办法）。

- 拆卸功能信息
  - 产品设计信息
    - 结构
    - 连接
    - 功能
    - 材料
  - 产品使用信息
    - 使用条件
    - 使用地点和环境
    - 维修方式
    - 零部件变化

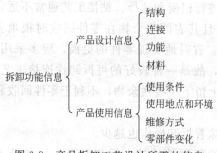

图 6-8　产品拆卸工艺设计所需的信息

③ 拆卸深度。通常，对产品进行拆卸，可回收有价值的零部件和材料，但也必须付出一定的拆卸回收费用。拆卸深度既关系到产品报废后的资源再生率，又关系到拆卸的经济性。拆卸程度越深，资源的再生率越高，回收的资源价值越大。同时，拆卸难度也随之增大，相应拆卸成本上升，因此存在一个最优拆卸深度。

拆卸时，通常遵从先拆去最有价值的零部件的原则。刚开始拆卸时，所获得的资源回收价值较大，拆卸也较容易，相应的拆卸费用也较低，即单位资源拆卸效益高。随着拆卸程度的加深，单位资源的回收价值减少，拆卸难度增加，单位资源的拆卸效益下降。当单位资源回收价值等于单位资源拆卸费用，即单位资源拆卸效益为零时，达到拆卸技术与经济的协调，所得拆卸的总利润最大。如果继续拆卸，则拆卸效益为负，拆卸的总利润减少。因此，从经济角度出发，在设计拆卸工艺时，应尽量寻找最优拆卸深度。

6.3　清洁生产

6.3.1　节省材料技术

节省材料不仅可以减少资源的消耗，还可以减少废弃物排放，减小环境负荷。常用的节省材料的设计准则有：提高构件的承载能力、合理设计机械运动方案和机械装置的轻型化设计。

1. 提高构件的承载能力

(1) 提高构件的静态强度

① 合理设计构件的截面形状。对于承受弯曲载荷的构件，应选择截面抗弯模量 W 与截面积 A 比值大的截面形状。比值 W/A 越大，截面形状越经济合理。

② 对于轴类零件，应采用空心环形截面。在相同的变形下，相同性能和质量的空心轴比实心轴能承受更大的外力。

③ 采用等强度梁。即改变截面尺寸，使截面大小和弯矩变化规律吻合，实现节省材料和减轻自重的目标。

④ 改善构件的受力状况。即从结构上采取措施，提高构件承载能力、减小截面尺寸、降低材料消耗。以拉压结构替代弯曲结构，可以提高结构的承载能力。

⑤ 对构件进行弹、塑性强化，以此抵消部分工作应力。

(2) 提高构件的疲劳强度

由于机械零件多在交变应力下工作，根据机械零件失效的分析，约 80% 的失效属于疲劳破坏。因此提高抗疲劳破坏的能力，可以避免材料的浪费。提高构件疲劳强度的方法如下。

① 降低应力集中。若构件形状局部急剧变化，如有槽、孔、过渡部分变化大，都会造成应力集中。降低应力集中，有效地提高疲劳强度的主要措施：变截面处尺寸变化应缓慢过渡；减小构件尺寸突变；减小相邻零件连接配合处的刚度差别。

② 提高表面质量。表面质量对零部件疲劳破坏影响很大，当表面加工粗糙留有刀痕时，构件受力后则会形成应力集中。

③ 进行表面处理。采用滚压、喷丸、渗碳和氮化等表面处理方法，使构件表面形成硬化层，并在表层形成压应力，从而提高构件的疲劳强度。

(3) 提高构件的抗冲击能力

对于承受冲击载荷作用的构件，主要是降低其动荷系数，从而降低构件的最大动应力值，以提高构件的抗冲击能力。提高构件抗冲击能力的途径有：

① 减小构件刚度，增大静变形 Δ_j；

② 设计缓冲结构；

③ 合理选择材料。

(4) 提高构件的刚度

主要途径是合理配置系统的几何参数，主要考虑以下因素：

① 合理设计零部件的形状结构；

② 施加预变形；

③ 提高接触刚度。

(5) 提高构件的稳定性

① 合理的截面形状；

② 改善杆端支承状况，减小支座系数；

③ 采用等稳定性结构；

④ 增加中间支承；

⑤ 改善结构，降低压杆受力。

2. 合理设计机械运动方案

(1) 按节材原则设计传动系统

推广应用标准化、系列化和通用化的零部件，是节省材料的重要措施之一。现在，已经有愈来愈多的传动装置和零部件实现了标准化、系列化、通用化。例如减速器、变速器、制动器、液压气动元件、润滑密封装置等。

采用新型传动形式，如同步带、窄 V 带、摆线针轮行星传动、谐波齿轮传动、活齿传动等。它们或结构紧凑，或传动比大，或外廓尺寸小，或重量轻等，合理选用就能收到明显的节材效果。合理地改善结构布置，可以有效地减小外廓尺寸和重量。

(2) 按照节材原则设计执行机构

在机电产品的设计过程中，原动机和传动装置大多是根据工作条件选配，而执行机构则需要设计者自行设计。因此，执行机构运动方案的设计，将直接影响到整机的工作性质、性能和使用效果；同时对机器的结构、外廓尺寸、重量，也具有决定性的作用。

3. 机械装置的轻量化设计

在满足产品功能、性能的前提下，机械装置的轻量化不仅可以节省材料，还可以带来如下优点。

① 能减轻其他部件或构件所承受的载荷。

② 由于机器重量的减轻，能使有效载荷增加（如飞机、车辆、挖掘机等）。

③ 节省能源、减少运行费用。

④ 易于操作和搬运（如建筑机械、家用电器、体育设备等）。

机械装置轻量化设计的主要方法有以下几种。

(1) 改善机械装置中零件的受力状况

合理地布置零件位置；合理设计零件的卸载及均载结构；减小零件的附加载荷。

(2) 限制机械系统的受力

设置安全联轴器或缓冲器等。

(3) 提高传统装置承载能力

传动系统的结构尺寸对机械装置的机架、箱体，甚至对机器的总体尺寸均有重大影响，因此，应选择和开发新型传动装置，采用强化工艺提高传动零件的承载能力。

(4) 合理设计机械装置的结构

提高零部件疲劳强度的结构设计；减轻机架重量的结构设计。

6.3.2　节省能源技术

我国目前的能源效率仅为 33%，比发达国家约低 10%。主要产品单位能耗平均比国际先进水平高 40%左右；重点钢铁企业生产 1t 钢可比能耗高 40%，火电煤耗高 30%；我国现有 400 亿平方米的建筑中，99%是高耗能的，单位采暖面积比发达国家多耗能 3 倍。我国 GDP 的万元产值能耗是世界平均水平的 2 倍，是发达国家的 10 倍。原油、原煤的消耗量分别占世界同类消耗量的 7.4%和 31%，而创造出的 GDP 却只相当于世界总量的大约 4%。因此，开发新能源、研究节能技术，已经成为我国和当今人类生产生活的重要内容。

机械设备常常是企业的耗能大户，其节能主要可从如下几个方面着手。

1. 运动部件轻量化

在保证设备运行正常的情况下，设备运动部件轻量化可以减少能耗。以汽车为例，车体重量减小10%，可以降低油耗10%。运动部件轻型化可以通过选择高强度钢、轻质材料或改进结构设计来实现。

2. 减少运动副之间的摩擦

在机械设备中，摩擦不仅会磨损设备，还会因克服摩擦力而浪费不少能量。常用的减磨措施有：

① 摩擦副采用互溶性小的材料，以减小摩擦系数；

② 选择合适的摩擦副表面粗糙度，减小摩擦系数；

③ 改变摩擦副性质，尽量采用滚动摩擦副或流体摩擦副；

④ 加强摩擦副之间的润滑。

3. 改进传动系统，提高传动效率

据统计，一般机床的传动系统中，主传动系统功率损失高达20%。传动系统传动效率的提高，可通过缩短传动链、采用新型高效传动机构，以及加强传动系统的润滑等措施来实现。

4. 采用节能措施

很多产品使用过程中，并非时刻都处于做有用功的状态，有很多时间处于“空载”状态。因此，设计时应尽可能采用节能控制，如采用变频技术、模糊控制等。

5. 适度自动化

设备的功能不要一味追求自动化，应以实用为原则。在保证不增加操作者劳动强度和保证操作者安全的情况下，可适当采用手动机构；而不顾实际情况的过度自动化，往往会造成能耗的大量增加。

6. 提高能量的转换效率

在机械设备中往往还存在一次或多次的能源转换，如电能转换为机械能、化学能转换为机械能等。在转换过程中，往往存在较大的能量损失。因此，应尽可能地提高产品使用过程中的能量转换效率。

7. 减少能量储备

不必要的能量储备实际上是一种浪费。例如当设备的电动机容量选择不合理时，会出现产品功率不匹配的现象（如“大马拉小车”），造成能量损失。

6.3.3 环境友好技术

1. 干切削技术

切削液通常是切削加工中不可缺少的生产要素，它有利于降低切削温度、延长刀具寿命、保证加工精度、提高表面质量和生产率等，但同时切削液也带来了明显的负面效应，主要表现在以下几个方面。

① 切削液的添加剂含硫、氯等，润滑剂中含亚硝胺、多环芳香烃和细菌分解产物，切削加工中产生的高温，使切削液形成雾状挥发物，污染环境，并损害操作者的健康。

② 某些切削液及粘有该切削液的切屑必须作为有毒、有害材料处理，处理费用非常高。

③ 切削液的渗漏、溢出对安全生产有很大影响。

④ 切削液的处理、循环、泵吸和过滤，使加工系统复杂化，处理成本提高。

为了适应清洁生产，保护环境和人体健康的要求，干切削加工技术应运而生。

(1) 干切削及其特点

干切削技术是在加工过程中不施加任何切削液的工艺方法，从源头上消除了切削液带来的环境负面效应。它具有以下特点：

① 形成的切削无污染，易于回收和处理；

② 节约了与切削液有关的传输、回收，过滤等装置及费用；

③ 不会发生与切削液有关的环境污染、安全和质量事故。

然而，单纯不使用切削液，会使切削状态恶化。如刀具、切屑及工件表面之间的摩擦加剧，排屑不畅、刀具寿命降低、表面加工质量变差等，因此，必须从刀具材料、切削技术、刀具及机床设计技术等方面共同采取措施。

(2) 实现干切削加工的措施

① 刀具要求。干切削要求刀具材料应具有优良的耐热性能和耐磨性能。常用的刀具材料有金刚石、立方氮化硼、陶瓷、涂层和超细晶粒硬质合金等。采用涂层技术，因为性能优良的涂层可降低刀具与工件表面之间的摩擦，减少切削力。目前所使用的刀具中，40%采用了涂层技术。选择适合干切削加工的刀具几何形状，以减少加工中刀具、切屑和工件间的摩擦。

② 切削用量的选择，见表 6-1。

表 6-1 干切削、准干切削及高速钻削的切削用量的选择

工件	工件材料	直径/mm	深度/mm	切削方式	速度/(mm/r)	进给量/(mm/r)	进给量/(m/min)
轴承座	铸铁	8.5	60	干切削	120	0.25	1.12
				高速钻削	400	0.4	6.0
连杆	热处理钢	6.8	20	干切削	80	0.1	0.37
		12.6	13.5	高速钻削	320	0.3	4.5
轮毂	锻钢	—	—	干切削	70	0.125	0.22
		—	—	高速钻削	330	0.5	4.17
气缸盖	AlSi9	7.34	30	准干切削	345	1.0	14.97

注：刀具材料选用 TiAlN 涂层硬质合金。

③ 机床结构设计。研究表明，切削液的主要作用是散热和排屑，润滑作用只占 10%。因此，机床的结构设计应保证快速排屑和散热，并尽量消除切屑对环境的不利影响。

2. 无铅化技术

由于铅对环境和人体健康具有很大的危害，被环境保护机构列入了前 17 种对人体和环境危害最大的化学物质，并已经成为了全球制造业关注的焦点。无铅化已经成为机电行业的发展趋势。

开发无铅技术，首先必须有被工业界认可的可靠焊料、相适应的设备及工艺、无铅的标准和评估手段等。其次，必须分析无铅焊料的相关组分和无铅焊接本身对环境的作用。最后，考虑产品使用后的回收、循环利用等问题。在无铅技术体系之中，关注最多的是无铅焊料、元器件、设备/焊接技术、成本、可靠性、标准等相关问题。

3. 无铬工艺

六价铬及其化合物对人体的皮肤、黏膜和呼吸系统有很大的刺激性和腐蚀性，对中枢神经系统有毒害作用，并且有强致癌性，其毒性是三价铬的100倍。欧盟的RoHS/WEEE和我国《电子信息产品生产污染防治管理法》明确规定，禁止使用包括六价铬等有害物质。

大多数工业应用的金属及镀层金属（如铁、锌、铝、锡、铅、镁等及其合金）均可形成化学转化膜。用于提高耐蚀性的化学转化膜，主要有磷化和铬酸盐钝化等。其中，铬酸盐钝化处理可形成铬/基体金属的混合氧化物膜层，膜层中铬主要以三价铬和六价铬形式存在，三价铬作为骨架，而六价铬则有自修复作用，因而耐蚀性很好。铬酸盐成本低廉、使用方便，铬酸盐钝化处理已经在航空、电子和其他行业得到了广泛的应用。然而铬酸盐毒性高且易致癌，随着环保标准的日益严格，铬酸盐的使用受到严格的限制，急需开发低毒性的无铬钝化工艺及其替代品。

6.4 再资源化技术

再资源化技术不仅有助于从技术上解决资源短缺的问题，还可以减少废弃产品中的有害物质对环境的污染。再资源化技术主要有拆卸工艺及工具、再制造技术和材料再资源化技术等。

6.4.1 拆卸工艺及工具

1. 拆卸工艺制订步骤

(1) 产品分析

在先拆卸最有价值零部件的总体原则下，结合设计信息，对产品可回收再利用的零件与材料进行分析，以获得再生、再利用程度与可能性以及最佳可拆卸程度等信息，为制订正确的拆卸路线，选择适当的拆卸方式做好准备。

(2) 产品装配分析

产品的装配关系对拆卸有极大的影响，因为拆卸在多数情况下是装配的逆过程。因此必须准确掌握产品装配的有关信息，对产品中各零部件的紧固连接元件、连接方式，以及产品生产时装配顺序等详尽地进行分析，为产品的拆卸提供技术参考。

(3) 产品使用方式和影响分析

主要是对产品的使用过程与环境进行分析，以考虑产品在使用过程中，因使用环境或维护等原因对拆卸造成的不确定因素。

(4) 决定拆卸策略

根据所获得的信息，决定产品零部件的拆卸方式，是进行破坏性拆卸、非破坏性拆卸，还是部分破坏性拆卸。

(5) 拆卸过程计划和策略

在上述步骤基础上，确定拆卸深度、优化拆卸路线、细化拆卸工艺（比如决定拆卸方式、选择拆卸工具、确定拆卸运动等）及制订拆卸工艺书等。

2. 拆卸技术

产品报废后，必须采取一定的拆卸手段才能实现零部件的拆卸。选择合理的拆卸技术，直接关系到产品能否拆卸成功和拆卸的经济性。

拆卸技术按其自动化程度，可分为手动拆卸和自动拆卸两类。手动拆卸主要依靠手动工具和工人的拆卸技艺来完成拆卸工作，具有对产品类型变化适应能力强等优点，但是拆卸效率低、拆卸质量也受工人技术水平、精神状态等人为因素的影响，多见于各种小型或个人的拆卸厂。自动化拆卸方式更受大企业、大公司的青睐。拆卸系统的规模以及自动化程度，应根据被拆卸产品要求、技术条件和企业自身的实际情况决定。

另外，主动拆卸也是目前拆卸领域提出的新概念和新技术。所谓主动拆卸，是指通过外界环境剧烈变化（如温度、电流等）的激励，废旧产品可以自行分解。为实现主动拆卸，产品在制造时需要嵌入执行元件。执行元件可以是肉眼看得见的，也可以是微小精细的，甚至是材料自身。

6.4.2　再制造工程

再制造工程是针对废弃产品及其零部件，采用高新表面工程技术等再制造成形技术，使零部件恢复尺寸、形状和性能，从而提高资源利用率、减小环境污染、节约成本。再制造工程被认为是现代先进制造技术的补充和发展，是 21 世纪极具潜力的新型产业。以装甲兵工程学院关于坦克行星框架的再制造为例，制造一个行星框架的毛坯质量为 71.3kg，而零件质量只有 19.4kg，价格 1200 元，使用寿命为 6000km。而再制造一个行星框架，只需消耗铁基合金药末 0.25kg，费用只有新品的 1/10，而使用寿命可延长一倍，达 12000km，节约材料率为 99.65％。

目前，欧、美、日等发达国家都特别重视再制造工程。据美国波士顿大学罗伯特·伦德教授收集的 1996 年资料表明：美国再制造部件公司构成了一个价值 530 亿美元的产业，雇佣员工多达 48 万人。我国的再制造业相对起步较晚，成规模的企业主要有从事发动机再制造生产的济南复强动力有限公司、上海大众联合发展有限公司等，主要的研究机构是装甲兵工程学院。

1. 再制造定义

美国再制造研究先驱者——Robert Lund T 教授 1984 年的定义为：再制造是将耗损的耐用产品恢复到既能用又经济，经过拆卸分解、清洗、检查、整修加工、重新装配、调整、测试的全生产过程。

我国再制造领域的积极倡导者，中国工程院徐滨士院士，根据我国的实际情况，将再制造定义为：再制造是指以产品全寿命周期理论为指导，以废旧产品性能实现跨越式提升为目标，以优质、高效、节能、节材、环保为准则，以先进技术和产业化生产为手段，对废旧产品进行修复和改造的一系列技术措施或工程活动的总称。简言之，再制造就是废旧产品高技术维修的产业化。再制造的重要特征是：再制造产品的质量和性能达到甚至超过新品，成本只为新品的 50％，节能 60％，节材 70％，对环境的不良影响显著降低。

2. 再制造过程

产品的再制造过程一般包括产品清洗、目标对象拆卸、清洗、检测、再制造零部件分类、再制造技术选择、再制造、检验八个步骤（图 6-9）。

(1) 产品清洗

产品清洗对于产品性能检测、再制造目标的确定等非常重要。其目的是清除产品尘

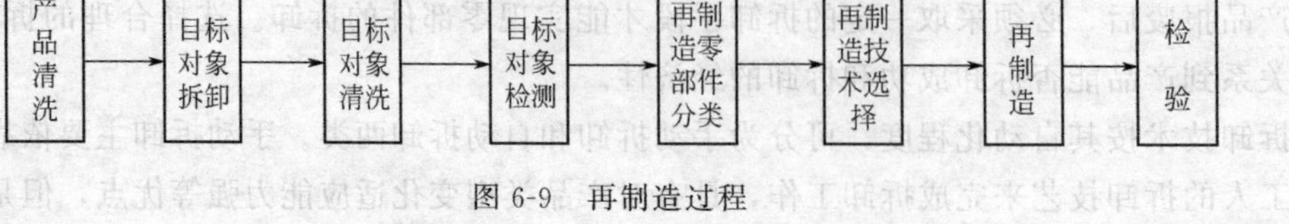

图 6-9　再制造过程

土、油污、泥沙等脏物。

(2) 目标对象拆卸

通过分析产品零部件之间的约束关系，确定目标对象的拆卸路径，完成目标对象拆卸。

(3) 目标对象清洗

目标对象的清洗就是根据目标对象的材质、精密程度、污染物性质不同，以及零件清洁度的要求，选择合适的设备、工具、工艺和清洗介质进行清洗。目标对象清洗，有助于发现目标对象的问题和缺陷。

(4) 目标对象检测

目标对象检测目的是为了确定目标对象的技术、性能状态。常用的检测内容和方法有：①几何形状精度检测；②表面位置精度检测；③表面质量检测；④内部缺陷检测；⑤力学物理性能检测；⑥零件称重与平衡。

(5) 再制造零部件分类

再制造零部件应根据其几何形状、损坏性质和工艺特性的共同性来分类。再制造零件的分类，为再制造企业采用大批量或批量方法，以及实现再制造提供了条件。

(6) 再制造技术选择

根据再制造企业的技术水平、目标对象的损坏情况，以及各种再制造技术的技术、经济和环境特性，选择适宜的再制造技术。

(7) 再制造

根据所选的再制造技术，进行目标对象的再制造。

(8) 检验

对再制造后的目标零件进行检验，看是否达到技术要求。

3. 再制造技术

废旧零部件再制造技术很多，主要包括喷涂法、粘修法、焊修法、电镀法、熔敷法、塑性变形法及机械加工修理法等（图 6-10）。

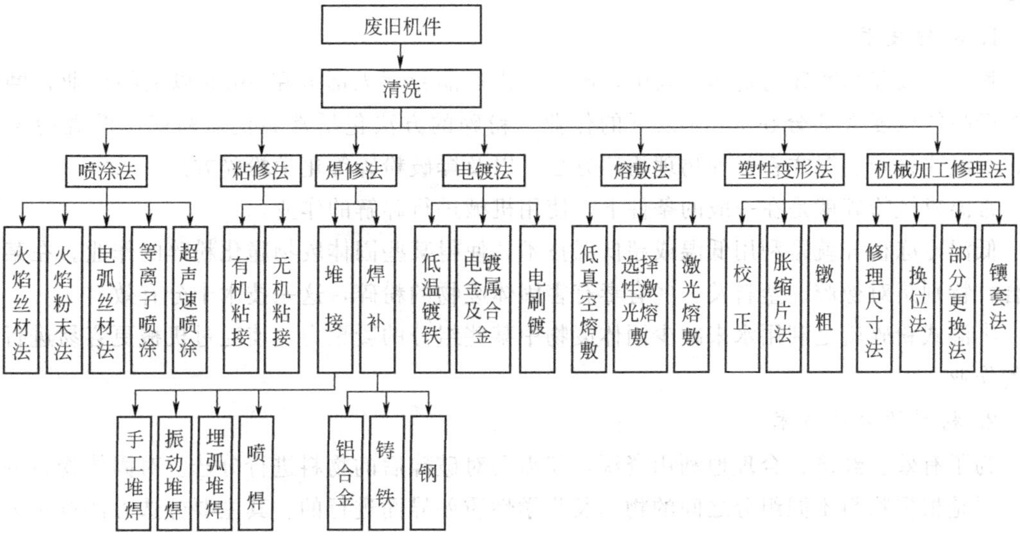

图 6-10 废旧机件常用再制造技术分类

(1) 热喷涂技术

热喷涂技术是一种用专用设备把某种固体材料熔化并加速喷射到机件表面上，形成一特制薄层，以提高机件耐蚀、耐磨和耐高温等性能的新兴材料表面科学技术。

（2）堆焊修复技术

堆焊修复技术是借用焊接手段对金属材料表面进行厚膜改质，即在零件上堆覆一层或几层具有特殊性能的材料。这些材料可以是合金，也可以是陶瓷。堆焊就其物理本质和冶金过程而言，具有焊接的一般规律。堆焊可以在零件工作表面上取得任意厚度和化学成分的焊层，可以获得各种高硬度和耐磨特性的堆焊层。

（3）特种电镀技术

镀层的种类很多，不同成分和不同组合方式的镀层具有不同的性能。按照使用性能可分为下面几类：防护性镀层、防护－装饰性镀层、装饰性镀层、耐磨和减摩镀层、电性能镀层、磁性电镀层、焊接时镀层、耐热镀层及修复用镀层等。合理选择镀层时，首先要了解基材和各种镀层的性能，然后按照零件的服役条件及使用性能要求，选用相匹配的镀层。

（4）激光修复技术

激光的强度高、方向性好、颜色单纯，激光束可以通过光学系统聚焦成直径仅有几微米到几十微米的光斑，获得 $10^8 \sim 10^{10}$ W/cm^2 的能量密度，以及 10000℃以上的高温，从而能在千分之几秒甚至更短的时间内使各种物质熔化和汽化。常用的激光修复技术有：①激光焊接；②激光表面熔敷；③激光相变硬化等。

（5）胶接修复技术

胶接就是通过胶黏剂，将两个或两个以上的同质或不同质的物体连接在一起。它是通过物理或者化学的作用来实现的。胶黏剂的种类很多，按照基本成分可分为有机胶黏剂和无机胶黏剂两类。

随着胶接材料和胶接工艺的进步，胶接在再制造中的应用越来越受到人们的重视。

6.4.3　材料再资源化技术

材料的再资源化技术主要包括粉碎技术、材料的物理及化学分选技术、高分子材料热分解技术等。

1. 粉碎技术

粉碎是破碎和磨碎的统称。其中，破碎是指产品粒度大部分在 5mm 以上的作业；磨碎是指产品的粒度大部分在 5mm 以下的作业。粉碎的方法包括常温机械粉碎、低温冷冻粉碎、半湿式粉碎、湿式粉碎等物理粉碎方法，以及爆破粉碎等化学粉碎方法。

常温机械粉碎就是在一般的条件下，使用机械进行碎解的作业。

低温冷冻粉碎就是利用低温或超低温技术，使得某些固体废物脆化粉碎的作业。在某些场合，特别是对橡胶、塑料及一些有毒有害固体废物的粉碎，这一技术十分有效。

半湿式粉碎就是利用水来减少固体废物中某些组分的凝聚力，使通过机械更容易进行破解的作业。

2. 材料的分选技术

为了有效、经济、合理地利用资源，就需要对破碎后的物料进行分选。对固体物料的分选主要是根据物料不同组分之间的物理及化学性质差异而进行的。其主要分选方法有重力分选、磁力分选、静电分选、浮游分选、摩擦与弹跳分选、拣选等。

3. 热分解

热分解又称热裂解，是利用有机物的热不稳定性，在缺氧条件下加热，使相对分子质量大的有机物产生热裂解，转化为相对分子质量小的燃料气、液体（油，油脂等）及残渣等。热分解与焚烧不同，焚烧只能回收热能，而热分解可从废物中回收可以储存、输送的能源（油或燃气等）。

6.4.4 逆向物流技术

1. 逆向物流的定义

“逆向物流”的概念，是1992年美国南佛罗里达大学工商管理学院的J. R. Stock教授在给美国物流管理协会的一份研究报告中提出的。报告认为：逆向物流是一种包含了产品退回、物料替代、物品再利用、废弃处理、维修与再制造等过程的物流活动。之后，逆向物流已经形成了供应链中一个独特的领域。

2003年，美国物流管理协会在对物流的最新定义中认为：物流是供应链的一部分，是为了满足客户的需求，而对产品、服务以及相关信息进行的从产地到消费地的正向和逆向的高效、低成本的规划、执行和控制过程。

2. 逆向物流的驱动因素

随着废弃产品的迅猛增加，社会、企业和公众不得不面对废旧产品的回收处理问题。这种从消费者到生产者的新型的、与传统物流方向相反的物流，就是现今各国广为关注的逆向物流问题。逆向物流的形成主要有四个方面的原因。

（1）法规强制

许多发达国家已经立法强制生产商对其生产的产品的整个生命周期负责，要求他们回收处理所生产的产品和包装。欧盟在1985年就颁布法令，要求其成员国回收饮料包装物。1991年，德国颁布了包装回收法令，要求厂商回收所有销售物品的包装材料。1992年10月15日，德国颁布了《电子废料法令》，要求生产商和零售商回收电子废料。2003年2月13日，欧盟公布的《废弃电子电气设备指令》（WEEE）更是影响巨大。WEEE指令要求在欧盟成员国内，电子电气设备生产商在2005年8月13日以后，负责回收、处理废弃的产品，进口产品则必须缴纳相应的回收费用。

我国是电子产品的生产和消费大国，但尚未有完善的回收体系和管理办法。国家有关部门正着手制定有关电子产品的安全使用、废弃处理方面的法令和标准。

（2）经济利益

回收行为的产生最初是因为经济利益的吸引，因为废弃产品中的很多部件可以直接重用，或者经过检测和修理后作为备件或配件使用。因此，对企业来说，通过废旧物品回收再利用，可以减少生产的成本，减少物料的消耗，直接增加企业的经济效益。

（3）生态效益

废弃物处理的传统工艺主要包括填埋和焚烧两种，但这两种方法都会在一定程度上造成资源浪费和环境污染，特别是随着废弃物的迅猛增长，填埋场地远不能满足要求，迫切需要对废弃产品进行环境友好的回收和再利用。

（4）社会效益

生产商通过回收利用废弃产品，迎合了日益增长的环境保护的呼声，也符合社会可持续发展的思路。这有利于企业树立良好的公众形象，获得巨大的社会效益。

3. 逆向物流的发展趋势

从当前对逆向物流的研究来看，虽然取得了一些成果，但主要以定性和个案研究为主，并且限于独立的逆向物流系统，没有将逆向物流系统与传统的正向物流系统结合起来，尚未形成完整的理论体系。从逆向物流的发展来看，有以下几个方面可以做进一步的研究。

① 从个案中总结出逆向物流系统设计的一般性原则，从理论上建立完整的系统结构框架。

② 逆向物流系统中信息的管理与共享，正、逆向物流系统的整合、通信与优化。

③ 逆向物流系统中成员的关系，包括决策权力的调配以及利润的分配。

④ 网络环境下逆向物流系统的重构，以及业务流程的优化重组等。

中国国内对逆向物流的研究起步较晚，逆向物流的发展还处于早期阶段，对逆向物流的研究，将成为今后一个研究热点问题。

6.5　绿色制造应用案例

1. 瑞典 Volvo 汽车环保行动

欧盟每年有大量汽车报废，这会产生严重的环境问题。在瑞典，Volvo 公司和汽车拆卸商联手发起了一个名为“斯堪的纳维亚轿车回收环保中心（ECRIS）”的活动。ECRIS 研究计划的独特之处，在于它把汽车的整个寿命周期——从生产中产生的废料，一直到销售商那里的废旧零件及废液，全部都纳入其中。ECRIS 研究计划的宗旨是对所有 Volvo 汽车进行全面的研究，以减轻报废汽车对整个环境带来的负担。为此，他们对所有型号的 Volvo 汽车都编制了拆卸手册，还投入了相当大的精力研究再生材料的市场可行性，对 Volvo 汽车上的所有塑料零件都做了标记并编了号。这样，拆卸商可以很容易了解塑料的种类及潜在的回收性。他们相信，ECRIS 计划给未来的回收计划提供了一个很好的样板。

Volvo 努力在生产中使用再生材料。目前每一部 Volvo S90 和 V90 型车上所使用的再生塑料、木纤维和衬垫的总重量已超过 12kg。

Volvo 还与其他汽车制造商联手，共同确认取自于报废汽车的材料所具有的市场性和经济性。

2. 世界工厂走上绿色制造之路

中国已成为公认的世界工厂，然而作为世界工厂，中国制造同样的产品，消耗了远高于发达国家的能源和低成本的人力资源，但却仍然处于微笑曲线的底端。在整个国际产业分工中，属于最弱势的群体，既缺乏核心技术，又缺乏客户资源，许多从事 OEM 代工的企业在源源不断的订单后面，获得的是越来越薄的利润，出口一件毛衣，甚至只能赚一块钱。

除了受到国际客户的盘剥，中国制造业也在经历前所未有的“绿色贸易壁垒”。2007 年 6 月 1 日，欧盟正式实施《关于化学品注册、评估、授权与限制》法规（简称 REACH 法规），将逐步对其境内所有化学品的生产、进口、流通和使用进行限制。REACH 法规的实施不仅会对石油和化工行业产生巨大影响，同时对下游产业，如纺织、轻工、电子、汽车、制药等行业产生的影响也不容忽视。REACH 法规是继 2005 年的 WEEE 指令和 2006 年的 RoHS 指令之后，中国企业遭遇的又一个“绿色贸易壁垒”。WEEE 指令要求生产商在 2005 年 8 月 13 日以后，在销往欧盟成员国的产品上加贴回收标识；改进产品设计，负有回收、处理进入欧盟市场的废弃电气和电子产品的责任；生产商同时应支付产品的回收、处理、再循环等方面的费用。而 RoHS 指令则要求，2006 年 7 月 1 日以后投放欧盟市场的电器和电子产品不得含有铅、汞、镉等 6 种有害物质。

从国际上越来越严厉的环保法规，到珠三角大量玩具企业倒闭，都在说明同一个简单的道理，中国制造企业要想保持国际竞争力，必须实现产业升级，走向绿色制造。为了应对国际上的“绿色贸易壁垒”，中国政府于2007年3月1日实施《电子信息产品污染控制管理办法》（简称China RoHS），铅、汞、镉、六价铬、多溴联苯（PBB）、多溴二苯醚（PBDE）都被列入了限制和禁止使用的有毒、有害物质，所有在我国生产或销售电子产品的企业，都必须对产品标注所含有毒、有害物质的名称、成分、环保使用期限和可否回收利用等信息。同时，《国家中长期科学和技术发展规划纲要》强调，我国要积极发展绿色制造，加快相关技术在材料与产品开发设计、加工制造、销售服务及回收利用等产品全生命周期中的应用，形成高效、节能、环保和可循环的新型制造工业，使我国制造业资源消耗、环境负荷水平进入国际先进行列。2007年国家科技支撑计划实施了“绿色制造关键技术与装备”重大项目，将选择典型行业研究绿色设计、绿色工艺、绿色回收处理与再制造等一批重点关键技术，开发达到国际先进水平的具有中国自主知识产权的规模化新型干法水泥、浮法玻璃、墙体材料等成套工艺与装备；实施汽车拆解回收、家电产品和电子信息产品绿色设计和回收处理等一批绿色制造技术应用工程，推动形成废旧产品绿色回收处理、绿色再制造等绿色制造相关的新兴产业。

目前，中国的电子、汽车等行业的领先企业，已经将应对越来越严厉的环保法规、实现可持续发展，纳入了企业发展战略。例如，广州万宝已经与美国的GE公司建立了材料应用、替代技术的合作关系。TCL正在组织、实施相关物料的替代工作、无铅焊工艺、绿色供应链管理。美的电器已建立了有害物质的环境质量控制体系和检验标准，在电子电气部件的无铅化研究方面取得初步成果，大部分外协采购部件也已与供应商签订了绿色采购质量保证协议。冠捷电子经过多年推进绿色制造，绿色制造已经成为领航冠捷电子蓝海战略的主要推动力，而冠捷电子的经验证明，绿色制造并不会增加成本。冠捷电子的经验包括：在保证性能的前提下，尽量使用更少材料、尽可能把更多的制造环节放在同一地方完成，以缩减运输成本、充分节省产品运输空间，降低运费。在汽车行业，我国已经开始推进汽车零部件产品的再制造，既节约资源，又保护环境。同时，汽车行业也已开始研究节能减排的新工艺、新装备和新材料，推广资源节约型、能源节省型和环境友好型的绿色制造工艺技术。目前，神龙汽车、上海通用、北汽福田等汽车行业的领先企业，已开始实施绿色制造工程，建立涵盖整个产品研发制造的产业链的绿色体系，在节能降耗，提供绿色产品的同时，提升产品的盈利能力。实现包括绿色设计、绿色材料、绿色工艺、绿色生产、绿色包装、绿色回收在内的绿色制造，并结合ISO 14000国际环保标准的实施，可以有效降低企业生产的产品对环境的影响，提高资源利用率。因此，绿色制造不仅成为知名企业履行社会责任的重要手段，也成为这些企业提升比较竞争优势的关键途径。

习题与思考题

1. 绿色制造的内容及其相互关系是怎样的？
2. 绿色设计主要包括哪些步骤？
3. 何为清单分析？产品生命周期评价清单分析主要包括哪些步骤？
4. 绿色设计中的材料选择有哪些原则？
5. 什么是干切削技术？它有何特点？
6. 再制造过程分为哪几个步骤？各有何作用？

第7章 现代制造技术与新型制造业的发展趋势

7.1 现代制造技术的发展趋势

今后20年，激烈的市场竞争以及新的制造技术的不断涌现，必将导致新产品和新过程的不断产生，新的企业管理和运作方式、新的组织结构和决策方法也将随之形成。未来制造业发展的总体趋势仍然是全球化、知识化、信息化、绿色化和极端化。

1. 全球化

世界经济一体化和市场全球化决定了制造业的全球化发展趋势，包括制造市场、制造企业和制造资源的全球化。未来制造产品的竞争力主要取决于六大因素：绿色度、成本、质量、服务、及时性与个性化（G-C-Q-T-S-P），产品的绿色度将上升为首要因素。拥有上述综合优势的产品必将冲破国界、占领市场，其制造企业也可成为跨国企业。这是国际跨国公司的发展史，也将是中国企业成为跨国企业的必由之路。

2. 知识化

计算机芯片、精密仪器、飞机、轿车等高知识含量的产品，因其科技水平高、市场价格高、利润丰厚而成为制造业竞争的高地。中国要想在这些高知识含量的产品竞争中占有一席之地，就必须在这些高技术领域大力开展基础性研究，创造更多的拥有自主知识产权的高知识含量的产品。

3. 信息化

信息化是数字化、智能化和网络化制造的总称。它包含机电产品设计及其生产过程的数字化、智能化和网络化的高度集成。智能数字网络多功能集成产品将会越来越多、越来越普遍，而且更新换代会越来越快。

4. 绿色化

绿色化即基于资源节约和环境友好的绿色可持续性制造，是一项战略性的制造理念，也是一种制造模式和制造技术。绿色可持续制造包含无污染无废弃物制造、绿色产品的设计与制造、废旧机电产品的再制造、节能节材制造以及新能源装备制造五个方面。耗能耗材多、污染环境的机电产品及其生产过程，将会受到市场和法规的制约而逐渐消失或消亡；相反，新能源、节能节材和无污染的机电产品及其生产过程，将得到更大发展。同时，由于废弃产品的剧增，再制造业将得到迅速发展。

5. 极端化

指极大或极小几何尺度或极端环境下服役的机电产品的制造。一方面，由于人类认识和改造世界的欲望及能力的提高，例如观察宇宙星球需要超大超远望远镜、征服太空需要制造更大更快的宇宙飞船、制造大飞机需要大型制造装备；交通、水利水电、矿业、深海工程等需要制造更大更先进的机械装备；另一方面，物理学家观察微观粒子需要超大超高倍显微镜，下一代计算机集成电路的发展要求寻找新的纳米制造方法，机电产品的微型化发展要求制造出更微小的结构及零件。

7.1.1 高速高效加工领域发展趋势

在美、日、德等发达国家，高速高效技术已经在航空、航天、汽车、能源、高速机车和模具等行业获得了广泛应用，成为切削、磨削加工的主流技术。高速机床的主要性能指标较普通机床大大提高，如米克朗 HSM600/800 机床的基础采用聚合物混凝土，其阻尼特性是铸铁结构的 6 倍。该机床还具有创新的结构设计，集高速铣削技术所要求的高动态性能、干切削、激光测刀等技术于一体。

随着工具材料、驱动、控制和机床等技术的不断进步，高速高效加工不仅获得普遍应用，并且向着超高速方向发展。现代高速加工中心替代柔性自动线已经成为明显的发展趋势。复合加工在一次安装中能完成车、铣、钻、攻螺纹甚至磨削等不同的工序，高速高效复合加工机床在多品种、单件生产场合将有广阔的应用前景。汽车制造业是全球机床消费的最大用户，2007 年占机床消费总量的 42.78%。汽车零部件未来的加工要求如图 7-1 所示。

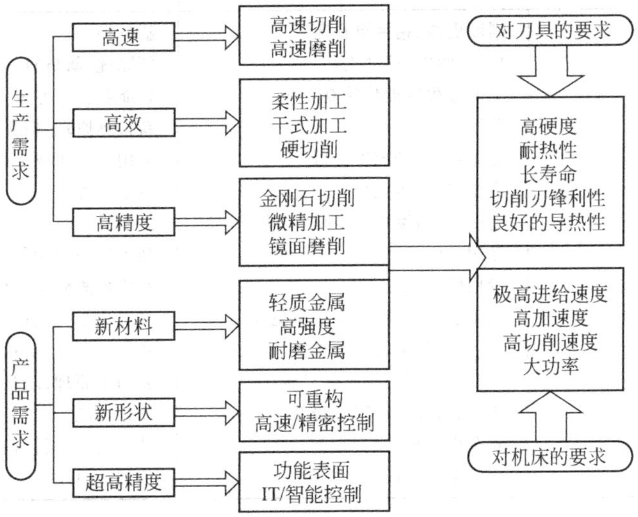

图 7-1 汽车零部件未来的加工要求

汽车生产系统从 20 世纪 70 年代的机床专机流水线，发展到 2010 年由高速加工中心组成的可变（可重构）加工线，能够生产不同品种和不同数量的产品。在可以预见的未来，预计汽车动力系统零部件加工技术的发展趋势将是高速度、高效率和超高精度。分析汽车制造行业所用中型加工中心的高速化与高精化的发展历程，可以从 2005 年预见到 2025 年的国内、外的性能指标对比数值见表 7-1。

表 7-1 中型高速加工中心的性能指标对比表

年度	国别	主轴最高转速/(r/min)	快移速度/(r/min)	金属切除率 45 钢/(cm^3/min)
2005	国内 国外	10000～20000 20000～40000	30～60 90～120	300～400 600～900
2015	国内 国外	20000～40000 40000～80000	50～90 160～200	400～600 800～1200
2025	国内 国外	40000～80000 80000～160000	80～150 200～300	600～1000 1200～1800

7.1.2 超精密加工领域发展趋势

随着超精密加工技术在民用产品中的广泛应用，加工的高精度、高质量、高效率、低成本，以及批量加工的一致性显得越来越重要。今后，超精密切削和磨削加工将追随超精密抛光的高精度、高质量；超精密抛光也在追随切削和磨削的高效率的同时，向切削、磨削加工难以达到的更高精度和质量发展。一方面，探索能兼顾效率和精度的加工方法，成为超精密加工研究人员所追求的目标，化学机械磨削和半固着磨粒加工方法的出现即体现了这一发展趋势；另一方面，表现为电解磁力研磨、磁流变磨料流加工等复合加工方法的诞生，代表了另一发展趋势。

超精密加工技术的总的发展趋势是：①大型化、微小型化、数控化、智能化的加工装备；②复合化、无损伤加工工艺；③超精密、高效率、低成本批量加工；④在生产车间大量应用的高精度、低成本检测装置。超精密加工技术未来的发展趋势如表 7-2 所示。

表 7-2 超精密加工技术发展趋势及预测

相关技术	发展趋势	技术预测
机床床身	刚度更高、精度更稳定	新材料、新工艺、新结构
主轴、驱动系统	精度、刚度、速度更高	新原理、新材料、新结构
数控系统	工艺过程智能化控制	智能数控＋专家工艺数据库＋在线检测
在线检测和误差补偿	精度、速度更高	新检测原理/新算法、新控制/执行机构
加工环境控制技术	更稳定、维护成本更低	采用按工序或工位区域控制
隔振环境	更稳定、成本更低	磁悬浮等
机床传动系统	更简洁、精度更高、速度更快	电机直接驱动
金刚石车刀制造	专用磨削设备	加工检测智能化
超硬材料砂轮修整	专用修整系统	在线检测修整一体化
无损伤磨削砂轮、抛光盘	加工表面质量更好、效率更高	具有化学机械性能的磨具
磨、抛的环境	绿色、无污染物排放	新加工原理、新材料工具
高效、无损伤加工	自动化、批量化、工艺复合化	新加工原理、新材料工具
车间用超精密检测仪器	非接触、高精/高速、普及化	简化功能
超小工件加工	复杂微结构	纳米结构材料刀具
超薄基片加工	几十微米厚度	新加工原理磨具

7.1.3 微纳制造领域发展趋势

近年来，微纳制造技术领域在微纳设计、加工、封装、测试等方面的主要发展趋势如下。

1. 微纳设计技术

随着微纳米技术的深入发展，MEMS 在功能上向集成化方向扩展，更加追求与 IC 技术的集成与融合。在应用领域，由惯性器件逐渐向光、射频、流体、生物等器件发展，特别是随着尺寸的缩小和功能集成度的增加，MEMS 在 BIO-CHEMICAL 领域的优势越来越明显，逐渐在国际上形成了 MEMS 的主流，应用前景广阔。

2. 微纳加工技术

(1) 硅与非硅材料混合集成加工技术

目前有很多问题尚未得到解决，主要是非硅微加工技术中的 LIGA/准 LIGA 技术、精密机械加工、电化学加工、激光加工等工艺与 IC 工艺不兼容。通过硅与非硅材料混合集成加工技术的研究和开发，将制备出含有金属、塑料、陶瓷或硅微结构，并与集成电路一体化的微传感器和执行器，到 2020 年将在信息、汽车、生物医药、传统产业改造等领域得到实际应用。

(2) 微纳制造的集成度方面

目前集成加工技术正由二维向准三维过渡，未来的三维集成加工技术将使系统的体积和重量减少一到两个数量级，提高互联效率及带宽，提高制造效率和可靠性。预计到2020年，三维多功能微系统集成加工技术将得到广泛应用。

(3) 微机械加工技术

微机械加工工艺技术可加工尺度越来越小，已发展到微米级尺度，未来有可能在若干加工领域使加工尺度达到亚微米级，可达到的加工精度也越来越高。微机械加工技术与超精密加工技术融合，未来向着超精密微加工方向发展，可达到的表面质量越来越高。

(4) 纳米压印技术

在非主流半导体生产工艺中，特别是陶瓷、高分子和玻璃等材料为基板生产器件时，纳米压印技术因其成本低、工艺简单和可靠性高，而成为取代传统光刻工艺的良好选择。预计未来15年内，纳米压印技术将在主流半导体、纳机电系统等纳米制造中得到广泛应用。

(5) 纳米结构的可控自组装技术

未来可能在以下领域实现突破和应用：具有分子识别功能的新型非共价键中间分子体的设计、合成及纳米结构单元聚集体行为和自组织排列体系的构建上取得突破；实现以生物分子马达为基础的微纳机器人、功能材料的应用。在纳米结构模块化组装领域实现突破，特别是利用生命过程中已经存在的机理，进行生物分子纳米结构可控自组装，在生物传感器、仿生、疾病诊断与治疗等领域取得进展。预计到2020年，纳米结构的可控自组装技术将开发成功。

(6) 原子级别分辨率纳米加工技术

二维纳米加工的分辨率将在2025年达到原子级，三维纳米加工的分辨率则在2035年或以后达到原子级，二维和三维纳米制造技术在全彩色精细电子能、超薄监视器、TB级存储单元、超高效汽车和小型燃料电池制造中有很好的应用前景。

7.1.4 特种加工技术领域发展趋势

1. 激光加工领域

激光加工领域的重点发展方向为：①激光加工基础理论：重点研究激光与材料的相互作用，尤其是强激光诱导的光声光力效应；②激光加工光的传输、变换、检测与控制理论及其关键技术；③激光三维微纳制造技术；④面向节能减排的激光先进制造技术。

2. 磨粒射流加工领域

其重点发展方向是：①硬脆材料复杂曲面零件的高效磨料水射流加工基础理论及方法；②精密微细磨料水（气）射流加工基础理论及方法；③精密微细磨料射流复合加工基础理论及方法；④高端射流加工装备基础技术；⑤磨料射流加工废料回收和再利用技术。

3. 聚焦离子束加工领域

聚焦离子束加工技术的重点发展方向：①聚焦离子束加工基础理论研究；②精密稳定的聚焦离子束加工母机开发；③提高聚焦离子束的加工面积和速度；④离子束加工的无环境污染或低环境污染的绿色加工；⑤聚焦离子束微纳加工技术的应用领域拓展。

4. 电加工技术领域

电加工技术的重点发展方向是：①深入揭示电加工过程机理，在机床装备关键技术方面不断突破；②在微细电加工机理、过程控制、电源形式、工作液循环系统、电极制备等方面要持续开展研究；③绿色电加工技术；④新型复合电加工技术。

5. 超声波加工领域

超声波加工技术领域的重点发展方向是：①超声换能器的研发、设计和生产，未来超声换能器向大功率、低压驱动、高频、薄膜化、微型化、集成化方向发展；②超声振动辅助微细孔加工技术及其设备；③超精密超声振动研磨加工技术及其设备；④超声椭圆振动车削技术及其设备；⑤超声辅助气体介质电火花铣削加工技术及其设备；⑥超声复合加工技术及其设备；⑦旋转超声加工方法及其设备。

7.1.5　未来制造系统的发展趋势

效率、质量、成本、服务和环境（T-Q-C-S-E）是制造系统研究的基本目标。一方面，产品的多样性和缩短制造周期，是当今社会对制造系统的基本要求；不断涌现的现代技术，特别是信息技术，为革命性地解决方案提供了基础，对制造过程进行精确化规划、设计和控制，制造过程数字化是解决这一问题的关键。另一方面，市场竞争的加剧，使企业尽可能寻求制造过程的增值空间，引起了以制造资源及其工作能力服务为特点的服务型制造过程的涌现。制造协同、可服务型性设计、制造联盟等理论与技术得到了进一步的发展。再者，由于资源的消耗和环境问题，制造过程的绿色化也成为未来制造系统的必然趋势。绿色评价、绿色设计、清洁生产、绿色管理和相应的绿色信息支撑等理论和技术也成为亟待研究发展的课题。因此，未来制造系统在 5～20 年，其发展趋势也将是“精确化”、“服务化”、“绿色化”，发展过程如图 7-2 所示。

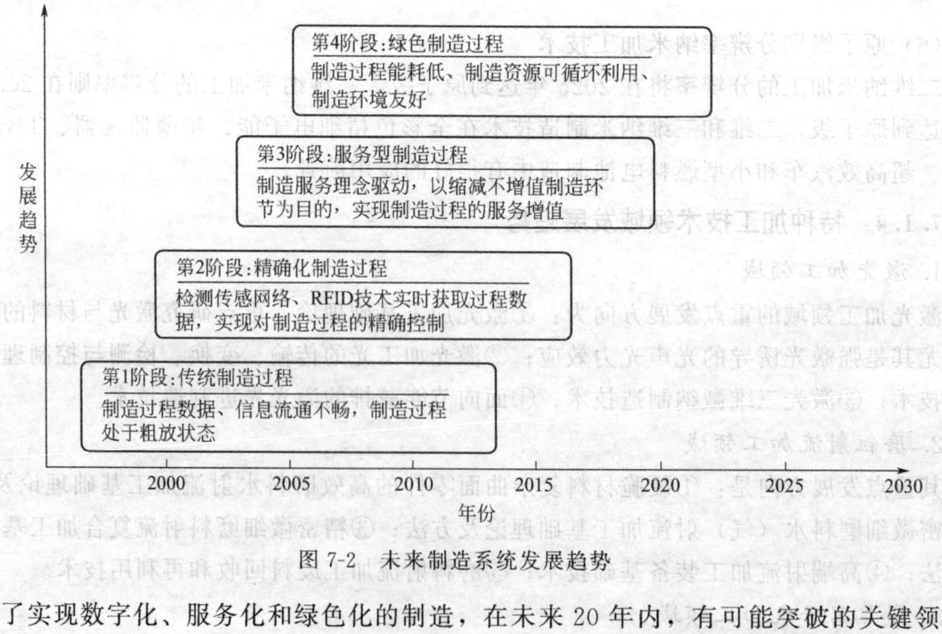

图 7-2　未来制造系统发展趋势

为了实现数字化、服务化和绿色化的制造，在未来 20 年内，有可能突破的关键领域有以下几个方面。

1. 制造系统工程的新理论

未来越来越复杂的制造系统亟须有效的分析工具，但目前已有的分析工具在理论和实践方面有着巨大的差距，新的理论，诸如无尺度网格、误差流等方法展现出一定的发展潜力。其中误差流控制的主要发展趋势包括：提高设计阶段“首次正确率”控制误差流；通过误差源的诊断控制误差流；充分利用多工序间复杂的相关性控制误差流。

2. 制造智能

生产运行控制是生产系统实现绩效的最后环节，智能方法将大大提高生产运作与控制质量。其具体发展趋势包括以下几个方面。

（1）智能计算

随着基于智能技术的数字化制造过程研究的深入，必然会进一步与生产实践相结合，向着系统化、集成化、规范化、智能化和实用化方向发展。

（2）先进生产计划和调度

①生产网格结构化；②生产模型网络化；③智能算法专业化；④仿真技术的使用。

（3）计划执行与生产控制

①生产系统定制化；②看板系统动态化；③瓶颈资源动态排程。

（4）质量控制

质量控制的焦点从过程的输出（产品/服务等）转向对过程本身的控制。

（5）可靠性与设备性能维护

①维护工程系统化；②设备维护行业化；③设备维护流程化；④设备维护信息化；⑤设备维护智能化。

3. 数字化制造

信息化为制造系统的设计及运行提供了极大的帮助，因此数字化制造会成为未来20年制造系统最有前景的研究方向。具体发展趋势如下。

（1）传感网络研究发展趋势

传感网络基础理论与关键方法研究、高效的无线传感器网络结构、面向数字化制造的智能传感网络。

（2）数字化制造过程建模发展趋势

多场耦合下的切削加工过程建模、制造过程复杂性建模与分析、自适应过程建模新方法、多学科建模与仿真平台开发。

（3）MES系统

在现代信息技术、控制技术、制造技术，以及管理技术等的推动下，正在向标准化、集成化、敏捷化、智能化、可视化、专业化等方向发展。

（4）系统集成技术

PLM作为系统集成技术的主流技术，今后的发展重点包括：企业基础信息框架、统一产品模型、单一数据源、基于WEB的产品入口，以及PLM标准与规范体系。美国制造业研究与发展机构工作组，提出了智能集成制造技术研发过程中具有重大意义的四个技术领域：针对产品和过程集成设计和优化的预测工具，使大量的产品开发和测试工作可以在一个虚拟环境下完成；制造工艺和设备智能系统，具备学习、自动推理、自我优化、自我诊断和自适应控制能力；制造软件的自动集成，基于语义的自我集成，通过执行计算任务达到集成化；制造系统的安全集成，发展用来测试和验证相互关联的制造系统是否有足够安全程度的自动化工具以及防范这些系统遭受恶意攻击。

（5）E制造与电子商务领域

各类信息的集成与本地化处理；先进的预测检测方法和技术；各种非接触式的信息技术如无线信息技术、无线传感技术、可视化系统等；无线通信和网络结构技术；确定和发展新的通信协议标准；先进的远程智能维护与智能诊断系统、质量信息跟踪技术。

4. 新兴制造模式

市场环境的不断变化、技术进展、企业社会责任和环境保护等都对现有工业化的生产、生活方式提出了质疑，迫使人们提出新的制造模式，引领制造业的发展，其中绿色制造、服务型生产等将是今后发展的趋势。作为正在发生的生产方式变革，迫切需要对服务型制造的基础理论进行探索，主要包括：服务型制造系统与复杂网格分析；服务型制造质量与主动健康维护；普适计算环境下的工作研究。

7.2 “互联网＋制造业”发展趋势

2015 年 5 月，国务院印发了《中国制造 2025》战略规划，提出了“互联网＋制造业”发展计划。经过多年发展，我国目前已经形成比较完善的制造业体系，国内市场规模巨大，对先进制造产品的需求呈爆发式增长，这是我国发展新一代制造业的优势所在。但也应看到，与德国、美国、日本等技术领先的制造业大国相比，国内制造企业普遍存在着技术短板，在关键零部件研发、工业级系统软件开发等方面与世界先进水平仍然有较大差距。因此，借鉴国外经验，探索中国“互联网＋制造业”的可能道路是十分必要的。

7.2.1 国外“互联网＋制造业”的主要模式

1. 博世的“慧连制造”解决方案

博世（Robert Bosch GmH）成立于 1886 年，是全球最大的汽车零件供应商之一，总部设在德国 Gerlingen。博世是德国政府“工业 4.0”工作小组的主要成员、联席主席之一，近来推出的“博世物联网套装”（Bosch IOT Suite），可以看作是博世物联网应用战略的基石。

具体到制造业，博世的主打概念为“慧连制造”解决方案（Intelligent Connected Manufacturing solutions），该方案的核心为制造物流软件平台，作为本地（on-prem）和云端的软件基础，对整个生产流程进行云化和再造。该方案包括三个部分：一是制造流程质量管理（Process Quality Manager），二是远端服务管理（Remote Service Manager），三是预测维护（Predictive maintenance）。

① 制造流程质量管理：对生产全过程中所有的车间、流水线、作业区、机器设备实时监控；操作界面把各环节的表现指标和容忍度可视化，并对可能出现的波动提前预警。工作人员可以直观地感受到整个流程是否顺畅，及早对表现不正常的生产环节进行纠正。

② 远端服务管理：这一系统允许机器的制造者在远端控制产品，帮助客户解决在机器装配、使用中遇到的问题。例如博世的工作人员可以在办公室里，对在世界其他角落的设备进行功能测试、参数设置、数据接入、错误排查、故障解除等工作，可大幅缩减设备交割、安装、售后维修的工作量。

③ 预测维护：基于博世物联网套装，厂家可以通过装在产品上的传感器，实时掌握其工作状态，并对可能出现的检修维护做准确预测，减少用户停产检修的次数。

可以看到，制造流程质量管理已经具备了工厂内信息实时互联等智慧工厂的基本要素；远端服务管理、预测维修，都是基于物联网产生的价值链延伸。从这个意义上说，博世的慧连制造，已经具备“工业 4.0”的一些关键性基础技术，未来发展值得关注。

2. 西门子数字工厂解决方案

西门子是德国工业自动化的排头兵、“工业 4.0”的重要参与者和推手。西门子对于未来制造业有自己的一套蓝图和实现路径设想、方法论，认为软件、数据、连接造就了所谓的数字工厂（digital factory），是未来互联网与传统制造业结合的落地场景。

数字工厂解决方案（Digital Factory Solution）的工作流程可以大致描述如下，通过 PLM 前端 NX 软件，和用户一起设计产品，同时从 TIA 中调取制造流水线的组成模块信息，模拟生产流程。制造过程模拟信息实时反馈至设计环节，互相调整、配适。在模拟无误之后，产品设计、制造流程方案传递至加工基地，由 MES 实现由生产设施构建、生产线的改装、产品生产、下线、配送到用户手中的全过程。

数字工厂的设想，已经在一些高端汽车业的自动化制造过程中得到应用。例如玛莎拉蒂 Buiglie 的定制就是其中之一。

数字工厂可以看成是部分实现了“工业 4.0”第二构想，即全价值链工程端到端数字整合：从产品设计这一“端”到产品出厂的这一“端”，都事先在数字模拟平台上完成详尽的规划。与现实中在工厂走流程的产品相对应的，是数字模拟平台在云中分享一个一模一样的虚拟产品。工厂内的具体执行系统，可以根据数字模拟平台要求进行一定程度的重构。不仅如此，为了配合自己的工业自动化产品，西门子推出一款 APP “西门子工业支持中心”，但这个 APP 目前只包括西门子的 5000 多份各种手册、操作指南，以及 60000 多个常见问题解答。

3. GE 的炫工厂

GE 的炫工厂（brilliant factory），是工业互联网和先进制造相结合的产物。用数据链打通设计、工艺、制造、供应链、分销渠道、售后服务，并形成一个内聚、连贯的智能系统。

2015 年 2 月 14 日，GE 在印度 Pune 建设的炫工厂揭幕。区别于传统的大型工业制造厂，这间工厂具备超强的灵活性，可以根据 GE 在全球不同地区的需要，在同一厂房内加工生产飞机发动机、风机、水处理设备、内燃机车组件等看似完全不相干的产品。理论上说，这一灵活性将极大提升 GE Pune 的生产效率：通过分析云端从全球实时反馈回来的数据，炫工厂会自行在各个生产线分配人力、设备资源，从而减少设备闲置时间、提升对市场需求反馈的反应速度。

4. 三菱电机的 e-F@ctory

三菱电机（Mitsubishi Electric）是全球领先的工业自动化成套设备供应商之一，e-F@ctory 是三菱电机面向制造业推出的整体解决方案。这一解决方案的结构很像一块“三明治”：底层为硬件，顶层为软件，中间夹着人机界面。硬件层包括两个部分：动力分配输送系统和生产设备系统；夹心层由信息通信产品群组成；软件层主要是企业级的信息系统，如 ERP、MES。

以太网贯穿整个“三明治”：在生产场地，设备和配电系统通过所谓 iQ 平台接入以太网，将设备运行状态实时反映在夹心层的可视化人机交互页面上，同时数据实时反馈到上层的企业级信息系统，方便决策层及时调整企业内部的生产布局和企业外部的供应链管理。

5. 谷歌的 Google for work

谷歌推出的 Google for work（以下简称 GFW）是以云为基础的一系列企业级服务套装，包括工作应用、云平台、工作浏览器、工作地图、工作搜索。可以说，谷歌为传统行业企业提供了一整套的“互联网+”解决方案，既包括工作场景中的 e-mail、电视电话会、文件处理、分享/存储，也包括后台服务，如云存储、计算、API 开发，还有打包的互联网增值服务，如搜索、地图等。这些成套解决方案对于节约 IT 成本、提高运营效率作用突出。实际上西门子、GE 都是谷歌的客户，使用 GFW 中的一项或多项互联网服务套装。

针对制造业，谷歌提出了所谓“做联网的制造者”（Be a connected manufacturer）的口号，利用自己的产品，帮助制造业者建立快速多层次沟通网络。

6. 亚马逊的 Amazon Web Services

亚马逊的 Amazon Web Services（以下简称 AWS）于 2006 年推出，面向企业提供云计算等 IT 基础设施服务。AWS 一揽子方案包括亚马逊弹性计算网云（Amazon EC2）、亚马逊简单储存服务（Amazon S3）、亚马逊简单数据库（Amazon SimpleDB）、亚马逊简单队列服务（Amazon Simple Queue Service），以及 Amazon CloudFront 等。

7.2.2 “互联网＋”给中国制造业带来的新变化

1. “互联网＋”促进制造业集约发展

互联网加速产业链精益化、生产组织扁平化、企业发展协同化转型，降低企业成本，促进集约发展。一是压缩中间渠道。互联网实现了供需双方高效对接，减少流通环节，有效降低生产经营成本。如小米利用网络平台集聚大量粉丝，通过口碑营销与网络直销节约大量的宣传、渠道和库存成本，构建竞争新优势。二是企业组织扁平化。借助互联网带来的信息准确高效传递，企业得以消减内部的中间层级、提高决策效率，加速向网络化、扁平化组织转型，更加适应灵活多变的市场需求。如海尔改变传统的封闭式科层制组织结构，弱化中间管理层、成立小微经营体，降低机构成本，提升了决策效能与效率。三是资源协同共享。互联网平台在线整合供应链资源，推动产业链上各类企业集聚化、生态化、协同化，显著降低企业资源配置与协同成本，如依托航天云网来进行协同采购，制造企业可节省成本 30%。

2. “互联网＋”促进制造业创新发展

互联网加速产业链融合创新，基于其扁平优势、规模优势和集聚优势，为制造业研发设计、生产制造，以及服务模式的创新发展注入了新的活力。

① 协同式研发。互联网打破企业封闭研发模式，推动企业与企业、企业与消费者之间的协同，实现创新要素的网络化聚集、开放和共享，大幅提升企业创新能力与效率。例如中核集团一支 20 余人的核心团队，利用众包平台与 20 多个城市上千名工程技术人员高效协同，顺利完成了“华龙一号”的堆芯设计。

② 智能化生产。互联网技术在生产制造环节的融合应用，推动生产制造模式向数字化、网络化、智能化方向转型。广州数控集团利用互联网技术实现自动装夹、自动上下料和动态感知加工状态的新型制造方式，生产质量和效率显著提升。

③ 增值型服务。“硬件＋互联网＋软件服务”成为制造企业服务创新的重要模式，如以智能手环、智能电视等新产品为载体，深度拓展生活、娱乐、健康等服务，极大延伸了企业价值链。

3. “互联网＋”促进制造业绿色发展

“互联网＋”以泛在感知、精确控制和智能决策，在制造业的生产过程优化、资源回收利用和能源管理等方面广泛应用，大幅降低能耗，提高资源利用效率。

① 降低能源消耗。依托工业互联网对设备状态、能耗排放等进行实时监控与优化管理，可大幅降低钢铁、石化、水泥、造纸等传统行业的能源消费强度。

② 降低材料消耗。3D打印、云制造等新技术推动制造工艺与模式变革，中国科技大学开发的“经济节约型”3D打印技术，可节省耗材高达70%。

③ 促进清洁能源使用。基于物联网和大数据的能源生产和管理系统，极大地提升了电网接纳清洁能源的能力。天津中新生态城建设“光伏、风力、储能”三合一智能微电网系统，分布式清洁能源电力每月上网130万千瓦时，基本满足生态城居民用电需求。

④ 助力逆向物流。在线交易平台推动工业废弃物交易和再回收的快速发展，基于移动互联网的回收APP“再生活”上线以来，覆盖北京近300个社区，日均上门回收废品近10吨，提升了再生资源回收利用效率。

4. “互联网+”促进制造业开放发展

互联网加快了信息流、技术流、资金流和人才流的全球化进程，为中国制造业全球发展提供便利。一方面，互联网助推企业走出去，拓展全球市场。我国跨境平台企业超过五千家，开展跨境电商的外贸企业逾20万家。2014年，跨境电子商务交易规模达4.2万亿，2015年增速高达30%，占国家进出口贸易比例达18%。阿里巴巴芝麻信用运用大数据及云计算技术，客观呈现个人的信用状况，便利出国签证，方便跨境人员流动。另一方面，助力企业引进来，利用全球资源。基于互联网的全球研发和生产制造平台，有利于企业研发和生产资源的全球优化配置，推动企业全球化布局和创新发展。潍柴动力集团建立全球网络化协同研发平台，实现研发资源的分布式部署和全球开放协作，优化并加快了发动机研发流程。通过国内外协同研发，其配套海监船发动机的研发周期由原来的24个月缩减至18个月，整体研发效率提升20%以上。

7.2.3 中国“互联网+制造业”的未来展望

当前，我国制造业与互联网融合，正呈现出“由外向内”转变的发展态势。即，互联网正向生产流程的研、产、供、销、服务各个环节逐步渗透，呈现出智能化、协同化、定制化、服务化和平台化的转型特点。制造业成为融合发展的主要需求者和实践者，同时也是互联网的重要服务对象。其中，汽车、机械、食品加工、医药、电子、化工等行业的转型创新较为突出。未来，我国互联网与工业融合将逐步向生产性服务业、建筑、能源等领域，以及中小规模企业扩散，进而催生新的增长动能。

1. 应用技术进一步深化和升级，智能产品趋向专业化

随着大数据、物联网技术、云计算技术、移动互联网技术、社交网络平台技术等的深入发展，现代的科技服务业越来越多地被赋予智能概念，逐步实现了在现有产业基础上的延伸和升级。此外，从应用热点看，智能产品逐步向工作生活场景全维度的渗透，再加上人工智能、3D打印技术、语音识别技术等的发展，未来产品和产品之间、产品和人之间的互联互通越来越重要。

从当前的智能领域产品形式看，主要是以可穿戴设备的产品形式出现，从具体的应用领域看，主要还是集中在日常的生活应用中，以智能家居、智能医疗、智能健康、车载智能等为主要热点方向。此外，在智能制造方面，虽然工业机器人领域的实践取得了一定的进展，但是传统的工业和制造业还将会面临一个长期的传统方式向智能化方面逐步深入和转换的过程，无论是从投资还是技术实现上，还会有三到五年的过渡和发展期。未来智能产业的垂直行业将继续深入、细化、行业界限和分工更加清晰，智能企业业务领域的进一步明晰化，也会使得智能产品逐步趋向专业化。

2. 家电、汽车领域互联网化、智能化程度将进一步提升

随着互联网技术及理念的加快渗透，企业价值链呈现出逆向互联网化的趋势，从消费者开始，到广告营销、零售、批发和分销，再到生产制造，一直追溯到上游原材料和生产装备。汽车、家电领域的产品直接面向最终消费者，通过互联网技术及理念，对行业进行升级改造具有先天优势，互联网化、智能化程度将逐渐提升。在汽车领域，百度已经实现无人驾驶汽车从研发到半封闭试验与开放式高速测试，并有望在公共服务领域率先投入使用。在家电领域，海尔、美的等企业开始积极布局构建智能家居生态系统，抢占互联网经济的发展先机。

3. 人工智能应用场景将更为广泛

当前，人工智能以特定应用领域为主，实现了生物识别分析、智能算法等，而未来随着运算能力、数据量的大幅提升，机器智能将从感知、记忆和存储向认知与学习、决策与执行，甚至独立意识与创新创造进阶。

① 根据摩尔定律，当价格不变时，集成电路上可容纳的晶体管数目约每隔 18 个月便会增加一倍，性能也将提升一倍。芯片本身运算性能提升、单位运算成本将指数级下降，为人工智能加速发展提供可能。

② 云计算技术的发展，解决了传统串行架构不能同时处理多条并行数据的问题，提高了单位时间内的运算速度，进而为机器智能进阶提供了必要条件。

③ 移动互联网时代，数据量呈现指数级增长，为利用大数据进行深度学习提供了可能，在大数据的支撑下，人工智能应用也将变得更加广泛。

移动互联网、物联网是万物互联的前哨站。互联网＋制造业如果提升到较高的层次，那么变革后的制造业、转型后的工业经济，大致是一个什么样的图景？

首先，企业的边界被打破，产品全生命周期中的不同生产和设计开发任务，在大中小企业中合理分配、协同生产。这种网状结构是去中心化的，高度发达的互联网、能力强大的云平台，在很大程度上弥补了中小企业的规模劣势，这样，企业不论大小，谁有关键的创新能力，谁就可以成为产品生产全过程的组织者，信息不对称带来的效率损失被控制在很小的范围内。

其次，软件、硬件平衡发展。以企业级软件为入口的硬件互联网及机器上的传感器为基础，实现机器与机器、机器与人在云平台上的实时交互，形成人与机器的社交网络（可以设想这样的场景：你的微信好友中不仅有熟人，还有自己的爱车和家里的中央空调）。强大的计算能力配合丰富的数据，对产品从生产规划设计到售后服务的全生命周期事先模拟，实物损耗被降至最低。

最终，新型工业经济体系成型。这必然是一个大而强的产业系统：从上游的关键零部件、工业自动化系统、新材料，到中游的装备制造、汽车、飞机，到下游的销售消费，全面提升的高效产业系统。这也是“中国制造 2025”规划的产业发展方向，是经济转型在制造业中的完成形态。

习题与思考题

1. 未来制造业发展的总体趋势是什么？
2. 未来制造系统中，可能在哪些方面有所突破？
3. 国外“互联网＋制造业”的主要模式有哪些？
4. “互联网＋”给中国制造业带来了哪些新变化？

参 考 文 献

[1] 李伟. 先进制造技术［M］. 北京：机械工业出版社，2005.

[2] 蔡建国，吴祖育. 现代制造技术导论［M］. 上海：上海交通大学出版社，2000.

[3] 孙大涌. 先进制造技术［M］. 北京：机械工业出版社，2002.

[4] 宾鸿赞，王润孝. 先进制造技术［M］. 北京：高等教育出版社，2006.

[5] 艾兴. 高速切削加工技术［M］. 北京：国防工业出版社，2003.

[6] 张伯霖. 高速切削技术及应用［M］. 北京：机械工业出版社，2003.

[7] 张建华. 精密与特种加工技术［M］. 北京：机械工业出版社，2003.

[8] 王振龙. 微细加工技术［M］. 北京：国防工业出版社，2008.

[9] 王秀峰，罗宏杰. 快速原型制造技术［M］. 北京：中国轻工业出版社，2001.

[10] 赵汝嘉. 先进制造系统导论［M］. 北京：机械工业出版社，2003.

[11] 赵万生，刘晋春等. 实用电加工技术［M］. 北京：机械工业出版社，2002.

[12] 张学仁. 数控电火花线切割加工技术［M］. 哈尔滨：哈尔滨工业大学出版社，2004.

[13] 王建业，徐家文. 电解加工原理及应用［M］. 北京：国防工业出版社，2001.

[14] 曹风国. 电火花加工技术［M］. 北京：化学工业出版社，2005.

[15] 郭永丰，白基成，刘晋春. 电火花加工技术［M］. 哈尔滨：哈尔滨工业大学出版社，2005.

[16] 张辽远. 现代加工技术［M］. 北京：机械工业出版社，2002.

[17] 周旭光. 特种加工技术［M］. 西安：西安电子科技大学出版社，2004.

[18] 师汉民，易传云. 人间巧艺夺天工当代先进制造技术［M］. 武汉：华中科技大学出版社，2000.

[19] 张友良. 柔性制造系统运行控制理论与技术［M］. 北京：兵器工业出版社，2000.

[20] 龚光容. 柔性制造系统物流运储系统［M］. 北京：兵器工业出版社，2000.

[21] 刘飞，杨丹，王时龙. CIMS 制造自动化［M］. 北京：机械工业出版社，1997.

[22] 冯云湘. 精益生产方式［M］. 北京：企业管理出版社，1995.

[23] 杨叔子. 机械加工工艺师手册［M］. 北京：机械工业出版社，2002.

[24] 王先逵. 机械加工工艺手册［M］. 北京：机械工业出版社，2007.

[25] 李伯民，赵波. 现代磨削技术［M］. 北京：机械工业出版社，2003.

[26] 李廉水，杜占元. 中国制造业发展研究报告 2007［M］. 北京：科学出版社，2007.

[27] 郑茂宽，明新国．智能制造系统总体架构及发展趋势探讨［J］. 2013 先进智能制造技术发展研讨会论文集．2013.

[28] 宋利康，郑堂介．飞机装配智能制造体系的构建及关键技术［J］. 航空制造技术，2015. 482 (13)：38～45.